"十二五"职业教育国家规划教材

经全国职业教育教材审定委员会审定

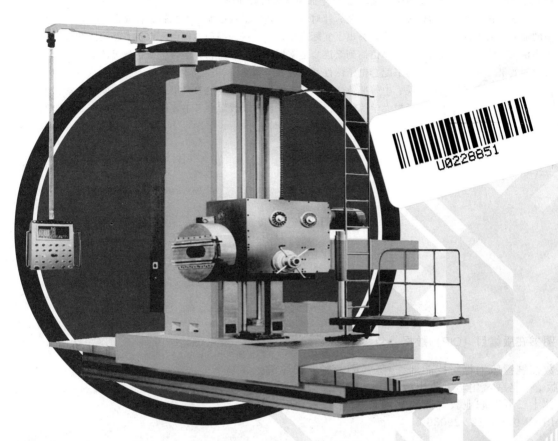

数控铣镗床编程与技能训练

第二版

陈云卿　杨顺田　主编　　史苏存　主审

化学工业出版社

·北京·

本书内容主要介绍数控铣床、镗床和加工中心的加工技术和编程方法，包括数控加工基本概念、数控铣镗床分类及功能、数控铣镗床的编程及编程工艺知识、参数编程及其应用、数控铣镗床的操作及日常维护等内容。本书是以当前应用广泛的法拉克（FANUC）0i-MB 系统、西门子 SINUMERIK 840D 系统和 GSK990M 系统的编程指令进行全面系统地讲解和应用。

本书内容丰富、结构合理、图文并茂、针对性强，始终把数控加工工艺和编程紧密结合，以生产中的加工实例进行工艺分析和编程，突出了实际应用这一主线。编程实例中配有走刀路线图和详细的程序说明，使读者能够由浅入深、由简到繁逐步地掌握编程的思路和方法，进而达到灵活应用，举一反三的效果。为方便教学，本书配套电子课件和习题参考答案。

本书可作为高等职业学院、中等职业学校、成人院校数控专业的教科书，并可作为职工大学、企业和培训机构、电视大学、函授大学等的数控技术培训教材或教学参考书，也适合作为从事数控加工和编程的广大工程技术人员和技术工人的参考书。

图书在版编目（CIP）数据

数控铣镗床编程与技能训练/陈云卿，杨顺田主编.
2 版 .—北京：化学工业出版社，2018.3
"十二五"职业教育国家规划教材
ISBN 978-7-122-29036-6

Ⅰ.①数…　Ⅱ.①陈…②杨…　Ⅲ.①数控机床-铣床-
程序设计-高等职业教育-教材②数控机床-镗床-
程序设计-高等职业教育-教材　Ⅳ.①TG547②TG537

中国版本图书馆 CIP 数据核字（2017）第 027000 号

责任编辑：韩庆利　　　　　　　　　　　　装帧设计：张　辉
责任校对：边　涛

出版发行：化学工业出版社（北京市东城区青年湖南街 13 号　邮政编码 100011）
印　　装：大厂聚鑫印刷有限责任公司
787mm×1092mm　1/16　印张 15¼　字数 394 千字　2018 年 5 月北京第 2 版第 1 次印刷

购书咨询：010-64518888（传真：010-64519686）　　售后服务：010-64518899
网　　址：http://www.cip.com.cn
凡购买本书，如有缺损质量问题，本社销售中心负责调换。

定　　价：38.00 元

版权所有　违者必究

前　言

数控机床是综合应用计算机、数控程序和自动控制、自动检测技术与机床的新结构、新技术相结合的机电一体化设备，是机械制造行业中最先进的新型工艺装备。

数控技术自问世以来，随着相关技术的发展和社会需求的不断增长而迅速发展。我国从20世纪80年代开始推广和普及数控技术，经过多年的发展，数控机床在品种、精度、数量及加工范围方面都取得惊人的成就，数控机床的需求量出现了前所未有的增长势头，使数控机床生产出现了供不应求的局面。

大量数控机床在机械制造业的高速增长，导致了数控技术应用型人才的紧缺。为了适应高等职业教育对数控人才培养的需求，特编写了《数控铣镗床编程与技能训练》一书。本书从高职高专教育的实际出发，力求使数控编程理论教学与数控实操训练相结合，数控编程与数控加工工艺相结合，数控编程应用与生产实际相结合，以培养既有编程理论知识、又有工艺和生产实际知识的高、中级技能实用型人才。

数控铣镗床编程与技能训练是一门专业课程，在学习该课程之前，必须具备有相同专业有关的基础课程知识和普通加工设备的操作技能。

本书的特点如下：

1. 突出数控铣、镗床和加工中心编程

由于在数控切削加工机床中，除了回转体零件主要是由数控车床加工外，其他箱体类、机架类、平面和曲面类零件都是由数控铣、镗床和加工中心进行加工。该类机床加工对象广泛，加工工艺性基本相似，所以，将其编程系统归纳在一起编写，既突出了数控铣、镗床、加工中心相同的编程特点，也符合不同工种的技能训练要求。

2. 以手工编程和参数编程为主，兼顾自动编程

本书以手工编程和参数编程为主进行全面的编程训练，使在工艺准备工作和生产现场的编程都能得到快捷、灵活的应用，这也是学习自动编程的基础。对于自动编程是作为后续的专业课程，本书只作了简要介绍。

3. 多系统兼顾，突出 FANUC 与西门子的 SINUMERIK 编程系统

考虑到当前编程系统很多，本书编写了当前有代表性的法拉克（FANUC）0i-MB 系统、西门子 SINUMERIK 840D 系统和 GSK990M 系统，以方便各院校和读者对编程系统的选择和功能比较，增加多方面的编程知识。

本书由陈云卿高级工程师、四川工程职业技术学院杨顺田教授主编，中国第二重型机械集团公司副总工程师（高级工程师）史苏存主审。该书中第 1、2、4 单元和第 3 单元的法拉克系统编程部分由陈云卿编写，第 3 单元的西门子系统编程部分和第 5 单元 5.2 节由杨顺田编写，第 5 单元 5.1 节、第 6 单元由四川工程职业技术学院杨德辉老师编写，第 3 单元的自动编程部分由广州工程职业技术学院梁方波老师编写。

全书再版由陈云卿负责修改和定稿。参加本书修订的还有广州从化技校吴新南、邓志聪、张东生、纪伟泓等老师。在本书编写过程中，得到各院校领导的大力支持，在此表示衷心感谢！

本书配套电子课件和习题参考答案，可免费赠送给用书的院校和老师，如果需要，可登录化学工业出版社教学资源网 www.cipedu.com.cn 下载。

限于学识水平和经验，书中如有疏漏和不妥之处，恳请读者批评指正。

编者

目　录

单元 *1*
数控加工基本概念

教学目标： 通过数控基本概念的教学，使学生了解数控机床加工与普通机床加工有什么不同？它的加工原理和加工特点怎样？从而使学生了解数控加工的基本原理和数控铣床的操作方法。通过现场教学使学生了解数控机床的分类和主要功能，为以后学习数控机床的编程和加工操作做准备。

数控技术与数控机床在我国机械制造行业的应用越来越广泛，在保证产品的加工质量、提高生产率和降低生产成本等方面发挥着越来越重要的作用。因此需要培养大量的数控专业技术和技能型人才从事这方面的工作。要学习和掌握数控编程和数控机床操作技能，首先要学习数控加工的基本原理、数控机床的分类和特点及了解数控机床的发展等基本知识。

1.1 数控概述

什么叫数控？数控加工与普通机床的加工方法有什么不同？加工原理和加工特点怎样？要学习数控，首先要从学习数控加工的基本概念开始，逐渐深入学习数控机床特点、数控编程方法和实际操作技能等。

1.1.1 数控的定义

所谓数控，简单地说，数控就是数字程序控制的简称。它是英文"Numerical Control"的缩写，简称为 NC。

在普通铣床或镗床上加工零件的平面或孔，都是由机床操作工人手动操作机床的工作台或主轴，使工件相对于刀具作进给运动而加工出零件的表面。

数控铣床或镗床对零件的加工则是将被加工零件的程序输入到数控机床的数控装置中，在正确定位和夹紧被加工的工件后，启动加工程序由机床自动控制工作台或主轴使工件相对于刀具作进给运动而对表面进行加工。也就是说，数控机床用数控程序代替了操作工人的手动操作实现自动化加工。

为了更好地理解数控的概念，可以通过普通铣床和数控铣床对同一零件的不同加工方法进行现场教学，达到直观而容易理解的效果。现场教学的三角垫零件图，见图1-1。

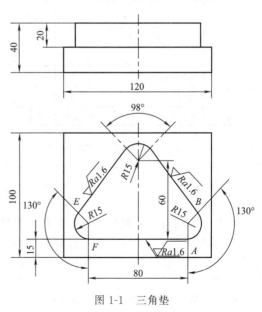

图 1-1　三角垫

1. 数控加工与普通机床加工的比较

在图 1-1 的三角垫中，用普通铣床和数控铣床分别加工零件的三角形台阶面和 $R15$ 的圆弧，就可以知道数控加工主要特点了。

（1）零件的定位和装夹表面预加工　在加工三角形台阶面之前，要预先加工出 100×120 的周边和厚度 40mm 的上下表面，作为加工三角形台阶面时的定位和装夹面。

（2）普通铣床加工　首先在工件上表面画出三角形台阶面的加工线并打样冲眼，然后在工作台上装夹一个有旋转角度功能的虎钳，把零件装夹在虎钳上，用百分表找正工件的上平面和 AF 的外侧面，误差读数值 0.1mm，然后夹紧工件。

先铣 AF 侧面，对刀试切到深度 20mm，纵向移动工作台进行铣削，多次切削直到画线位置。三角的另外 2 个侧面的加工，需要转动虎钳，按画线找正后分别加工。3 个 $R15$ 的圆弧加工，只能用手动操作，同时移动工作台的纵向和横向进给，逐渐逼近 $R15$ 的加工线，其加工质量只能靠操作者的技能水平了。

加工特点是：对刀简单容易，需要多次装夹才能铣完 3 个侧面和 3 个圆弧，生产效率低，圆弧加工质量不高。

（3）数控铣床加工　数控加工的步骤如下：

在数控铣床工作台的中间位置安装通用虎钳，将工件找正定位后夹紧在虎钳上；

在零件图上设置工件坐标系 X-Y 及零点 O，并在加工轮廓上标出刀位点 A、B、C、D、E、F，以便计算各刀位点的坐标值和编写加工程序，见零件的编程坐标系图 1-2；

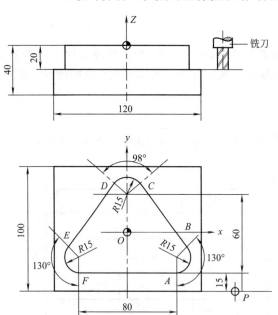

图 1-2　三角垫编程坐标系

编写三角形台阶面的铣削程序，在数控铣床的控制面板上输入该程序；

在主轴上安装好直径 32 的圆柱铣刀后，在工件坐标系的零点进行对刀；

开动机床和启动程序，刀具按程序对三角形台阶面进行自动加工。

为了让看清楚每个程序段的加工，可以采用单程序段执行的方法演示。

在程序加工中，假设刀具快速到达 A 点的右侧（$X80$，$Y-50$）的 P 点，切削深度下到 $Z-20$，那么铣削到 A 点的程序段为 G01　G41　X40　Y$-$35　D16　F100；然后从 A 点到 F 点的加工程序段是 G01　X$-$40　Y$-$35；F 到 E 点圆弧 $R15$ 的加工程序段是 G02　X$-$51.49　Y$-$10.355　R15；刀具到达 E 点。下面继续加工另外 2 个边和圆弧，直到程序结束，机床停止。

数控的加工特点：

从上述实例得知，数控加工前要对零件进行编程准备，加工时要输入程序和设置程序参数，要为机床设置工件坐标系，安装并调整好刀具等。与普通铣床比较，数控机床先进，加工精度高，工件装夹次数少，使用程序自动化加工，生产效率高，加工质量好。

2. 数控的定义

根据三角垫的三角形台阶面的程序加工实例可以看出，数控机床对零件的加工都是由数字程序指令控制刀具（或工作台）的运动实现的。这些程序段是由数字、字母和正、负号等组成的，所以数控的定义就是将数字、字母和符号等组成的控制指令输入到机床的数控装置中并转换成信息，用以控制机械设备的状态和加工过程。很显然，在这里的数字是：80，50，20，40，01，02 等；字母有 G，X，Y，Z，D，F 等；符号有"＋"和"－"，只是"＋"号不用写出。机床的主轴旋转指令是 M03 S1000，就是铣床主轴正方向以 1000 转/分正旋转"状态"，G01 X－40 Y－35 就是铣刀以进给速度铣削 $A－F$ 面的"工作过程"。数控加工就是通过许多这样的数字指令组成的程序对零件进行连续自动加工，来完成零件的加工任务。

随着数控技术的发展，先进的数控机床的数控装置中都配置有小型计算器或微型计算机，所以将带有小型计算机（Computer）数控装置的数控加工称为计算机数控，简称为 CNC。

有的数控机床可以直接与外部计算机连接，由计算机进行自动编程，然后直接控制数控机床进行程序加工。这种由外部计算机及其外围设备对零件自动编程后直接控制数控机床进行程序加工的方法，叫做直接数控，简称 DNC。

1.1.2 数控机床的组成及加工原理

1. 数控机床的组成

数控机床通常可以归纳为以下组成部分，见图 1-3。

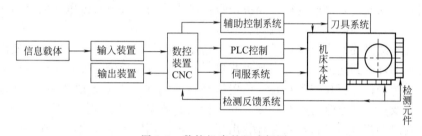

图 1-3 数控机床的组成框图

根据数控机床的组成框图作以下说明。

（1）信息载体和传输 零件的数控加工程序是由技术人员用手工编程或计算机自动编程完成的，只有将编制好的加工程序传入到数控机床的数控装置中，才能执行该程序的加工。较简单的加工程序可以不通过信息载体传输，而用手动方式从数控机床的操作面板上直接输入到数控装置中。但操作中容易出错，又占用了机床的加工时间。较复杂的程序就需要有信息载体预先录制这些程序，待需要加工零件时，将信息载体放入数控机床的外部输入装置，按输入键后，就将加工程序读入机床的数控装置中。此方法准确可靠，程序在输入中不易出错，又节省了手工输入程序所占用的机床工作时间。

常用的外部输入装置：较早前有磁带录入装置，纸带光电阅读机，当前很少使用了；许多数控机床都采用 U 盘读入或计算机直接传输方式。

人们将存储有程序的穿孔纸带、磁带、U 盘或传输装置系统等称为信息载体。

① U 盘 将计算机上编好的程序存入 U 盘上，在需要加工零件时，再将 U 盘插入数控机床的数据接口中，启动阅读装置就将 U 盘上的程序输入数控装置中，然后就可执行程序加工了。零件加工完成的重要程序也可以存储到 U 盘中，以便今后继续使用。

② 串行接口 RS232 许多数控机床还备有与计算机通信传输电缆连接的 RS232 接口，通过它可实现数控机床的 DNC 控制。以上接口在数控机床上是必备的，但与之连接的相关设备在购买数控机床时属于选项，要根据用户的需要在订货合同中明确。

如果数控机床用 DNC 直接控制程序加工，就不需要用信息载体了。

（2）数控装置（简称 CNC 装置） CNC 装置是数控机床的核心部件，它接收输入的数字化信息，经内部系统软件和逻辑电路的编译、运算和数据处理后，将指令信息输出给伺服系统和机床的主轴控制部分，实现程序对工件的自动加工。

在数控装置中包括：小型或微型计算机、中央处理器（CPU）、可编程控制器（PLC）、编码器、存储器、寄存器、脉冲发生器、集成电路、逻辑电路等，外部有液晶显示器、操作面板及输入/输出控制键等。

数控装置除上述硬件部分外，还存储有机床数据和编程系统软件部分。数控装置只有在装入机床数据、编程系统和内部程序及参数后，才能实现数控机床的各种编程功能，成为数控机床的"智能"核心，指挥机床各部分的运动。

（3）伺服系统　伺服系统由伺服电机、伺服电路、伺服驱动元件和机床的执行机构组成。它能够根据数控装置输入的脉冲信号转变成控制机床运动部件（坐标）的移动。脉冲信号也就是运动部件的位移量，又叫脉冲当量。脉冲当量的大小与数控机床的精度有关。一般经济型数控机床的脉冲当量为 0.01mm/脉冲，高精度数控机床的脉冲当量为 0.001mm/脉冲，更高精度数控机床的脉冲当量为 0.0005mm/脉冲。

伺服驱动元件包括主轴伺服单元（控制主轴转速）、进给驱动单元（位置移动和速度控制）、回转工作台驱动单元（位置移动和转动及速度控制）和自动换刀机构的控制单元等。

主要伺服驱动元件是伺服电机，经济型数控机床采用步进电机或电液伺服马达，高精度数控机床都采用直流伺服电机或交流伺服电机。

（4）位置检测系统　为了保证零件的加工精度，在程序加工中，伺服系统发出的位移指令与机床运动部件应到达的实际位置是否相符，必须有位置检测元件随机记录运动部件的实际位置，并与指令值进行比较和校正。位置检测系统能够对机床运动部件的实际运动速度、方向、位移量及加工状态进行在线检测，并将检测的数据反馈给数控装置。数控装置将实际数据与程序发出的指令值进行比较并计算出误差，再向伺服系统发出纠正误差的指令，使运动部件能够准确到达指令值的位置。

目前数控机床上使用的测量元件有直线型和回转型两类。直线型常用的测量元件有光栅尺、感应同步器、磁栅尺；回转型常用的测量元件有圆光栅、圆感应同步器、旋转变压器、圆磁栅等。

（5）辅助装置　数控机床中常用的辅助装置有刀库及自动换刀装置、空压装置、液压装置、冷却和润滑装置、排屑装置等。它们接收数控装置发出的指令控制辅助装置在程序加工中的功能和动作。

（6）机床本体　机床本体是指数控装置所控制的数控机床的主体，对于不同类型的数控机床，其机床本体的组成有所不同。像数控车床的机床本体主要是床身、床头箱及主轴，刀架及进给传动机构；而数控加工中心的机床本体主要是床身、立柱、主轴箱及主轴、工作台及进给传动机构。虽然这些部件与普通机床的部件相似，但为了保证数控机床的加工具有高精度和高效率，对机床各部分的结构设计采用了许多新技术，对机床主轴精度和工作部分的运动精度采用了国际上先进的制造精度标准。

（7）刀具系统　数控机床应该配备先进的刀具及辅具，才能实现加工的高精度和高生产率。在刀具系统中，除了数控机床配有的刀具库和自动换刀机构外，还应根据机床的加工性能配置各种系列刀具和辅具，才能满足各种类型零件的加工。

数控机床上使用的刀具大多数应该是先进的、高质量的可转位硬质合金刀具，它能够采用较大的切削用量，充分发挥数控机床的切削性能，提高加工质量和生产率。

2．数控加工原理

机械零件的加工过程是由许多工序组成的，每一个工序都有不同的加工内容和加工要求，并由不同的机床完成。对于零件形状复杂、精度要求很高的表面，大都安排在数控机床上加工。所以，将需要由数控机床加工来完成的工序称为数控工序。

在数控加工工序中，根据零件图的形状、尺寸精度和加工工艺过程，制订正确的加工方案，合理选择刀具和切削用量，编制出加工程序和穿孔纸带，然后将程序通过信息载体或手动方式输入到机床的数控装置中。程序加工时，数控装置进行数据处理并转换成信息传送到机床的伺服系统，再由伺服系统严格按照指令信息控制机床和刀具的各种运动，从而加工出符合编程要求的零件。简而言之，数控加工原理就是将被加工零件的工艺过程、工艺参数的要求用数控程序语言以手动或信息载体输入到数控机床的数控装置中，数控装置便根据程序指令直接控制机床的各种运动对零件进行加工。当程序结束，机床自动停止，零件加工完成。数控加工原理的简图，见图 1-4。

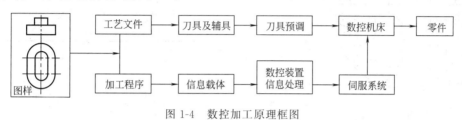

图 1-4　数控加工原理框图

1.2　数控机床的分类

随着数控技术的发展，数控机床的种类越来越多，但它们基本上可以参照普通机床的类型进行分类，其分类方法如下。

1.2.1　按工艺用途分类

1. 金属切削类数控机床

此类机床用于金属材料的切削加工，例如数控车床、数控铣床、数控镗床、数控钻床、数控磨床、数控滚齿机床、数控磨齿机床、数控加工中心等。

2. 金属成型类数控机床

此类机床用于板材的成型加工，例如数控冲床、数控弯管机、数控剪板机床等。

3. 特种加工数控机床

此类机床是非刀具切削加工的特种机床，例如数控线切割机床、数控电火花加工机床、数控火焰切割机床、数控激光加工机床、数控等离子切割机床等。

4. 其他数控机床

其他类型的数控机床有：数控三坐标测量机床、数控雕刻机、工业机器人等。

1.2.2　按控制运动的轨迹分类

1. 点位控制数控机床

这类机床只控制刀具从一个点快速移动到另一个点的位置精度，并不控制在移动中的轨迹，也不在移动中进行切削。典型的点位控制数控机床有数控铣、镗床，数控钻床，主要用于零件的孔加工。点位控制加工例题见图 1-5。其他还有数控冲床、数控电焊机等。

2. 直线控制的数控机床

这类机床是控制刀具或工作台以给定的速度，沿平行于某一坐标轴方向由一个位置到另一个位置的移动。这个移动不但要求有精确的定位，还要控制位移速度，以适用不同刀具和工件材料的加工要求。直线控制的数控加工机床有数控铣床、数控镗床、加工中心、数控车床、数控磨床等。它们有的是控制刀具直线运动，有的是控制工作台直线运动。数控铣床直线控制加工平面见图1-6。

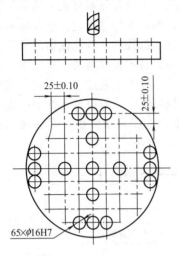

图1-5　点位控制的钻、镗孔加工

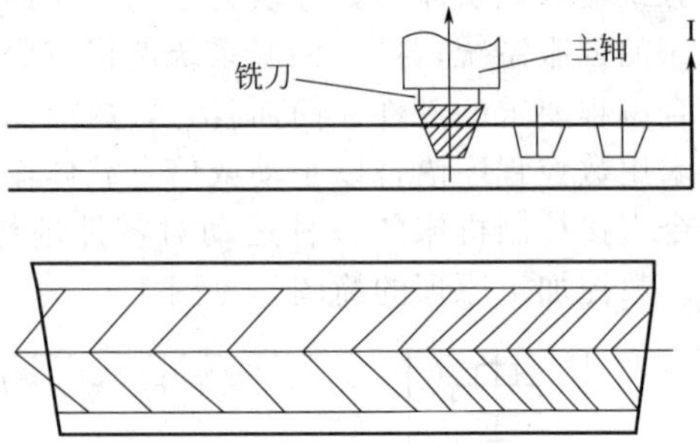

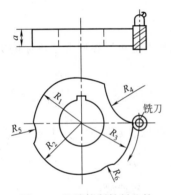

图1-6　大型人字齿条加工

3. 连续控制的数控机床

该类机床主要同时控制两轴或两轴以上的轮廓加工，它不仅要控制加工的起点和终点，还须控制整个加工过程各坐标轴同时移动的瞬时位置、速度及速度方向，保证加工轨迹符合工件轮廓的要求。这类机床有数控车床、数控铣床、加工中心、数控镗铣床等。图1-7是在数控铣床或镗床上连续控制铣刀加工凸轮。

图1-7　连续控制铣削凸轮

1.2.3　按伺服系统控制方式分类

1. 数控机床的伺服系统简介

（1）伺服系统的组成　数控机床进给伺服系统由驱动控制单元、驱动元件、机械传动部件、执行元件等组成。

驱动单元和驱动元件组成伺服驱动系统，驱动数控机床作进给运动。机械传动部件和执行元件组成机械传动部分，例如滚珠丝杠和工作台，滚珠丝杠和主轴箱，滚珠丝杠和刀架等。

数控机床的进给伺服系统控制坐标轴的运动，有几个坐标轴就有几个伺服系统，要求相互独立，传动链最短，以减少机械传动误差。

（2）数控机床对伺服系统的要求

① 进给速度范围宽。调速范围 r_n 是伺服电机的最高转速与最低转速之比，即 $r_n = n_{max}/n_{min}$。为适用不同零件及不同加工方法对切削参数的要求，伺服系统应该具有很宽的调速范围。例如，在进给脉冲当量为 $1\mu m$ 的情况下，最先进的数控机床的进给速度在 $0 \sim 240 m/min$。

② 位置精度高。数控机床伺服系统的位置精度一般要求达到 $1\mu m$，高精度数控机床要求 $0.1\mu m$。

③ 速度响应快。数控机床伺服系统的快速响应特性就是要求跟踪指令信号的响应快。例如运动速度中的加、减速过程时间很短，一般在 $200ms$ 以内。

④ 低速大转矩。数控机床切削加工时，低速切削时采用大的切削深度和进给量，要求伺服系统有大的输出转矩。为此伺服系统对伺服电动机有非常严格的要求，如从低速到高速

能够平稳运行，转矩波动要小。

2. 数控机床伺服系统的分类

按数控机床伺服系统的控制方式不同，可分为以下三类。

（1）开环伺服系统 开环伺服系统控制原理框图见图1-8。

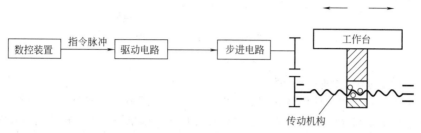

图1-8 开环伺服系统控制原理框图

开环伺服系统主要依靠核心元件——功率步进电动机或电液伺服电动机实现对位移的控制。它没有位置检测和反馈元件，不能比较数控装置输入的指令位置与实际控制的位置之间的误差，也不存在误差补偿控制，故称为开环伺服系统。它的控制精度不高，但结构简单，工作稳定可靠，适用于经济型的数控机床。

（2）闭环伺服系统 闭环伺服系统与开环系统不同，在数控机床的运动部件旁安装有位置检测元件。当数控装置发出的指令脉冲信息经伺服系统控制机床运动部件位移的同时，位置检测元件同步测量出实际位移数据并反馈到数控装置中进行比较，将理论值与实际值的比较误差经伺服系统作补偿控制，直到实际值与理论值达到机床规定的精度为止。此种伺服系统在机床的加工控制过程中，形成控制指令与位置检测随动的控制环路，称为闭环伺服系统，见图1-9。

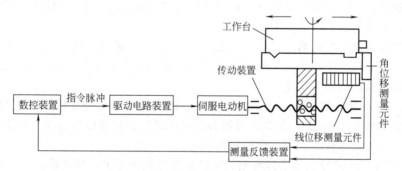

图1-9 闭环伺服系统控制原理框图

这种闭环伺服系统能够检测和补偿伺服系统的运动误差，获得很高的加工精度。缺点是调试和维修较难，价格较高，适用于高精度数控机床。例如加工中心、大型精密镗铣床等。

（3）半闭环伺服系统 半闭环伺服系统的控制原理与闭环伺服系统控制原理的区别是将位置检测元件安置在伺服电动机末端，即在控制系统内安置有位置检测元件构成测量反馈装置，而不包括传动装置的位移误差，故称为半闭环控制系统。它能自动进行伺服电动机之前部分的位置检测和误差比较，可对部分误差进行补偿控制，所以它的控制精度高于开环伺服控制系统，但低于闭环伺服控制系统。如果机床的传动装置精度很高，就不会增加伺服系统的控制误差，所以采用半闭环伺服系统控制的数控机床精度也较高，如数控车床、数控铣床等。半闭环伺服系统控制原理框图见图1-10。

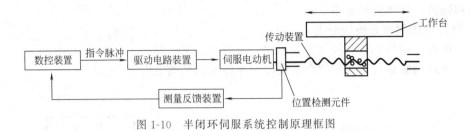

图 1-10 半闭环伺服系统控制原理框图

1.2.4 按控制的坐标轴数分类

此种分类方法是按照数控机床在加工零件时，能同时控制坐标轴的运动数量分类。例如数控车床称两坐标数控机床，加工中心称三坐标数控机床。如果一台数控机床有三个坐标轴，可以任意两坐标轴联动，就称它为两轴半数控机床，如立式数控铣床。先进的高精度数控机床能够同时控制五个坐标轴，就称为五轴数控机床。

1.3 数控机床的特点与先进性

数控机床是配备有数控装置并用数字指令信息控制机床进行自动加工的机电一体化先进设备，它与同类型普通机床相比具有加工精度高、生产效率高、自动化程度高等许多优点，在机械制造行业中对保证产品质量，提高生产效率起着至关重要的作用。

1.3.1 数控机床的特点

1. 具有很高的加工精度，加工质量稳定

① 数控机床的主轴制造精度高，刚性好。数控机床的主轴是保证工件加工精度和表面质量最重要的部件，它采用优质钢材和先进的热处理方法制造，主轴刚性好，表面硬度高而耐磨，能承受大的切削负荷，使用寿命长。

主轴上配置有高精度的高速滚动轴承组合或液体静压轴承，既能保证主轴的运转精度高，又运转平稳，防止振动。对于卧式数控镗床，主轴伸出时还有自动消除挠度的装置，所以数控机床具有很高的加工精度。

② 数控机床的定位精度和重复定位精度高。数控机床具有位置检测系统时，加工中能够进行准确定位和重复定位。一般高精度的数控机床的定位精度能控制在 $0.015 \sim 0.02mm/m$ 之内，所以被加工的零件能获得很高的位置精度。

③ 由于数控机床的导轨采用淬硬钢和耐磨塑料导轨副或滚动导轨副，使导轨面既耐磨，又保持了导轨有很高的精度，且使用寿命长，也保证了加工中的位置精度要求。

④ 由于数控机床的进给机构采用滚珠丝杠，它不但刚性好、精度高、摩擦阻力小，还有反向间隙补偿功能，使加工能达到很高的尺寸精度。

⑤ 加工质量稳定。由于数控机床的床身、立柱、工作台等在设计方面采用优质钢材和先进的腔形焊接结构，使机床的重量减轻、刚性好、外观流畅美观。在制造中采用先进的焊接工艺和充分消除应力，防止了机床的变形，使机床在长期运转中加工质量稳定。

在加工方面，因为对同一批零件是在同一机床上采用相同程序和刀具进行加工，所以加工质量稳定，互换性好。

2. 具有很高的生产率

① 数控机床具备足够的系统刚性，抗振能力强，允许采用较大的切削用量。

② 机床配有大功率主电动机、主轴刚性好、速度范围大、能承受较大的切削负荷。一

般情况下，数控机床的主电动机功率是同类型普通机床的 3～4 倍。

③ 由于数控机床的导轨采用淬硬钢和耐磨塑料导轨副或滚动导轨副，大型镗铣床还采用了液体静压或空气静压技术，减少了运动时的摩擦力，使机床主轴和工作台能够以 5～10m/min 以上的运动速度快速定位，在加工中节省了大量的辅助时间。

④ 机床可配置刀库和自动换刀装置，加工前对刀具进行预调，可节省换刀和调刀时间。

⑤ 数控机床绝大多数是采用先进的硬质合金可转位刀具进行加工，既能选择较大的切削用量，又减少磨刀时间，减少了机动时间，其切削效率比高速钢刀具高出 3～5 倍。

⑥ 机床采用程序自动加工，可实现多道工序合并在一个程序中连续加工，缩短了机加工时和辅助时间。

3. 加工适用性强，能节省不少工装，降低生产成本

因为数控机床能够用程序加工球面、曲面等各种特殊形状的成型面，不需要设计专用工装和夹具，缩短了生产准备时间，节省了生产成本。

4. 减轻工人劳动强度，改善劳动条件

数控机床采用程序自动加工，减少了工人频繁的手工操作，降低了劳动强度。特别是在恒温车间条件下，工人的工作环境和劳动条件大大改善。

5. 有利于生产管理和实现生产自动化

对于批量生产的零件可以配置多台数控机床组成流水线加工，还可以配置机械手、自动测量装置，使刀具和夹具标准化，就容易构成柔性加工单元（简称 FMC），多个零件的柔性加工单元就组成柔性加工系统（简称 FMS），进而能够实现无人化生产车间。

6. 数控机床价格高，维护难度大

数控机床的先进性很多，在生产中得到越来越广泛的应用，但是它的价格高，比同类型普通机床贵 3～10 倍，甚至更高。所以初期投资大，后期维护费用高，还必须投入一定的资金购买先进的刀具和辅具，也需要培养优秀的操作技工和技术管理人员。

尽管数控机床有价格高和维护难的不足，但它能为企业承担高精度和高难度产品的生产任务，保证产品的质量和提高生产率，为企业创造出很好的经济效益。

1.3.2 数控机床的适用范围

数控机床适用于产品中精度高、形状复杂的重大零件，它是保证产品质量和提高生产效率的核心设备，普通的机床适用于零件精度不高、结构不太复杂、单件小批量生产的场合，也可以为数控机床的加工零件进行粗加工，以减少数控机床的加工时间，降低数控机床的成本，延长数控机床的使用寿命。

随着数控机床的普及和价格降低，数控机床的适用范围也愈来愈广，对一些形状不太复杂而精度高和批量大的零件，也适用数控机床加工，例如，印制电路板，化工设备中的管板的钻孔采用数控钻床加工。

一般情况下，数控机床比较适宜加工以下类型的零件：

① 生产批量小而精度高的零件（100 件以下）；

② 产品需要进行多次改型设计的零件；

③ 加工精度要求高、结构形状复杂的零件，如箱体类、曲线、曲面类零件；

④ 需要仿真加工的零件；

⑤ 价值昂贵的零件，为防止加工中超差而报废，避免产生巨大的经济损失。

数控机床的应用越来越广泛，购买数控机床要以保证产品加工质量为前提，少而精，品种全，投资与成本兼顾，达到提高产品质量和生产效率的目的，获取较高的经济效益。

1.4 数控机床的发展

科学技术和社会生产的不断发展和进步，使数控机床的产生和发展经历了日新月异的变化，而数控机床的发展又为科技的进步和提高产品质量起着重要作用。

1.4.1 数控机床的产生

有人说，最早研发数控机床是在 1945 年第二次世界大战末，由美国军事部门组织的机构进行的，目的是解决战场上武器的互换性问题，具体时间和单位及研制情况无从查找。目前有明确资料的是 1948 年，美国帕森斯公司接受美国空军委托，研制飞机螺旋桨叶片轮廓样板的加工设备。由于样板形状复杂多样，精度要求高，一般加工设备难以适应，于是提出计算机控制机床的设想。1949 年，该公司在美国麻省理工学院伺服机构研究室的协助下，开始数控机床研究，并于 1952 年试制成功第一台由大型立式仿形铣床改装而成的三坐标数控铣床。由此以后，美国及后来的德国和日本的数控机床的研制不断发展和进步，期间共经历了五个阶段才达到当今的技术水平。

1. 1948～1952 年的电子管时代

当时数控装置采用分立元件的电子管元件，体积庞大，价格昂贵，只在航空工业等少数有特殊需要的部门用来加工复杂型面零件。

2. 1956～1959 年，晶体管时代

数控装置采用晶体管元件和印刷电路板，使体积缩小，成本有所下降。

3. 1960～1965 年以后，进入集成电路时代

这段时间研制出了集成电路数控装置，不仅体积小，功率消耗少，且可靠性提高，价格进一步下降，促进了数控机床品种和产量的发展。

4. 20 世纪 60 年代末，进入计算机数控时代

研制出由一台计算机直接控制多台机床的直接数控系统（简称 DNC），又称群控系统；在数控装置中采用小型计算机控制的计算机数控系统（简称 CNC）。

5. 1974 年以后，大规模集成电路时代

使用微处理器和半导体存储器的微型计算机数控装置（简称 MNC），与三、四代相比，数控装置的功能扩大了一倍，而体积则缩小为原来的 1/20，价格降低了 3/4，精度和可靠性得到了极大的提高。

20 世纪 80 年代初，随着计算机软、硬件技术的发展，出现了能进行人机对话方式的自动编制程序的数控装置；数控装置愈趋小型化，可以直接安装在机床上；数控机床的自动化程度进一步提高，具有自动监控刀具破损和自动检测工件等功能。

数控机床只有发展到了第五代以后，才实现了精度高、可靠性高、自动化程度高、价格降低的稳定局面。因此，即使在美国、德国、日本等工业发达的国家，数控系统大规模地得到应用和普及，也是在 20 世纪 70 年代末及 80 年代初以后。

1.4.2 我国数控技术的发展状况

我国数控技术的研发起步晚，大概状况如下。

① 我国从 1958 年起，由科研院所、清华大学和少数机床厂开始数控系统的研制和开发，在 20 世纪 60 年代初，研制出一台国产电子管元器件的数控机床，电控柜非常庞大。

② 在 1980 年改革开放后，我国数控技术才逐步取得实质性的发展。经过"六五"计划（1981～1985 年）的引进国外技术，"七五"计划（1986～1990 年）的消化吸收和"八五"

计划（1991～1995 年）国家组织的科技攻关，才使得我国的数控技术有了初步的发展，也生产出了第三代数控机床。例如，北京第一机床厂与德国 W-科堡公司合作生产的 5m×17m 数控龙门铣床，武汉重型机床厂生产的法拉克 7M 系统 2m×6m 数控龙门铣床等，但核心部件仍然是引进国外公司的技术，国内生产厂只能做技术含量不很高的配套部件。

③ 从 1995 年"九五"计划以后，国家从扩大内需启动机床市场，加强限制进口数控设备的审批，引进外资开展重点关键数控系统的研制和技术攻关，对数控设备生产起到了很大的促进作用，例如，北京第一机床厂、沈阳机床厂、秦川机床厂等与国外公司合作生产的数控铣床、数控车床、数控磨床都取得了很大的技术进步。特别在 1999 年以后，国家向国防工业及关键民用工业部门投入大量技改资金，购买大量的先进数控设备，使我国数控机床制造业一派繁荣，全国各机床制造厂生产的数控机床的品种和数量不断增长。

④ 21 世纪初，在我国"十一五"期间，中国数控机床产业步入快速发展期。但是，根据有关部门估计，国产数控机床在产品设计水平、质量和性能等方面与国外先进水平相比落后了 5～10 年；在高、精、尖技术方面的差距则达到了 10～15 年。所以，我国要在普及型数控系统产品的基础上，建立起比较完备的高档数控系统的自主创新体系，提高中国的自主设计、自主开发和成套生产能力。

1.4.3　未来数控机床的发展方向

随着高科技产品的精度和性能要求越来越高，要求数控机床向高精度、高速度和智能化方向发展。

1. 高精度

高精度包括数控机床加工的几何精度和定位精度，要从提高主轴精度，提高机床移动部件的刚性和热稳定性，减少各种系统误差等方面努力。当前最高的加工精度达到 0.1mm，未来要达到 0.01mm 的超精时代。

2. 高可靠性

数控机床的可靠性是影响数控机床加工质量的一项重要指标，可靠性高使加工的产品精度高，质量稳定，保证了生产计划的完成。

3. 高速切削

为了最大限度提高数控机床的生产率，通过提高机床主轴速度，采用高速运算和快速插补等新技术实现高速切削。20 世纪 80 年代数控加工中心的主轴速度为 3000～4000r/min，90 年代主轴速度提高到 6000～8000r/min 甚至更高。

采用高速切削，减少切削深度，可以减少切削力，有利于防止机床振动，切削稳定，切削热大量减少，加工精度和表面质量显著提高。

4. 高柔性化

柔性化是指数控机床加工对象的变化能力，能实现多用途的加工。当前要进一步提高数控机床的单机柔性自动化，组成柔性制造单元 FMC，发展柔性制造系统 FMS 和计算机集成制造系统 CIMS。

5. 智能化

进入 21 世纪，数控系统发展为高智能化生产系统，能够局部或全部实现加工过程的实用性、自诊断和调整性；采用多媒体人机接口，使智能化编程输入和操作简便；采用智能监控和专家系统降低对操作人员的技能要求。

未来的技术进步和技术创新会不断增加，数控机床的发展会日新月异。

复 习 题

一、名词解释

1. NC——

2. CNC——

3. DNC——

4. 信息载体——

5. 伺服系统——

6. 机床本体——

7. 脉冲当量——

二、填空题

1. 按工艺用途数控机床可以分为_____、_____、_____。
2. 按控制运动的轨迹分类，数控机床可以分为_____、_____、_____。
3. 按伺服系统控制方式，数控机床可以分为_____、_____、_____。
4. 常用的直线型位置检测元件有_____、_____、_____。
5. 常用的回转型位置检测元件有_____、_____、_____。

三、选择题 （将正确的答案代号写在括号内）

1. 按控制运动的轨迹分类，数控铣床属于 （   ）。
   - A. 点位控制
   - B. 直线控制
   - C. 直线和连续控制
   - D. 断续控制
2. 伺服系统是指以机械 （   ） 作为控制对象的自控系统。
   - A. 位移
   - B. 角度
   - C. 位置或角度
   - D. 速度
3. 闭环位置检测系统中，（   ） 不是位置检测元件。
   - A. 光栅尺
   - B. 绝对式编码器
   - C. 感应同步器
   - D. 千分尺
4. 数控装置中的测量与反馈装置的作用是为了 （   ）。
   - A. 提高机床的安全性
   - B. 提高机床的使用寿命
   - C. 提高机床的定位精度和加工精度
   - D. 提高机床的灵活性
5. 开环伺服系统采用的伺服电机是 （   ）。
   - A. 直流伺服电机
   - B. 交流伺服电机
   - C. 步进电机
   - D. 发电机
6. 半闭环伺服系统的位置检测元件安装在 （   ）。
   - A. 传动丝杠上
   - B. 伺服电机轴端

C. 机床移动部件上　　　　　　　　D. 数控装置

7. 闭环伺服系统的位置检测元件安装在（　　）。

    A. 传动丝杠上　　　　　　　　　B. 伺服电机轴端

    C. 机床移动部件上　　　　　　　D. 数控装置

8. 按伺服系统控制的方式中，位置控制精度最高的是：（　　）

    A. 开环　　　　　　　　　　　　B. 闭环

    C. 半闭环　　　　　　　　　　　D. 三种一样

四、判断题（认为正确的题画"√"，错误的题画"×"）

1. 伺服系统是指以机械位置或角度作为控制对象的自控系统。（　　）

2. 数控机床主轴电机大多采用无级调速方式。（　　）

3. 目前数控机床一般采用交流伺服电机作为执行机构。（　　）

4. 开环伺服系统通常采用交流伺服电机。（　　）

5. 数控机床主轴电机大多采用无级调速方式。（　　）

6. 所有数控机床必须在回零或回参考点的前提下才能进行加工。（　　）

7. 半闭环的位置检测元件是安装在电动机端或丝杠轴端。（　　）

五、问答题

1. 简述数控加工原理

2. 数控机床有何特点？

3. 哪些零件适合于数控机床加工？

4. 数控机床对伺服系统有何要求？

单元 2
数控铣镗床分类及功能

教学目标: 通过本单元的理论教学,使学生能够掌握数控铣镗床的基本结构和数控功能,并通过零件的数控加工实例教学,使学生能够应用数控机床的主要部件的功能并进行操作。

从加工设备的工艺性能分类,数控铣床、数控镗床、加工中心三者的工艺功能基本相同,都具有铣平面和曲面、钻镗孔和铰孔、攻螺纹等工艺性能,只是由于所加工零件的类型、尺寸和重量等有所不同,需要选择不同的铣镗类机床,所以本书将它们归纳为数控铣镗机床编程。

2.1 数控铣镗床的分类

在机械加工机床中,按照零件的加工工艺要求,以铣削功能为主的数控机床叫数控铣床,以镗削功能为主的数控机床叫数控镗床,兼备铣削、镗削和更多功能的数控机床叫加工中心。在这三类机床中,按照机床的主轴结构不同又分为立式、卧式和龙门式三类。

2.1.1 数控铣床

根据数控铣床的主轴配置方式,将垂直主轴配置的数控铣床称为立式数控铣床,将水平主轴配置的数控铣床称为卧式数控铣床。

1. 立式数控铣床

立式数控铣床在数量上一直占据数控铣床的大多数,应用范围也最广。机床数控系统控制三坐标,一般都是三坐标联动,但也有部分机床只能进行三个坐标中的任意两个坐标联动,称为两轴半数控机床。此外,还有机床主轴可以绕 X、Y、Z 坐标轴中的其中一个或两个轴作旋转运动的四坐标或五坐标数控立铣。

根据立式数控铣床的工作台和主轴箱的结构不同,又可分为以下两类。

(1) 工作台升降式数控铣床 这种数控铣床采用工作台作 X 纵向和 Y 横向移动、同时相对主轴 Z 作上下运动,而主轴及主轴箱是固定不动的。一般的小型数控铣床采用此种方式,其外形基本结构见图 2-1。

(2) 主轴箱升降式数控铣床 这类数控铣床采用工作台只作 X 纵向和 Y 横向移动,而不作上下运动,由主轴箱及其主轴沿垂直导轨作 Z 轴的上下运动。其外形和基本结构见图 2-2。

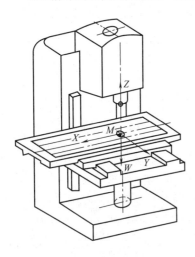

图 2-1 工作台升降式数控铣床

主轴箱升降式数控铣床在精度保持、承载重量、系统构成等方面具有很多优点，已成为立式数控铣床的主流。

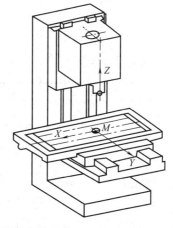

图 2-2　主轴箱升降式数控铣床

2. 卧式数控铣床

它的结构与普通卧式铣床基本相同，其主轴轴线平行于工作台的水平面。为了扩大加工范围和扩充功能，卧式数控铣床通常采用增加数控回转装置或万能数控回转装置来实现 4、5 坐标加工。这样，不但工件侧面上的连续回转轮廓可以加工，而且可以实现在一次安装中，通过回转装置改变工位，进行"四面加工"。

卧式数控铣床的工作台是 X 纵向和 Z 的横向移动，同时相对主轴上的刀具可作 Y 轴的上下移动。而主轴为水平配置，不能移动，其外形和基本结构见图 2-3。

由于卧式数控铣床在加工范围和工艺性能方面有较大的局限性，生产中较少应用。

3. 龙门式数控铣床

龙门式数控铣床加工零件的尺寸范围大，承载能力大。所以大尺寸、大重量的零件一般不能在数控立铣上进行加工，需要在大型龙门式数控铣床上进行加工。

龙门式数控铣床的主轴及主轴箱可以沿横梁作横向运动，即 Y 坐标；主轴的上下运动为 Z 坐标，横梁及其上

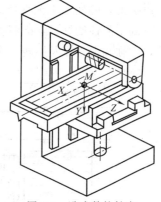

图 2-3　卧式数控铣床

的主轴箱可沿龙门架的立柱作上下运动，设为 W 坐标。水平工作台的运动为 X 坐标。

龙门式数控铣床又分为工作台移动式和龙门架移动式两种，需要加工特重型零件的选用龙门架移动式数控铣床，即工作台不移动，而龙门架则沿床身作纵向移动。不是特别重的零件加工选择工作台移动式龙门式数控铣床，典型机床见图 2-4。

2.1.2　数控镗床

数控镗床的工艺性能特点除有加工平面、槽、钻孔、铰孔、攻螺纹、镗孔等多种功能外，它与数控铣床的区别是：数控镗床的主轴和滑枕伸出的距离大，可以镗较深的箱体孔；它配有平旋盘可以镗大孔；一般都带回转工作台，很方便加工任意方向的孔，扩大了加工工艺范围。所以，数控镗床能够加工大型和复杂的箱体类零件。

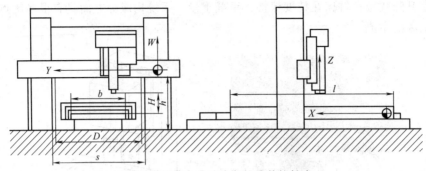

图 2-4　工作台移动式龙门式数控铣床

l—工作台 *X* 坐标行程；*h*—主轴端到工作台面 *Z*、*W* 的行程；*s*—主轴箱沿横梁移动 *Y* 坐标行程

数控镗床按主轴垂直配置方式称为立式数控镗床，按主轴水平配置方式称为卧式数控镗床；根据有无配置回转工作台又分为带回转工作台式数控镗床和无回转工作台的落地式数控镗床。由于立式数控镗床的主轴移动范围没有卧式数控镗床的大，故应用较少。

1. 卧式数控镗床

卧式数控镗床的结构特点是：主轴及其主轴箱为水平配置在机床的立柱上，它可沿立柱的垂直导轨作 *Y* 坐标的上下移动，立柱沿着床身的水平导轨作 *X* 坐标的纵向移动，主轴和滑枕一起从主轴箱中伸出作 *W* 坐标的移动，主轴又可从滑枕伸出作 *Z* 坐标的移动。对于大型的立柱移动式卧式数控镗床，一般配备有一个固定式工作台或回转式工作台，或者一个固定式工作台加一个 *B* 坐标的回转式工作台，且回转式工作台还可以相对主轴作 *U* 坐标的移动，以扩大它的加工工艺性能，典型的卧式数控镗床见图 2-5。根据该数控镗床的结构特点，它的工艺性能好，除能够加工各种典型表面外，加工尺寸范围大，固定式工作台承重能力强，主轴和滑枕以及回转工作台都可移动，扩大了镗孔的深度。

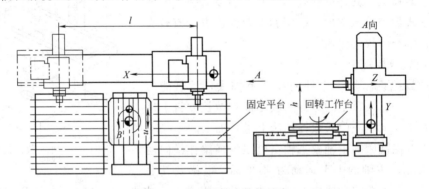

图 2-5　典型的卧式数控镗床

l—立柱的 *X* 坐标行程；*h*—主轴中心到工作台面 *Y* 的行程；*Z*—主轴和滑枕移动行程；
B—回转工作台的回转坐标；*u*—回转工作台的移动行程

2. 立式数控镗床

由于有了立式数控铣床和立式数控加工中心，就没有立式数控镗床之分了。

2.1.3　加工中心（MC）

1. 什么是加工中心

简单地说，加工中心（Mashining Center）是指配置了刀具库和自动换刀机构的高性能数控机床。

一台高性能的数控机床是指它具备高精度、高速度和高智能化，所以它必须具备有强大的控制功能和编程功能以及先进的刀具系统，这就是加工中心的主要特点。

2．加工中心的分类

下面根据机床的结构和主轴配置的不同，可将加工中心分为以下几类。

（1）立式加工中心　立式加工中心是指主轴轴心线为垂直设置的加工中心。它一般具有 X、Y、Z 三个直线运动坐标，配有刀库和自动换刀机构，长方形工作台执行 X、Y 的移动。有的机床配置有分度和旋转功能的工作台或交换式两个工作台，这要根据加工的产品类型选择。

立式加工中心具有结构简单、占地面积小、价格低的优点，多用于加工箱体、箱盖、凸轮和模具类零件等。典型立式加工中心机床见图 2-6。

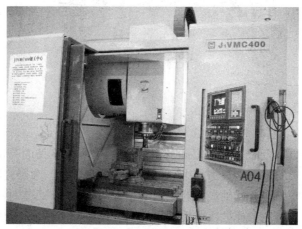

图 2-6　立式加工中心

（2）卧式加工中心　卧式加工中心是指主轴轴线为水平状态设置的加工中心，一般具有 3～5 个运动坐标。常见的有三个直线运动坐标（沿 X、Y、Z 轴方向）加一个回转工作台的 B 坐标。大型卧式加工中心又称为镗铣加工中心，一般配备有直角铣头和万能角铣头，扩大了加工性能，使机床能够在工件一次装夹中，完成除安装面外的五个面的加工。

卧式加工中心较立式加工中心应用范围广，承载能力大，适合加工大型复杂的箱体类、机架类零件。典型的卧式加工中心见图 2-7。

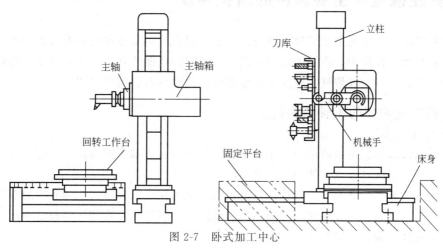

图 2-7　卧式加工中心

（3）龙门加工中心　加工性能与龙门铣床类似，适应于大型机架或形状复杂工件的加工，典型龙门加工中心见图2-8。

图中左边为刀库和自动换刀机构，主轴换刀时，快速到达左端的换刀位置，刀库中被调用的刀具也到达换刀位置，换刀机构进行自动换刀。

图 2-8　龙门加工中心

（4）万能加工中心　万能加工中心也称五面加工中心，常见的万能加工中心有两种结构：一种是主轴垂直式的，为立式加工中心，主轴水平布置的，为卧式加工中心；另一种是主轴方向不变，而回转工作台的轴线相对主轴的轴线可以转90°，工件一次装夹就能够完成对工件五个面的加工，避免工件二次装夹带来的安装误差，所以加工效率和精度很高。

怎样在实际生产中选择加工中心？因为加工中心的加工特点是采用工序集中的加工方法，即能够在一次装夹中完成对零件的铣、镗、钻、铰等各种表面的加工。所以，要根据被加工零件的结构和加工表面的不同，选择不同类型的加工中心。例如，以铣削为主的加工零件可以选择铣镗加工中心，以镗削为主的加工零件要选择镗铣加工中心；加工中小型零件时选择立式加工中心，加工中大型零件时选择卧式加工中心；而加工长大型零件时要采用龙门式加工中心。

2.2　数控铣镗床主要部件的结构特点

学习数控铣、镗床的主要部件的结构是为了说明它的结构特点与数控功能的关系，以便在零件编程和加工操作中，更好地理解和正确应用它的功能特点。由于本书主要是针对数控编程和操作读者，只对数控铣、镗床的主要部件的结构特点作简要介绍。

2.2.1　数控铣镗床的主轴结构特点

1. 主轴变速特点

现代数控铣镗床的主轴启动与停止，主轴正、反转与主轴变速等都可以按程序指令自动执行，但不同的机床其变速功能与范围也不同。

（1）变频调速　经济型数控机床步进电机的主轴采用变频调速，主轴箱中的变速齿轮将转速分为几挡，通过二级变频使主轴分为高、低两部分速度挡，在程序运行前或运行中通过手动换挡，选择需要的主轴转速。

（2）无级变速　编程时可任选一挡，在运转中可通过控制面板上的旋钮在本挡范围内自由调节；有的则不分挡，编程可在整个调速范围内任选一值，在主轴运转中可以在全速范围内进行无级调整，但从安全角度考虑，每次只能调高或调低在允许的范围内，不能有大起大落的突变。

2.　主轴的刀具安装

在数控铣床的主轴套筒内一般都设有自动拉、退刀装置，能在数秒内完成装刀与卸刀，使换刀显得较方便，典型的刀具自动拉紧机构见图 2-9。

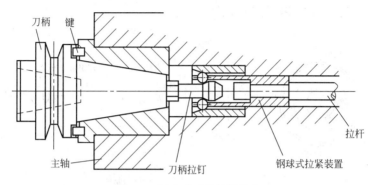

图 2-9　钢球式刀具拉紧机构

数控机床的主轴锥孔的锥度是特定的 7：24，它的特点是使主轴与刀具能够紧密配合连接，加强刀具的切削刚性，保证加工时的径向和轴向定位精度。同时，此种锥度比使刀具定心好，自锁性不强，有利于刀具的松开和夹紧，适合换刀机构自动快速换刀。

刀具在主轴中的松开和夹紧的过程如下。

① 松开刀具：当自动换刀或手动换刀时，换刀指令使气缸的活塞推动拉杆向下，压下带钢球的碟型弹簧，使夹头张开，并与刀柄上的拉钉头脱离，拉杆继续下移，顶到拉钉头，使锥面配合松开，同时吹出压缩空气，清洁锥孔表面，刀具就可以由机械手或手动拔出。

② 夹紧刀具：准备装入的刀具，一定要将锥面和标准拉钉清洁干净。当机械手或手动装入刀具时，刀柄上的端键槽对准主轴的端键，换刀指令使气缸的活塞向上移动，使拉杆向上移动带钢球的碟型弹簧进入内套，内套锥压缩碟型弹簧使钢球夹紧拉钉头，同时拉紧刀具。活塞移动的两个极限位置设置有行程开关，发出松开和夹紧刀具的信号。

3.　主轴准停功能

（1）主轴准停功能的用途

① 在加工中心的 ATC（自动换刀）装置工作时，必须有主轴准停装置，换刀时，主轴要准确停止在一个固定位置，刀柄上的键槽才能对准主轴的端键，实现自动换刀。

② 在反镗孔循环中，刀尖要准确停止在主轴圆周的固定位置，然后向刀尖反方向移动一个距离，进入孔底进行反向镗孔。

③ 铣削螺纹时，为了使粗、半精和精加工螺纹的切入口不变，也需要指定刀具在主轴圆周的某一位置开始铣削。

（2）主轴准停装置种类　通常主轴准停装置分为机械控制方式和电气控制方式，例如，磁传感器准停装置、编码器型准停装置、数控系统控制的准停装置等。

（3）数控系统控制的准停装置应用　这种主轴准停装置的准停功能是由数控系统控制完成的，其控制原理见图 2-10。

使用此准停装置的机床必须注意以下情况：

① 数控系统必须具有主轴闭环控制功能，在主轴准停时进入伺服状态，其特性与进给伺服系统相近，才能进行位置控制；

② 在执行主轴准停时，采用电动机轴端编码器将信号反馈给数控装置，主轴传动精度会对准停精度产生影响。

数控系统控制的主轴准停的原理如下。

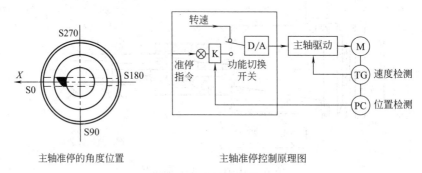

图 2-10　主轴准停装置

数控系统控制的主轴准停命令是辅助功能指令 M19 或 M19 S ＿ ，当在加工程序中指令了 M19 或 M19 S90，首先将该指令送到可编程控制器，经过译码送出控制信号，使主轴驱动进入伺服状态，同时数控系统控制主轴电动机降速，并寻找零位脉冲 C，然后进入位置闭环控制状态。例如，程序指令 M19 而无 S ＿ 角度，则主轴准停在相对于零位脉冲 C 的系统规定的默认值 0°位置。如果执行 M19 S ＿ ，则主轴准停在相对于零位脉冲 C 的 S ＿ 的角度位置。

编程举例：

M03 S800 ；（主轴正转，800r/min）

M19 ；　　（主轴准停在默认位置）

或 M19 S90 ；（主轴准停在 90°位置）

M19 S180 ；（主轴准停在 180°位置）

M19 S270 ；（主轴准停在 270°位置）

4. 主轴同步进给装置

数控机床与普通机床的进给传动系统完全不同，它们加工螺纹的控制方法也不同。普通机床加工螺纹时，主轴运动的同时，又直接通过传动齿轮与挂轮架和进给箱连接丝杠，控制刀具的进给运动加工螺纹，所以，它的传动链很长，加工误差较大。数控机床没有很长的齿轮、挂轮架和进给箱等组成的传动链，主轴运动与进给运动之间没有齿轮传动连接，它能够加工螺纹是因为安装了与主轴同步运转的脉冲编码器，根据主轴的运转速度，脉冲编码器发出脉冲信号，使主轴电动机的旋转与刀具切削同步，实现螺纹的加工。

（1）主轴脉冲编码器的安装方式　常用的安装方式是将编码器与同步齿形带与主轴相连，由于主轴与编码器必须同步旋转，齿形带必须无间隙传动，使编码器发出的编码器信号非常准确，典型安装方式见图 2-11。

在图 2-11 中，用螺钉固定在皮带轮上的同步带轮与主轴一同旋转，通过同步齿形带与脉冲编码器一起转动的同步带轮，使主轴的旋转与脉冲编码器紧密联结。

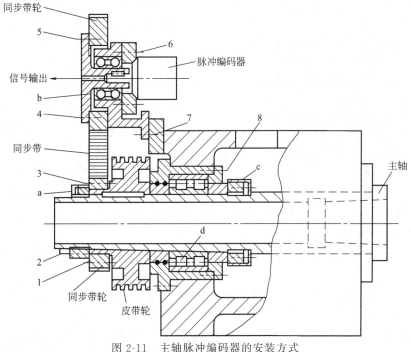

图 2-11　主轴脉冲编码器的安装方式

1～8—紧固螺钉；a,c—锁紧螺母，b,d—轴承

（2）主轴脉冲编码器的作用　在主轴与进给伺服系统控制轴的关联运动中必须使用脉冲编码器，它将主轴的运转速度通过同步带轮传动脉冲编码器，脉冲编码器发出检测脉冲信号并经数控装置控制关联进给轴的运动。脉冲编码器是角位移数字化检测器件，具有精度高、结构简单、工作可靠等优点。

2.2.2　进给传动系统的结构特点

为了减少进给传动链中存在的间隙对加工精度的影响，进给伺服系统的传动链最短，数控机床都采用伺服电动机经同步齿形带直接与滚珠丝杠副相连，典型传动结构见图 2-12，滚珠螺母座放大图见图 2-13。

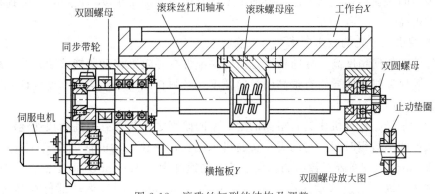

图 2-12　滚珠丝杠副的结构及调整

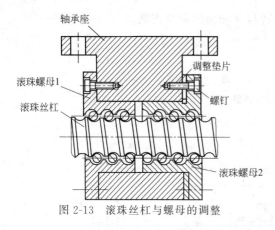

图 2-13 滚珠丝杠与螺母的调整

轴承座

调整垫片

滚珠螺母1

螺钉

滚珠丝杠

滚珠螺母2

1. 滚珠丝杠副的特点

由于滚珠丝杠副在传动时，螺母与丝杠之间的运动是滚动摩擦，工作时有以下特点。

① 由于滚动摩擦系数小，传动效率高。

② 运动平稳，无爬行现象。

③ 传动有可逆性，且螺母与丝杠之间为无间隙传动，故传动精度高。

④ 由于滚珠丝杠副是滚动摩擦，磨损小，使用寿命长。

⑤ 制造工艺复杂，成本高。

⑥ 不能自锁。对于垂直丝杠，因为自重的原因，下降传动时，不能立即停止运动，需要配置有制动装置。

2. 滚珠丝杠副的轴向间隙调整方法

① 安装时，螺母与丝杠之间需要预紧，以消除螺母与丝杠之间的间隙，提高丝杠运动的刚性。

② 使用一定时间后，要检查滚珠丝杠副的轴向间隙变化，如果出现间隙，就要及时调整。

调整方法是：在图 2-12 中，在滚珠丝杠副的两边有双圆螺母，当滚珠丝杠副的间隙超出机床允许值时，先松开外边的螺母，退出止动垫圈，拧紧两端双圆螺母靠里边一侧的螺母，达到预紧状态，测量轴向间隙，符合允许值。然后放入止动垫圈，拧紧两端外边的圆螺母，用止动垫圈卡住。

③ 滚珠丝杠与螺母的调整，见图 2-13。在图 2-13 中为滚珠螺母 1 和 2 的预紧状态，允许的间隙由调整垫片保证。如果数控机床使用较长时间后，滚珠与丝杠之间发生少许磨损，产生了间隙，只能通过更换调整垫片达到预紧状态和保证间隙。如果滚珠与丝杠之间磨损较大，严重影响传动精度和平稳性，只能更换新的滚珠丝杠副了。

2.2.3 数控铣镗床的导轨结构特点

数控铣镗床的导轨是重要部件，各种运动部件（工作台、主轴箱）都要在机床的床身、立柱、横梁等基础部件的导轨上运动，它们既要承受一定的重量，又要承受较大的切削力，既要达到很高的快速运动，又要保证被加工零件有很高的加工精度，所以，对数控机床导轨的技术要求很高。

1. 对数控机床导轨的技术要求

（1）导轨的导向精度高　导向精度是指运动部件在导轨上移动所能够达到的直线度和平行度要求。要保证机床的导轨有很高的导向精度，必须在导轨的结构和刚度设计、导轨的加工和装配精度方面有很高的要求。

（2）运动平稳　数控机床具有很高的生产率的原因之一是具有很高的快速运动速度，加工时节省大量的空行程时间。与同类型普通机床相比，快速运动的速度高 5～10 倍。例如，主轴直径 150mm 的普通卧式镗床的纵向快速移动速度为 1.6m/min，而主轴直径 160mm 的卧式数控镗床的纵向快速移动速度（X 坐标）为 10m/min，所以运动部件在高速运行时，必须防止振动，运行要平稳。

数控机床在低速切削时，也要求工作台或主轴箱运行平稳，无爬行现象。所以，要求导轨副的动摩擦和静摩擦系数小，减小运动的阻力。

（3）导轨的耐磨性好　导轨的耐磨性是指导轨在长期运行中，能够保持导轨精度的能力。导轨的耐磨性好，就保证了导轨的精度，也就保证了零件加工中的位置精度。

（4）足够的刚度　导轨应该有足够的刚度，在使用中不会变形和振动，才能保证零件的加工精度。实际上，导轨的刚度还与该部件的结构和刚性有关。

2. 常用数控机床导轨的类型

数控机床的导轨有不同的分类方式，当前数控机床采用的导轨有接触式导轨和非触式导轨。接触式导轨又分为贴塑滑动导轨和滚动导轨；非接触式导轨分为空气静压导轨和液体静压导轨。典型数控机床的导轨的结构和特点如下。

（1）贴塑导轨

① 贴塑滑动导轨的结构。贴塑滑动导轨是在运动部件的导轨上粘贴一定厚度的软带，其材料是耐磨的 PTEE（聚四氟乙烯），固定部件的导轨是镶钢淬硬导轨，导轨面的硬度达55～60HRC。贴塑导轨的结构见图 2-14。

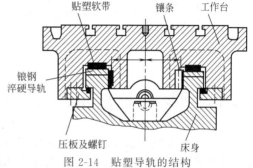

图 2-14　贴塑导轨的结构

② 贴塑滑动导轨的特点。

a. 摩擦因数低而稳定，动、静摩擦因数相近，使运动平稳，无爬行现象。

b. 有吸振能力，具有良好的阻尼性。

c. 耐磨性好，有自身润滑作用。

d. 化学稳定性好，除有好的耐磨性外，还有耐低温、耐腐蚀的能力。

e. 维护方便，经济性好。

③ 应用范围。主要在中小型数控铣床和加工中心的导轨上应用。

（2）滚动导轨

① 滚动导轨的特点。滚动导轨的摩擦因数小（$\mu = 0.002 \sim 0.005$），且不受运动速度的影响；滚动运动时磨损小，能保持导轨的精度；低速时不容易出现爬行，定位精度高；滚动导轨可以预紧，提高机床的系统刚性。

滚动导轨适合于中、小型精密机床、数控机床、测量机床等的应用。

② 滚动导轨的结构形式。根据滚动体的形状，可将滚动导轨分为滚珠导轨、滚针导轨、滚柱导轨三种，它们可以做成独立的滚动导轨标准部件，安装在机床的各个运动部件上。

（3）空气静压导轨

① 空气静压导轨的结构与工作原理。空气静压导轨是利用具有稳定压力的空气膜，使运动部件的导轨副之间均匀分离，以得到平稳的、高精度的运动。空气静压导轨的典型结构简图见图 2-15。

图 2-15 是主轴直径 160mm 的卧式数控镗铣床的立柱与床身之间空气静压导轨副的结构图，其工作原理是：压缩空气经过制冷干燥和油水分离后，进入导轨的上腔，均匀流入各导轨的喷嘴，在导轨间形成压力空气膜。运动部件移动时，压缩空气要保持较稳定的温度（20～24℃）和压力（80～100N/cm²），在导轨间形成的静压力使立柱浮起 0.01～0.015mm 的均匀间隙，成为非接触式运动的导轨副。

② 空气静压导轨的优、缺点。优点：高速运动平稳，运动精度高；由于导轨之间有

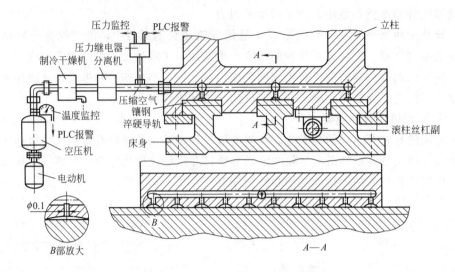

图 2-15 空气静压导轨的结构简图

均匀间隙，摩擦极小，导轨耐磨，使用寿命长。摩擦因数小，导轨运动不会引起发热变形。

缺点：要求空压系统的压力和温度保持稳定，如果压力波动较大，使压缩空气膜发生变化，导轨之间浮起的间隙不稳定；要求机床的工作环境好，如果空气灰尘太多，空气过滤器要经常清洁，否则容易使喷嘴孔堵塞，影响静压效果。

空气静压导轨适用于中大型数控镗铣床、龙门铣床、三坐标测量机等的床身导轨。

（4）液体静压导轨

① 液体静压导轨的工作原理。工作原理是将具有一定压力的润滑油输入到导轨面上的油腔中，使导轨面之间形成承载油膜，能够浮起运动部件进行移动。

② 液体静压导轨的优缺点。

优点：

a. 由于导轨面之间是液体静压摩擦，导轨面不产生磨损，能够长期保持导轨的精度；

b. 部件在导轨上的低速运动不产生爬行现象，承载能力大，刚性好；

c. 液压油有吸振作用，部件运动时无振动，工作平稳。

缺点：

a. 液体静压导轨的结构复杂，密封性要好，防止渗漏；

b. 要有液压供油系统，油的清洁度高；

c. 只适合于低速的运动导轨副。

液体静压导轨主要应用在数控镗铣床、数控龙门铣床的工作台导轨。

2.2.4 自动换刀装置的结构特点

数控加工中心都需要有自动换刀装置，以提高程序加工的自动化和生产效率。

1. 自动换刀装置的基本要求

自动换刀装置（ATC）是由刀具库和机械手及控制系统组成的，在数控程序加工的使用中应该满足以下要求：

① 有很高的换刀可靠性，换刀时间短；

② 换刀时刀具的重复定位精度高；

③ 刀库要有一定的刀具存储数量。

2. 刀库的类型

刀库的功能是存储加工程序所需要的刀具，并按程序指令顺序从刀库中调用相应的刀具准确地传送到换刀位置，换刀的同时接受从主轴送回的刀具。刀具是按照编码方式安放到刀库的刀座中，换刀时刀库旋转，使各个刀座依次经过识刀器，当找到需要的刀具后，刀库停止转动，等待换刀。

刀库的类型主要有圆盘式刀库和链式刀库，见图 2-16。

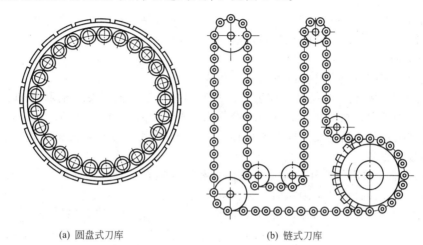

(a) 圆盘式刀库　　　　　　　　　　(b) 链式刀库

图 2-16　刀库的类型

3. 机械手

常用的机械手为单臂双爪式机械手，或称为扁担式机械手，见图 2-17 的示意图。

根据机械手的结构不同，可分为液压缸驱动式机械手和凸轮联动式机械手，在换刀时，机械手的工作过程是：抓刀──→拔刀──→（转 180°）换刀──→插刀──→松刀，然后退回到准备状态。

4. 自动换刀过程（见图 2-17）

在程序执行自动换刀指令时，主轴将要更换的刀具回到换刀位置，同时，刀库运转，找到要换入的刀具定位在换刀位置，并转 90°使刀具与主轴平行。机械手伸出转 75°抓住两把刀，往外从锥孔中拔出两刀，转 180°后，机械手缩回，将两刀同时插入锥孔中，主轴中的拉刀机构夹紧刀具。机械手松刀，转回到准备位置。换回到刀库的刀具转 90°，定位到它的代码位置，换刀结束。

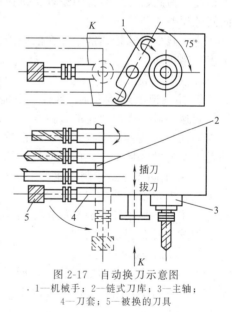

图 2-17　自动换刀示意图

1—机械手；2—链式刀库；3—主轴；
4—刀套；5—被换的刀具

2.3　数控铣镗床的功能

数控铣镗床的功能有工艺方面的加工功能，有数控系统和编程系统方面的功能，而且它们之间是相互联系和密切相关的。

2.3.1 数控铣镗床的基本功能

1. 工艺功能

不同档次的数控铣镗床的功能有较大的差别，但都应具备以下主要功能。

① 铣削加工。数控铣床一般应具有三坐标以上联动功能，能够进行直线插补和圆弧插补，自动控制旋转的铣刀相对于工件运动进行铣削加工，主要是铣平面和成形面、铣槽、铣轮廓和曲面、铣螺纹等。

② 孔加工功能。可以采用定尺寸的孔加工刀具进行钻、扩、铰、锪、攻丝、镗削等加工，也可用铣刀铣削不同尺寸的孔和圆弧槽。

2. 数控功能

数控机床的数控系统应具备以下的基本功能。

① 控制功能。控制功能是指数控装置的控制坐标轴数和同时受控的联动轴数。联动轴数是指在程序加工中，数控装置能够同时控制几个坐标轴的运动。一般数控机床需要同时控制两个坐标轴的运动，高精度数控机床具有三轴、四轴或五轴联动，更精密和复杂的数控机床的联动轴数还更多。

② 插补功能。常用的插补功能是直线插补和圆弧插补。直线插补用于加工圆柱面和端面、圆锥面；圆弧插补可加工圆球面、球面等。

其他插补功能有螺旋线插补、抛物线插补、正弦线插补等，这要根据用户需要作为选择功能。

③ 机械误差补偿功能。由于数控机床的进给传动链中存在有间隙会直接影响工件的加工精度，为此，数控装置中设置了机械误差的补偿功能，以消除工序加工中的传动误差和反向间隙误差。

为了减少进给传动链中存在的间隙对加工精度的影响，数控机床都采用滚珠丝杠副和同步齿形带传动。

3. 主轴功能

① 主轴速度选择功能。数控装置能够根据主轴速度指令地址 S 和其后的数字，选择主轴的转速。对于无级变速的数控车床，地址 S 后为四位数，加工程序中可以指定主轴转速范围内的任一转速。对于有多级交换齿轮变速的经济型数控车床，地址 S 后为二位数，它指定的是一个速度区域，在此内可通过手柄选择其中的一挡速度。

② 主轴同步进给控制功能。由于加工螺纹时，主轴的转速与进给运动必须保持同步运行关系，即主轴一转，刀具在进给运动方向必须精确位移一个导程（或螺距），所以加工螺纹时，主轴必须附加安装有位置编码器，通过检测主轴的转数及伺服系统的角位移关系，保证切削螺纹时获得正确的螺距。

4. 自动加减速控制功能

工作台在快速和切削进给时，伺服系统启动需要极短时间内自动加速到指定的速度，当工作台到达指定位置停止时，伺服系统需要在极短时间内自动减速停止。

5. 其他功能

其他功能是指某些数控功能和操作面板上的功能。

① 公制、英制单位转换。可以根据图纸的标注选择公制单位（mm）和英制单位（inch）进行程序编制，以适应不同企业的具体情况。

② 主轴转速、进给速度的调整功能。数控铣床控制面板上一般设有进给速度、主轴转速的倍率开关，用来在程序执行中根据加工状态和程序设定值随时调整实际进给速度和主轴实际转速，以达到最佳的切削效果。一般进给速度调整范围在 0～150％之间，主轴转速调整范围在 50％～120％之间。

③ 工件坐标系设定功能。

④ 数据输入输出及 DNC 功能。

⑤ 子程序编程和参数编程功能。

⑥ 数据采集功能。

⑦ 自诊断功能。

⑧ 自动报警功能。

2.3.2　数控铣镗床编程系统的功能

编程系统各功能的实现依赖于数控装置的硬件功能和系统内部的软件功能。数控机床的编程系统的指令可以归纳为以下 6 种编程功能。

1. 准备功能指令

准备功能又称 G 功能，它是指令数控车床工作方式或控制系统工作方式的一种命令。各种不同的编程系统都有不同的 G 功能指令，但部分 G 功能指令已国际标准化了，少部分 G 指令差别较大。故在编程应用中要按照数控系统说明书的有关规定进行。

2. 辅助功能指令

辅助功能又称 M 功能，它是指令机床中的辅助装置的开关动作或状态。

3. 主轴速度功能

主轴速度功能又称 S 功能。用于程序中指令主轴转速和恒线速度控制的功能。

4. 刀具功能

刀具功能也称 T 功能，用于调用刀具和进行刀具补偿。一般包括刀具半径补偿功能和刀具长度补偿功能。

5. 进给功能

进给功能又称 F 功能。在程序中，F 有每分钟进给和每转进给两种单位，由不同 G 指令区别。

6. 固定循环功能

固定循环是固化为 G 指令的子程序，并通过各种参数适应不同的加工要求，主要用于实现一些具有典型性的需要多次重复的加工动作，如不同的孔、内外螺纹、沟槽等的加工。使用固定循环可以有效地简化程序的编制。但不同的数控系统对固定循环的定义有较大的差异，在使用的时候应注意区别。

以上编程功能指令都编辑在数控机床的编程系统的功能表中，不同的数控机床配置了不同的编程系统，在零件编程时应该遵照该数控机床编程说明书的规定。

2.4　数控铣镗床的编程系统

当前在数控机床上应用较广泛的编程系统有日本的法拉克（FANUC）系统和德国的西门子（SIEMENS）系统。我国近年来生产的编程系统也很多，例如广州数控设备厂研制的 GSK 系列编程系统。虽然它们的编程指令有许多不同，但有些基本的 G 代码是按照国际标准制定的，其指令的功能是相同的。

我国原机械工业部参照 ISO 国际公制标准于 1983 年颁布了数控编程系统国家标准（JB 3208—83）G 代码，之后修订了新标准 JB/T3208—1999，大多数 G 代码是与国际标准一致的，但许多 G 代码不指定，由生产厂家自行开发指定。国家标准 G 代码可见附录。

2.4.1 编程系统的准备功能 G 代码

1. GSK990M 编程系统 G 代码

GSK990M 是数控铣床的编程系统，G 代码见表 2-1。

表 2-1　GSK990M 准备功能指令 G 代码

G 代码	组别	功　　能	G 代码	组别	功　　能
G00	01	快速定位	* G54	05	工件编程零点 1
* G01		直线插补	G55		工件编程零点 2
G02		顺时针圆弧插补（CW）	G56		工件编程零点 3
G03		逆时针圆弧插补（CCW）	G57		工件编程零点 4
G04	00	暂停，准停	G58		工件编程零点 5
G10		偏移值设定	G59		工件编程零点 6
* G17	02	选择 XY 平面	G65	00	宏程序命令
G18		选择 ZX 平面	G73	09	钻深孔循环
G19		选择 YZ 平面	G74		左旋攻螺纹循环
G20	06	英制数据输入	G76		精镗循环
G21		公制数据输入	* G80		取消固定循环
G27	00	返回机床零点检查	G81		钻孔循环
G28		返回机床零点	G82		钻阶梯孔循环
G29		从机床零点返回	G83		钻深孔循环
G31		测量功能	G84		攻丝循环
G39		拐角偏移圆弧插补	G85		镗孔循环
* G40	07	取消刀具半径补偿	G86		镗孔循环
G41		刀具半径补偿在左侧	G87		反镗孔循环
G42		刀具半径补偿在右侧	G88		镗孔循环
G43	08	正方向刀具长度补偿	G89		镗孔循环
G44		负方向刀具长度补偿	* 90	03	绝对坐标编程
* G49		取消刀具长度补偿	G91		相对坐标编程
G52	00	局部坐标系设定（无）	G92	00	实际值坐标系设定
G53		机床坐标系设定（无）	G98	10	返回到初始平面
			G99		返回到 R 定位平面

　　注：1. 带 * 号的 G 代码是当电源接通时，系统所处的 G 代码状态，也称为系统初态时的 G 代码；G20，G21 为电源切断前的状态；G00，G01 可以用参数设定来选择。

　　2. 00 组的 G 代码是一次性 G 代码，也叫非模态 G 代码。

　　3. 在同一个 G 代码中可以指令几个不同组的 G 代码，如果在同一个程序段中指令了两个以上的同组 G 代码时，后一个 G 代码有效。

　　4. 在固定循环中，如果指令了 01 组的 G 代码，固定循环则自动被取消，变成 G80 状态。但 01 组 G 代码不受固定循环的 G 代码影响。

　　G 代码可分为一次性 G 代码和模态 G 代码两种。在表 2-1 中用不同的组别表示，其含义是：一次性 G 代码只在被指定的程序段中有效；模态 G 代码在程序段中指定后就一直有效，只有在同组其他 G 代码指定后才被取代。

　　2. FANUC 0i-MB 编程系统 G 代码

　　FANUC 0i-MB 是用于加工中心的编程系统，G 代码见表 2-2。

表 2-2　FANUC 0i-MB 编程系统 G 代码

G 代码	组别	功　能	G 代码	组别	功　能
* G00	01	快速定位	G52	00	局部坐标系设定
* G01		直线插补	G53		选择机床坐标系
G02		顺时针圆弧插补 CW	* G54	14	选择工件坐标系 1
G03		逆时针圆弧插补 CCW	G54.1		选择工件附加坐标系
G04	00	暂停,准确停止	G55		选择工件坐标系 2
G05.1		AI 先行控制	G56		选择工件坐标系 3
G07.1		圆柱插补	G57		选择工件坐标系 4
G08		先行控制	G58		选择工件坐标系 5
G09		准确停止	G59		选择工件坐标系 6
G10		可编程数据输入	G60	00/01	单方向定位
G11		可编程数据输入取消	G61	15	准确停止方式
* G15	17	极坐标指令取消	G62		自动拐角倍率
G16		极坐标指令	G63		攻丝方式
* G17	02①	选择 XY 平面	* G64		切削方式
* G18		选择 ZX 平面	G65	00	宏程序调用
* G19		选择 YZ 平面	G66	12	宏程序模态调用
G20	06	英寸输入	* G67	12	宏程序调用取消
G21		毫米输入	G68	16	坐标旋转/三维坐标转换
* G22	04	存储行程检测功能有效	* G69④		取消 G68
G23		存储行程检测功能无效	G73	09	钻深孔循环
* G25	24	主轴速度波动监测无效	G74		左旋攻丝循环
G26		主轴速度波动监测有效	G76		精镗循环
G27	00	返回参考点检测	* G80⑤		取消固定循环
G28		返回参考点	G81⑤		钻孔循环
G29		从参考点返回	G82		钻孔循环
G30		返回第 2、3、4 参考点	G83		钻深孔循环
G31		跳转功能	G84		攻丝循环
G33	01	螺纹切削	G85		镗孔循环
G37	00	自动刀具长度测量	G86		镗孔循环
G39		拐角偏置圆弧插补	G87		背镗孔循环
* G40	07②	刀具半径补偿取消	G88		镗孔循环
G41		左侧刀具半径补偿	G89		镗孔循环
G42		右侧刀具半径补偿	* G90	03	绝对值编程
G40.1	19③	法线方向控制取消	* G91		增量值编程
G41.1		法线方向控制左侧接通	G92	00	设定工件坐标系
G42.1		法线方向控制右侧接通	G92.1		工件坐标系预置
G43	08	正向刀具长度补偿	* G94	05	进给速度 mm/min
G44		负向刀具长度补偿	G95		进给速度 mm/r
G45	00	刀具偏置值增加	G96	13	恒线速度控制
G46		刀具偏置值减少	G97		取消恒线速度控制
G47		2 倍刀具偏置值	G98	10	固定循环返回初始平面
G48		1/2 刀具偏置值	G99		固定循环返回 R 点平面
* G49	08	刀具长度补偿取消	G160	20	横向进给磨削控制取消
* G50	11	比例缩放取消	G161		横向进给磨削控制(磨床)
G51		比例缩放有效			
* G50.1	22	可编程镜向取消			
G51.1		可编程镜向有效			

① 也可以是与 X、Y、Z 的平行轴。
② G41、G42 同时也用于三维补偿,G40 也取消三维补偿。
③ 相对应的指令是 G40.1(G150)、G41.1(G151)、G42.1(G152)。
④ G69 为取消坐标旋转/三维坐标转换。
⑤ G80 还取消外部操作功能,G81 也用于外部操作功能。
注：* 为 CNC 系统的初态指令。

3. 西门子（SIEMENS）840D 系统的 G 代码

西门子 840D 是 Sinumerik 系列的镗铣编程系统，其 G 代码见表 2-3。

表 2-3　SIEMENS Sinumerik 840D 编程系统的 G 代码

G 代码	组别	功　能	G 代码	组别	功　能
G00	01	（快速移动）	*G90	14	绝对尺寸
*G01		直线插补	G91		增量尺寸
G02		顺时针圆弧插补	G93	15	反比时间进给率（转/分钟）
G03		逆时针圆弧插补	*G94		直线进给率 F，单位：mm/min、in/min 和（°）/min
G04	02	事先定义的停留时间			
G05		斜向切入式磨削	G95		旋转进给率 F，单位：mm/r 或 in/r
G07		斜向切入式磨削时的补偿运动	G96		恒定切削速度（对于 G95）ON
G09	11	准确停-减速	G97		恒定切削速度（对于 G95）OFF
*G17	06	选择工件平面 XY	G110	03	极点编程，相对上次编程设定位置
G18		选择工件平面 ZX	G111		极点编程，相对当前工件坐标系原点
G19		选择工件平面 YZ	G112		极点编程，相对上次有效的极点
G25	03	工作区域下限	*G140	43	G41/G42 定义 SAR 逼近方向
G26		工作区域上限	G141		SAR 逼近轮廓左侧
G33		恒螺距的螺纹插补	G142		SAR 逼近轮廓右侧
G34	01	直线减速变化（mm/r²）	G143		SAR 以切线逼近
G35		直线加速变化（mm/r²）	G147	02	沿直线平滑逼近
*G40	07	取消刀具半径补偿	G148		沿直线平滑退回
G41		刀具在轮廓左侧移动	G153	09	取消当前平面，包括基准平面
G42		刀具在轮廓右侧移动	G247	02	沿象限平滑逼近
G53	09	取消当前零点偏置（非模态）	G248		沿象限平滑退回
G54	08	第一可设定零点偏移	G290	47	转换到 Sinumerik 模式 ON
G55		第二可设定零点偏移	G291		转换到 FANUC 模式 ON
G56		第三可设定零点偏移	G331	01	攻丝
G57		第四可设定零点偏移	G332		后退（攻丝）
G58	03	轴可编程零点偏置，绝对	G340	44	空间逼近程序段［深度和平面（螺旋）］
G59		轴可编程零点偏置，附加	G341		垂直轴（Z）的初始进给，然后在平面上逼近
*G60	10	准确停-减速	G347	02	沿半圆平滑逼近
G62	57	激活刀具半径补偿，内拐角的拐角减速（G41，G42）	G348		沿半圆平滑退回
			G450	18	圆弧过渡
G63	02	补偿夹具攻丝	G451		等距线的交点
G64	10	准确停-连续路径模式	G460	48	打开逼近和后退程序段的冲突
G70	13	英制尺寸（长度）	G461		以圆弧延伸边界程序段，如果 TRC 程序段中没有交点
*G71		公制尺寸（长度）	G462		以直线延伸边界程序段，如果 TRC 程序段中没有交点
G74	02	参考点逼近			
G75		固定点逼近	G500	08	当 G500 中没有值时，取消所有可设定的框架

G 代码	组别	功　　能	G 代码	组别	功　　能
G505～G599	08	5.…99.可设定的零点偏移	G931		运行时间规定的进给率
G601	12	精准确定位时程序段转换	G942		锁定直线进给率和恒定切削速率或主轴转速
G602		粗准确定位时程序段转换	G952		锁定旋转进给率和恒定切削速率或主轴转速
G603		IPO 下的程序段转换－程序段结束	G961	15	打开恒定切削速度(对于 G94)
G641	10	准确停-连续路径模式	G962		直线或旋转进给率和恒定切削速率
G642		精磨削，带轴精度	G971		取消恒定切削速度(对于 G94)
G643		程序段精磨削	G972		锁定直线或旋转进给率和恒定主轴转速
G644		精磨削，带特定的轴动态	GOT-OF		向前跳转指令(方向向程序结束)
G621	57	所有拐角的拐角减速	GOT-OB		向后跳转指令(方向向程序开始)
G700	13	英制尺寸,in 和 in/min(长度＋速度＋系统变量)	GWP-SOF		不选择恒定的砂轮外缘速度(GWPS)
* G710		公制尺寸,mm 和 mm/min(长度＋速度＋系统变量)	GWP-SON		选择恒定的砂轮外缘速度(GWPS)
G810～G819	31	OEM 预留的 G 功能组	CFC	1.	轮廓恒定进给率
G820～G829	32	OEM 预留的 G 功能组	CFTCP	2.	刀具中心点的恒定进给率
			CFIN	3.	内径的恒定进给率,外径的加速度

注：1. 表中有 * 号的 G 代码为系统初态指令，机床开机后自动执行的控制方式。

　　2. 在组别中，01、… 为模态 G 代码。

　　3. 在组别中，02、… 为非模态 G 代码。

2.4.2　编程系统的辅助功能 M 代码

1. GSK990M 和 FANUC 0i-MB 系统的 M 代码，见表 2-4。

表 2-4　GSK990M 和 FANUC 0i-MB 系统的辅助功能 M 代码

M 代码	功　　能	M 代码	功　　能
M00	程序无条件停止	M40	主轴速度自动换挡
M01	程序选择停止	M41	换 1 挡速度
M02	程序结束光标不返回程序开头	M42	换 2 挡速度
M03	主轴正转	M43	换 3 挡速度
M04	主轴反转	M44	换 4 挡速度
M05	主轴停转	M45	换 5 挡速度
M06	自动换刀	M70	主轴转换为轴方式
M08	冷却液开	M98	调用子程序
M09	冷却液关	M99	子程序结束
M19	主轴定向停止在 S_角度	M198	从外部输入/输出中调用子程序
M30	程序结束,光标返回程序开头		

2. 西门子 Sinumerik 840D 系统的 M 代码表，见表 2-5。

表 2-5　西门子 Sinumerik 840D 系统的辅助功能 M 代码

M 代码	功　　能	M 代码	功　　能
M00	程序无条件停止	M19	主轴定向停止在 S_角度
M01	程序选择停止	M30	程序结束,光标返回程序开头
M02	程序结束	M40	主轴速度自动换挡
M03	主轴正转	M41	换 1 挡速度
M04	主轴反转	M42	换 2 挡速度
M05	主轴停转	M43	换 3 挡速度
M06	自动换刀	M44	换 4 挡速度
M08	冷却液开	M45	换 5 挡速度
M09	冷却液关	M70	主轴转换为轴方式
M17	子程序结束		

2.5　数控铣镗床的坐标系

数控机床坐标系及其有关规定是学习数控编程和操作的一个十分重要的内容，如果没有正确理解和清醒认识，就会在编程和操作中出现错误，致使加工零件报废或发生数控设备的重大操作责任事故。

2.5.1　坐标系定义

在数控机床中应用的坐标系主要有直角坐标系和极坐标系。直角坐标系是由坐标原点、坐标轴和坐标轴方向组成，因为其坐标轴相互垂直成 90° 而叫做直角坐标系。在直角坐标系中，两个相互垂直的坐标轴组成的坐标系称平面直角坐标系 [见图 2-18 (a)]，由三个相互垂直的坐标轴组成的坐标系称为空间直角坐标系 [见图 2-18 (b)]。

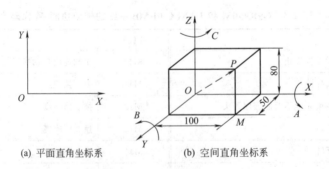

(a) 平面直角坐标系　　　　(b) 空间直角坐标系

图 2-18　直角坐标系

在图 2-18 中，O 代表坐标原点，X、Y、Z 代表坐标轴，箭头代表坐标轴方向。从坐标原点往坐标轴正方向计算的值为正值，从坐标原点往坐标轴负方向计算的值为负值。在设定了坐标轴的比例长度单位后，处于坐标系中物体上各点、线和面相对坐标原点和坐标轴的距离就可以确定了。

例如，在 2-18 图中，物体上 M 点在坐标系中的位置，根据坐标轴的比例尺寸就确定了 M 的坐标值为：$X100$，$Y50$。P 点在三个坐标中的交点位置，是空间坐标系，它的坐标值为：$X100$，$Y50$，$Z80$。

当物体上各点的位置在坐标系中确定后，它们的直线和平面的位置就确定了。如果将坐标系设置在机床上，那么，装夹在机床上的工件相对机床坐标轴的位置也就确定了，通过刀具沿着坐标轴运动，就能够对工件进行加工。这就是坐标系在数控机床中的重要作用和对工件的定位方法。

2.5.2　数控机床坐标系的命名

将数控机床的刀具运动和工件的移动设置成坐标轴，并确定坐标轴的原点和运动方向，就组成了数控机床的坐标系。只有建立了机床坐标系，零件加工程序才能运行并实现刀具对零件的加工。

1. 数控机床坐标轴及其运动方向设置原则

由于数控机床的类型不同，切削加工的执行部件也不相同。有的机床是刀具移动而工件固定；有的机床是刀具不移动而工件移动。为了使各类数控机床的坐标轴命名和确定运动方向一致，按照 ISO 国际标准规定，把被加工的工件看作是静止的，而以刀具相对于工件运动的原则来命名坐标轴和确定其运动的方向。标准规定将机床每一个部件的运动命名为一个坐标轴，而坐标轴的方向是以刀具远离工件的运动方向为正方向。

（1）Z 坐标轴的命名　将传递切削功率的主轴轴线命名为 Z 坐标轴，以离开工件的运动方向作为 Z 轴正方向。

（2）X 坐标轴的命名　对于数控铣镗床而言，从机床主轴（立柱）一侧向着工件看时，右手方向为 X 坐标轴的正方向。

（3）Y 坐标轴的命名　当 Z 和 X 坐标轴确定后，按照右手定则来确定 Y 坐标轴及其方向。

以上命名的 X、Y、Z 三个坐标轴是数控机床的基本直线运动坐标，数控坐标系还有三个回转坐标轴。当机床主轴作旋转运动时，被命名为 Z 轴的回转坐标，用 C 表示，它旋转正方向是按照右旋螺纹进入工件的方向作为正方向。同样在 X 和 Y 坐标轴也有对应的回转坐标 A 和 B，它们的旋转方向是按照 $+X$ 和 $+Y$ 方向的右旋螺纹转动方向。所以数控机床坐标系由三个直线坐标 X、Y、Z 和对应的三个回转坐标 A、B、C 组成，见图 2-19。

2. 数控机床坐标及方向的判断方法——右手定则法

数控机床的标准坐标系，也称为笛卡儿直角坐标系。坐标及其方向的判定方法如图 2-19（b）所示，用右手大拇指表示 X 轴的正方向，食指表示 Y 轴正方向，中指表示 Z 轴正方向，三个手指互为直角形状，代表三个直线运动坐标。图 2-19（c）是用右手大拇指表示直线运动坐标 X、Y、Z 的方向，四个手指按照右旋螺纹旋转方向表示对应的三个旋转坐标轴方向 $+A$、$+B$、$+C$。在数控编程和操作中应用右手定则法判断数控机床的直线运动坐标和旋转坐标轴及其方向非常方便。

2.5.3　数控铣镗床的坐标系及参考点

1. 数控铣镗床各坐标轴命名和方向的确定

根据 ISO 国际标准对数控机床坐标轴命名的规定，数控铣镗床坐标轴命名及方向的确

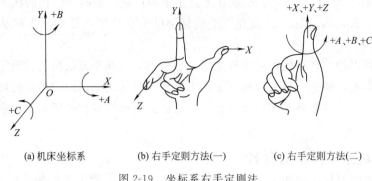

(a) 机床坐标系　　　(b) 右手定则方法(一)　　　(c) 右手定则方法(二)

图 2-19　坐标系右手定则法

定如下。

(1) 数控立铣和立式加工中心的机床坐标系　以传递动力的立式主轴的中心线为 Z 坐标，主轴离开工件的方向为 Z 的正方向；以工作台的纵向移动为 X 坐标，从主轴后面向工件看，其右手方向为 X 的正方向；按照确定的 Z 和 X 坐标，用右手定则就能确定工作台的横向移动为 Y 坐标，以离开工件的方向为正方向。

数控机床开机后，首先要使机床的各坐标轴回到机床零点（也称为机床参考点），且回零指示灯亮，就建立了机床坐标系，见图 2-20 中标示的 X、Y、Z 坐标及零点 M。

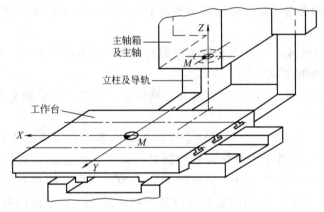

图 2-20　数控立铣和立式加工中心的机床坐标系

(2) 卧式镗铣床的机床坐标系　以传递动力的水平主轴的中心线为 Z 坐标，主轴离开工件的方向为 Z 的正方向；以立柱平行于工作台的移动为 X 坐标，从立柱后面向工件看，其右手方向为 X 的正方向；按照确定的 Z 和 X 坐标，用右手定则，就确定了主轴箱沿立柱上下移动为 Y 坐标，以向上（离开工件）的方向为 Y 的正方向。

机床开机后，首先要使机床的各坐标轴回到机床零点（也称为机床参考点），且回零指示灯亮，这就建立了机床坐标系，见图 2-21 中标示的 X、Y、Z 坐标及零点 M。

2. 机床参考点

何谓参考点？对于数控铣镗床来说，参考点（Reference Point）是数控机床的刀具或工作台进行程序移动时需要的一个参照位置，数控系统要根据此参照位置才能正确计算程序移动的距离，这个参考位置就叫机床参考点。

在不同的数控机床上的参考点可以是机床坐标系原点，也可以是工件坐标系原点，还可

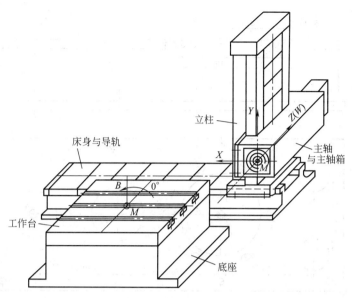

图 2-21　卧式镗铣床的机床坐标系

能是固定参考点，而数控铣镗床的参考点就是机床坐标系的原点或称为机床零点。

机床原点是由数控机床制造厂家设计和制造中确定的各坐标轴的原点，在机床使用中该位置是固定而不能改变的。按照机床原点设置的坐标系称为机床坐标系，可用 M 字母和图标 ⊕ 表示。

2.5.4　工件坐标系及其原点

在编制零件的加工程序时，不是按照机床坐标系进行编制的。因为在零件编程时，工件安装在机床工作台的什么位置？每个加工表面到机床各坐标零点的距离是多少？在零件的毛胚定位安装在工作台上之前是既不能确定又无法测定的，所以，不能直接用机床坐标系对零件编程。

为了使零件编程方便，由编程人员在零件图上建立编程坐标系，再根据图纸上各加工表面的尺寸计算出相对编程坐标系的原点的坐标值，使程序编制就很方便了。我们将零件图上设置的坐标系称为编程坐标系，当数控加工零件时，要按照编程坐标系在工作台上对安装好的零件设置相应的坐标系，这就形成了零件的加工坐标系，也叫工件坐标系，故编程坐标系也叫工件坐标系，其坐标系的原点也称为工件零点或编程零点，用 W 字母和图标 ⊕ 表示。

（1）设置编程坐标系的原则　设置编程坐标系要使编程坐标计算简便而直观，在加工时对刀方便而准确。主要考虑有下面几点：

① 工件坐标系的原点应选择在尺寸标注的基准上，使坐标计算方便；

② 尽量将工件坐标系的原点设置在尺寸和位置精度高、表面粗糙度值小的表面上；

③ 有对称几何图形的零件，最好将工件坐标系的原点设置在对称中心点上；

④ 在程序加工时易于测量和对准程序所设置的工件原点。

（2）设置工件坐标系举例　在零件图中可以设置多个不同的工件坐标系，如图 2-22 中的 1、2、3 点作为编程零点设置坐标系，但只有点 2 设置的坐标系是最合适的。

2.5.5　机床坐标系与工件坐标系的关系

机床坐标系是数控机床制造时设置的固定坐标系，在开机后首先让各坐标轴回机床原

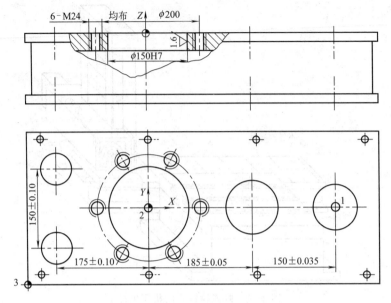

图 2-22　工件坐标系的设置

点，机床坐标系就建立了。但零件的加工程序是根据图纸设置的编程坐标系编制的，与机床坐标系没有关系，怎样使数控机床坐标系能够控制工件加工程序的坐标运行呢？

1. 在机床坐标系中建立工件坐标系

执行程序加工前，将被加工的零件定位和装夹在机床工作台上后，首先要建立加工程序的工件坐标系，使其坐标轴与机床坐标系相对应，记录工件零点到机床零点的距离并存储到工件零点存储器中，数控系统就能够根据工件零点在机床坐标系的位置计算出程序的坐标值了。

（1）在数控立铣或立式加工中心上建立工件坐标系　开机后，首先回机床零点，各坐标移动到如同图 2-20 中的位置。然后移动各坐标离开机床零点，让工作台在适当位置安装好工件，利用找正器或刀具对刀，确定工件上编程零点的位置，机床坐标系与工件坐标系的关系就建立了，见图 2-23。

图中的 X_M、Y_M、Z_M 是工件零点到机床零点的距离，将这些数据输入到零点存储器就建立了工件坐标系，在执行工件

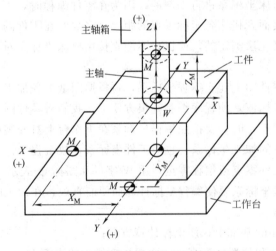

图 2-23　立式数控铣床设置工件坐标系

加工程序时，数控装置能够将程序的编程坐标值与 X_M、Y_M、Z_M 进行自动计算，使刀具按照编程轨迹运行。

由于机床主轴相对工作台静止，故工件坐标系的 X、Y 的坐标方向与机床坐标系的 X、Y 方向相反。

（2）在卧式镗铣床上建立工件坐标系　在卧式镗铣床上建立工件坐标系的方法与上述数控立铣基本相同，开机后，首先回机床零点，各坐标移动到机床零点如同图 2-21 中的位置。将工件安装在工作台的适当位置，然后移动机床各坐标离开机床零点，利用找正器或刀具对刀，确定工件上编程零点，在屏幕上会显示出绝对坐标 X_M、Y_M、Z_M 的数值。可以在零点存储器中输入这些数据，工件坐标系就建立了。但由于机床主轴相对工作台而运动，故工件坐标系的 X、Y 的坐标方向与机床坐标系的 X、Y 方向相同，见图 2-24。

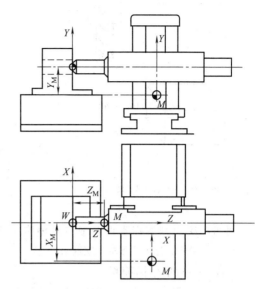

图 2-24　数控卧式镗铣床设置工件坐标系

2. 设置工件坐标系的 G 指令

在机床坐标系中建立工件坐标系时，可以使用三种方法之一设置工件坐标系。

（1）G92 指令建立工件坐标系　在刀具对刀后，程序中用 G92 指令编程，数控系统自动存储零点的实际值来设定工件坐标系。

G92 指令工件坐标系编程格式：G92 IP＿；

例如，当刀具定位在 X、Y、Z 的工件零点时，建立编程零点的指令为：

G92 X0 Y0 Z0；

（2）使用 CRT/MDI 面板存储编程零点　在电源接通并返回参考点之后，使用 CRT/MDI 面板可以设置 6 个工件坐标系，即 G54～G59：

G54 工件坐标系 1　　　　　G55 工件坐标系 2
G56 工件坐标系 3　　　　　G57 工件坐标系 4
G58 工件坐标系 5　　　　　G59 工件坐标系 6

当刀具定位在 X、Y、Z 的工件零点时，记录工件零点到机床零点的距离绝对值，然后输入在程序中编写有 G54 或 G55 等一个存储器中，加工程序的工件坐标系就建立了。当电源接通时，系统自动选择 G54 工件坐标系。

（3）参数自动设置法　自动设定工件坐标系的方法请参考相关编程说明书。

2.5.6　绝对坐标编程与增量坐标编程

在机床坐标系或工件坐标系建立后，编程之前，需要计算工件上加工表面各刀位点的坐标值。所谓刀位点就是加工程序中各程序段的终点，也是工件上被加工轮廓各几何要素（点、线、面）的交点。

刀位点的坐标值计算可以采用绝对坐标或增量坐标，其编程也分为绝对坐标编程或增量坐标编程。

在数控铣镗床编程系统中，用 G90 表示绝对坐标编程，用 G91 表示增量坐标编程。

1. G90—绝对坐标编程

在零件编程时，采用绝对坐标编程。绝对坐标指零件加工轮廓上各刀位点到工件坐标原点之间的垂直距离，称为绝对坐标尺寸。刀位点在坐标的正方向时，坐标值为正，刀位点在坐标的负方向时，坐标值为负，刀具切削时按编程的绝对坐标值移动，见图 2-25。

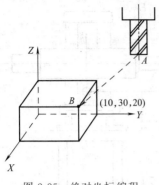

图 2-25 绝对坐标编程

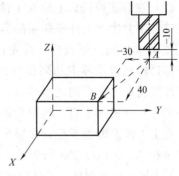

图 2-26 增量坐标编程

例如，B 点到编程零点的绝对坐标值是 $X10$、$Y30$、$Z20$，其绝对坐标编程是：

N··· G90 X10 Y30 Z20 ；

2.G91——增量坐标编程

在零件编程时，可以采用增量坐标编程，也叫相对坐标编程。增量坐标指工件轮廓上当前编程点相对于它前一点之间的垂直距离，称为增量尺寸，也叫相对尺寸。刀具移动的方向与坐标方向相同时，坐标值为正，与坐标方向相反时，坐标值为负。见图 2-26，刀具由 A 点移动到 B 点的坐标值是根据当前编程点 B 相对前一点 A 之间的垂直距离为 $X40$、$Y-30$、$Z-10$，它与编程零点无关。

B 点的增量坐标编程为：G91 X40 Y-30 Z-10。

2.6 典型零件数控加工的过程

通过下面典型零件的实际加工的教学，使本单元的教学内容得到一些实际应用。

典型零件为底座，见图 2-27。它的材质是 45 钢，调质硬度为 225 ～ 255HB。在进行数控加工之前，已经加工为长 160mm、宽 120mm、高 30mm 的半成品。

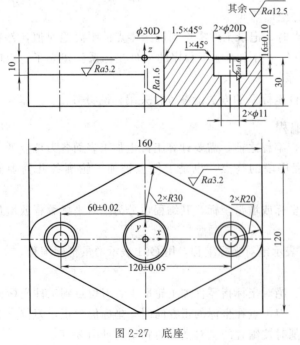

图 2-27 底座

2.6.1 加工机床的选择

1. 根据被加工零件的表面形状和加工精度是选择普通铣床还是数控铣床或加工中心

选择原则是：凡是普通铣床能够加工的表面形状和能够达到的加工精度的零件，都选择普通铣床加工，否则应该安排数控铣床加工。

如果加工三维以上的复杂曲面和一级精度要求的零件，应该选择加工中心。对于二维曲面和 2 级精度要求的零件，可以选择数控铣床加工。

该零件要加工 $2 \times R30$ 和 $2 \times R20$ 的圆弧表面，普通铣床难以加工；零件的尺寸精度 60 ± 0.02 及 $\phi 30D$、$\phi 20D$ 比较高，普通铣床加工质量难以保证，所以适合选择数控铣床加工。

2. 根据被加工零件的尺寸和重量选择数控机床

查阅数控机床的说明书，了解它加工零件的尺寸范围和允许的零件重量（还要计入零件的夹具重量）。某些情况下，加工时还要考虑 X、Y、Z 坐标的行程范围（还要考虑镗孔时刀刃到主轴端的距离和铣削表面时铣刀的切入、切出长度）。

该零件的尺寸和重量较小，适合选择小型数控铣床加工。由于加工时还要考虑零件的合理定位和装夹方式，该工件应以底面定位装夹在虎钳上加工比较方便，所以选择立式数控铣床为宜。

2.6.2　刀具的选择和对刀

根据该零件的加工程序选择需要的加工刀具种类。如果只是铣削表面的程序，就只准备粗、精加工螺旋铣刀。如果只是加工孔的程度，该程序的刀具就准备中心钻、钻头、扩孔钻、铰刀或镗刀等。刀具材料要根据被加工零件的材质来选择，对于 45 号调质钢，除小直径钻头、铰刀是高速钢的外，铣刀、镗刀都是采用硬质合金的。

通常在数控铣床的主轴上安装有通用的铣夹头，小型刀具就装夹在铣夹头中。直径较大的刀具一般都是直接与主轴连接的。必须注意，铣夹头和刀具的锥柄应该与机床主轴锥孔的配合直接和锥度一致。

刀具安装好后就要进行对刀。对刀的方法有几种，可参见第 4 单元中的对刀方法。

2.6.3　建立工件坐标系

（1）按照机床说明书的规定，开机时首先建立机床坐标系。

（2）正确定位和装夹工件。

（3）在主轴上装夹好对刀的刀具或找正工具。

（4）根据零件图上设置的编程坐标系，移动机床主轴的对刀工具，对准工件上 $\phi 30D$ 孔中心及上表面，显示器上就有 X、Y、Z 的坐标零点值，并将该零点的坐标值输入机床面板上的 G54 零点参数中。

（5）工件零点值存储后，运行刀具进行一次检验，查看工件零点设置是否正确。

2.6.4　程序的输入和检验

加工前将零件加工程序输入到数控机床的程序存储器中，以便执行自动加工。

程序的输入方法之一是从机床面板上手动输入，但效率低，容易出错。方法二是事先将零件加工程序存储在 U 盘中，再将 U 盘插入机床的数控装置上 USB 接口中，通过控制面板调入该零件的加工程序。方法三是通过计算机对零件进行自动编程后，将加工程序通过 RS232 串联通信接口直接控制数控机床进行加工。

零件的加工程序输入数控装置后，要进行空运行检验，确定程序无误后，才正式执行加工。在零件表面粗加工后，要进行一次尺寸的精度测量，根据测得的加工余量，调整刀偏值后，才进行零件的精加工，以确保累计加工的尺寸在允许的公差范围内。

以上就是数控铣床的结构与功能在实际加工应用中的主要内容，有关知识在第 3、第 4 单元中有详细叙述。

复 习 题

一、名词解释

1. 加工中心——

2. 准备功能——

3. 辅助功能——

4. 固定循环功能——

5. 初态指令——

6. 模态指令——

7. 直角坐标系——

8. 右手定则——

9. 机床坐标系——

10. 工件坐标系——

11. 刀位点——

12. 绝对坐标值——

13. 增量坐标值——

二、选择题 (将正确的答案代号写在括号内)

1. 按照机床运动的控制轨迹分类,加工中心属于 (   )。
   A. 点位控制   B. 直线控制
   C. 轮廓控制   D. 远程控制

2. 下面哪种数控系统的插补精度最高 (   )。
   A. 脉冲当量为 $1\mu m$ B. 脉冲当量为 $0.05mm$
   C. 脉冲当量为 $0.002mm$ D. 脉冲当量为 $10\mu m$

3. 数控机床精度检验中,(   ) 是综合机床关键零件部件经组装后的综合几何形状误差。
   A. 定位精度   B. 几何精度

C. 切削精度　　　　　　　　　　D. 以上都对

4. 对于采用机械手换刀的立式加工中心，自动换刀过程主要由两部分动作组成，它们是：先让刀库转位，进行（　　）动作，在程序代码中起此作用的是（　　），刀库准备好后，再由机械手进行（　　）动作，实现此功能的程序代码是（　　）。

A. Txx　　　　　B. M06　　　　　C. 换刀　　　　　D. 选刀

5. 脉冲当量是数控机床的位移最小设定单位，脉冲当量的取值越小，插补精度（　　）。

A. 越高　　　　　　　　　　　　B. 越低

C. 与其无关　　　　　　　　　　D. 不受影响

6. 加工中心刀具与数控铣床刀具的区别在（　　）。

A. 刀柄　　　　　　　　　　　　B. 刀具材料

C. 刀具角度　　　　　　　　　　D. 拉钉

7. 在数控铣、镗床的（　　）内设有自动松拉刀装置，能在短时间内完成装刀、卸刀，使换刀较方便。

A. 主轴套筒　　　　　　　　　　B. 主轴

C. 套筒　　　　　　　　　　　　D. 刀架

8. 准备功能 G91 表示的功能是（　　）。

A. 预置功能　　　　　　　　　　B. 固定循环

C. 绝对尺寸　　　　　　　　　　D. 增量尺寸

三、判断题（认为正确的题画"√"，错误的题画"×"）

1. 加工中心与数控铣床相比具有高精度的特点。（　　）

2. 立式加工中心与卧式加工中心相比，加工范围较宽。（　　）

3. 加工中心是一种带有刀库和自动刀具交换装置的数控机床。（　　）

4. 加工中心自动换刀需要主轴准停控制。（　　）

5. 同步带传动兼有齿轮传动和链传动的优点。（　　）

6. 滚珠丝杠螺母副具有自锁功能。（　　）

7. 滚珠丝杠螺母副是回转运动与直线运动相互转换的新型理想传动装置。（　　）

8. 所有数控机床自动加工时，必须用 M06 指令才能实现换刀动作。（　　）

9. 滚珠丝杠在工作时，滚珠作原地旋转，不会随螺母或丝杠移动。（　　）

10. 编程零点 G54 相对机床零点的偏置由机床操作者设置。（　　）

四、问答题

1. 简述数控铣床与加工中心的主要区别。

2. 简述数控加工中心机械手换刀的动作与步骤。

3. 滚珠丝杠副有何特点？

4. 主轴编码器有何作用？

5. 数控铣镗床对导轨有何要求？

6. 贴塑滑动导轨有何特点？

7. 滚动滑动导轨有何特点？

8. 说明空气静压导轨的工作原理。

9. 液体静压导轨有何优缺点？

10. 主轴的准停功能有何功用？

五、编程坐标计算

1. 对题图 2-1 所示平面几何图形作编程坐标计算。

（1）设置工件坐标系；

（2）根据 A、B、C、D、E 五个刀位点分别计算各刀位点的绝对坐标和增量坐标值。

（暂不考虑 Z 坐标）

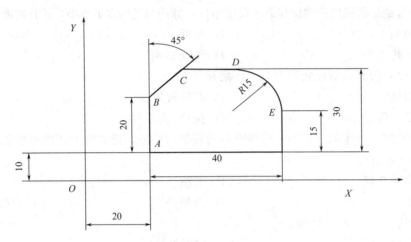

题图 2-1　平面几何图形

2. 对题图 2-2 所示五边台作编程坐标计算。

（1）设置工件坐标系；

（2）在图中用 A、B、C、D、E 字母设定五个刀位点；

（3）分别计算各刀位点的绝对坐标和增量坐标值。（暂不考虑 Z 值）

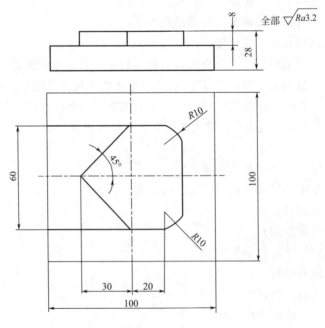

题图 2-2　五边台

单元 **3**
数控铣镗床的编程

教学目标：通过本单元教学，使学生掌握数控编程的基本知识和各种编程指令的编程方法，并通过对不同零件的编程举例和实操训练，使学生能够正确地编写加工程序，学习应用相关工艺知识和数控机床的操作方法，加工出合格的零件，提高学生的编程能力和实操技能。

由于数控机床的生产厂家很多，不同数控机床安装的编程系统不同，其中的编程代码也不完全相同，因此对于所使用的数控机床，必须根据它的编程系统说明书的规定及其代码进行编程。

本单元的编程内容是把 GSK900M 编程系统、FANUC 0i-MB 编程系统和西门子 Sinumerik 840D 编程系统相同的 G 和 M 代码归纳为通用编程代码讲述。其他不同的 G 和 M 代码归纳为专用编程代码讲述。

3.1 数控加工的编程方法和程序结构

3.1.1 数控加工编程方法

根据编程手段和自动化程度的不同，将编程方法区分为手工编程和自动编程两种。

1. 手工编程

手工编程是由数控编程员或操作技工根据被加工零件的加工方案，在零件图中建立工件坐标系和计算出刀具轨迹中各刀位点的坐标值，用编程指令编写出零件的加工程序。简单地说，手工编程就是由人工编写零件的加工程序。当被加工零件的几何形状不太复杂，编程工作量小，生产周期又短，可采用手工编程。此种情况下编程出错率少，快捷简便，减少生产周期。所以手工编程在工艺准备工作中，特别是在生产现场的数控加工中仍然得到广泛应用，它也是自动编程的基础。

2. 自动编程

自动编程是指利用计算机和编程软件，再配备外围设备组成自动编程系统完成零件加工程序编制的方法，也叫做计算机辅助制造 CAM（Computer Aided Manufacturing 的缩写）。

对于形状复杂的零件，例如有非圆曲线、各种曲面组成的轮廓，坐标计算比较复杂，编程工作量大，用手工编程不仅耗时多，计算又容易出错，影响产品加工质量。如果采用功能强大的编程软件在计算机上进行自动编程，就能较快完成零件程序的编制，而且程序正确可靠，出错率极少。（自动编程举例见 3.5 节）

自动编程与手工编程相比有如下优点。

① 自动编程时，能利用计算机对零件加工轮廓进行精确绘制，保证编程的各坐标尺寸精确无误，避免了手工编程时可能出现的计算误差。

② 自动编程时，先进的自动编程软件能够对加工零件的编程轨迹进行模拟运行，及时发现和纠正编程中的错误，保证加工程序正确性，也可减少手工编制的程序在数控机床上进行试运行检验所占用的生产时间。

③ 自动编程系统都配有打印机、穿孔机等外围设备。当零件程序编制完成后就可以打印出程序单和将程序复制到 U 盘上，用 U 盘插入机床上数据接口读入程序进行加工。也可以将计算机与数控机床直接相连，将程序直接输入数控装置中控制零件的加工，也就是直接数控 DNC。这就提高了编程自动化程度，减少了许多辅助时间，提高了生产效率。

数控加工程序是零件加工的一系列功能指令的有序组合，是数控加工最重要的部分。零件的加工就是通过程序指令控制机床和刀具的运动完成对零件的切削加工。在这些指令中除了加工的路径信息，还有机床的状态控制信息和辅助功能指令，共同完成对零件加工的全过程，直到程序结束。

要编制出正确合理的零件加工程序，首先要制定了正确的零件加工工艺，然后才能按工艺要求编制加工程序。在编制加工程序前要学习程序的结构和内容。

3.1.2 数控程序的结构

1. 程序的构成

每个加工程序是由程序号、程序内容和程序结束指令三部分构成的。

(1) 程序号 程序号也就是程序加工的开始。在西门子编程系统中，程序加工开始的标识符是"％"，它与后面的数字（最多四位数）组成一个程序号。例如％0556。在法拉克编程系统中，程序加工开始的标识符是地址字母"O"，它与后面的数字（最多四位数）组成一个程序号。例如O1557。只要将光标移到程序号的标识符下，选择自动加工方式，按加工循环启动键，程序就开始运行了。

(2) 程序内容 程序的内容是由许多程序段组成的。每个程序段是由一个或若干个信息字组成的。信息字是由地址符和数字及符号组成，每个信息字是由一个地址字母和数字组成的。

例如：G01 是一个信息字，它是由地址字母 G 和后面的数字 01 组成。M03 也是一个信息字，它是由地址字母 M 和数字 03 组成。Z－80 是由地址字母 Z 和数字 80 及负号组成。构成程序的最小单位就是信息字，单独的地址字母或单独几位数字不构成信息字。

信息字也就是编程系统的功能指令，由不同的功能指令与坐标值指令相组合，就构成不同运动轨迹的程序段，若干程序段的有序组合就是加工程序。

每一个程序段前都有一个程序段号，每一个程序段结尾有一个程序段结束符（;）。

例如，N10 G00 G90 X100 Z100；N10 是程序段号，（;）表示程序段结束。

(3) 程序结束指令 程序结束是由辅助功能指令 M02 或 M30 执行的。程序结束后，机床处于静止状态。

M02 指令程序结束，光标停留在 M02 的下边；M30 指令程序结束，光标不停留在 M02 的下边，而是返回到程序的开头，准备执行下个零件的加工。

2. 信息字的规定

信息字的地址符是由英文字母 A～Z 命名，各种信息字的构成分述如下。

(1) 程序段号 由地址字母 N 和其后最多四位数组成。程序段号之间的间隔数可选择 1

或 5 或 10。例如 N5，N10…两个程序段的间隔数为 5。如果用 N10，N20…则两个程序段之间的间隔数为 10。程序之间留有间隔数是为了在修改程序时可以添加新的程序段号。如果采用无间隔数的程序段号，例如 N1，N2，N3…，在修改程序时，就无法添加程序号。

程序段号也可以省略，CNC 装置会按照各程序段的顺序依次执行。

（2）准备功能指令 G 代码　由地址字母 G 和其后两位数字组成。有 00～99 共 100 个 G 指令。例如 G00，G01，G02，…，G99 等。功能强大的编程系统的 G 指令可以有 00～999 共 1000 个 G 指令。

（3）辅助功能指令 M 代码　由地址字母 M 和其后两位数字组成。有 00～99 共 100 个 M 指令。例如 M00，M01，M03，…，M99 等。

（4）刀具功能指令 T 代码　由地址字母 T 和其后两位数组成，例如 T1 或 T01 表示 1 号刀，T12 表示第 12 号刀。

（5）进给功能指令 F 代码　由地址字母 F 和其后的最多四位数组成，表示刀具加工时编程指定的进给速度。例如 F100，F500。F100 就是刀具加工时的进给速度 100mm/min。

（6）主轴转速功能 S 代码　用地址字母 S 和其后最多四位数组成。经济型数控车床用 S 和后面两位数指定主轴的变速区间。例如 S01 为低速区，S02 为高速区。无级变速的主轴在 S 后可指定任意四位数字，例如 S800，S1500，它直接指定主轴每分钟转速。

3. 编程坐标

程序的运行离不开编程坐标系，坐标由地址字母 X、Y、Z、U、V、W、I、J、K 等及其坐标方向、坐标后的数字组成。数字的多少与数控机床的控制系统有关。一般规定为小数点前四位数和小数点后三位数，即 ± 43。有系统规定为小数点前 5 位和小数点后 3 位，即 ± 53。例如 X1001.685 或 Z14568.324。

典型的 GSK990M 编程系统的地址和其后的数字规定见表 3-1。

表 3-1　GSK990M 编程系统的基本地址和指令数值范围

地址	功能	地址后数值单位	地址	功能	地址后数值单位
O	程序号	1～9999	S	主轴速度	0～9999
N	程序段号	1～9999	T	刀具功能	0～9999
G	准备功能	0～99	M	辅助功能	0～99
XYZUVWIJK	坐标轴	± 9999.999mm	X P	暂停时间	0～9999.999s
F	每分钟进给	1～1500mm/min	P	子程序号	1～9999
	每转进给	0.01～500mm/r	D H	刀偏号	0～32

3.1.3　程序的编程格式

编程格式分为程序格式和程序段格式两种。格式就是在编程时某些功能指令（即信息字）在程序中或程序段中先后次序的排列规定。这些规定在不同的编程系统不完全相同，但大多数编程格式都是相同的。

例如，在程序中，刀具进行切削前应先启动主轴正转，再指令刀具作切削运动，编程格式为：N20　M03　S01；　　　　　　　（启动主轴，选择速度 S01 区的某一速度。）

　　　　N30　T01；　　　　　　　　　　（调用 1 号刀）

　　　　N40　G00　G90　X35　Z20；　　（快速接近工件）

N50　　G01　　Z－20　F50；　　　　　　　　（直线钻孔，进给速度 50mm/min。）

……

1. 程序段的编程格式

一般规定程序段号之后是功能指令，其次是坐标值指令和其他信息字，结尾是程序段结束符号（LF）、（＊）或（；），结束符使本程序段与下一程序段分隔排列。

例如：N10　　　　　　G01　　　　W－10　　　　F100　　　　；　　（一个程序段）

（程序段号）　　（准备功能）（坐标值）（进给功能）（结束符）

虽然程序段中各信息字先后排列顺序并不严格，与上一段中相同的坐标值可以省略，但数值的位数不得超过规定的位数。这样编写程序，使每个程序段含义明确，先后次序清楚，符合切削加工的规律。就像写文章一样，要主题突出，层次分明，先后有序。

如果写这样一个程序段：N70 M03 S300 F100 G1 X60 Z80 T02 ；程序中既有主轴正转指令 M03 和速度指令 S300，又有进给指令 F100，还有换刀指令 T02，直线插补 G01 X60 Z80 等，究竟哪个指令先执行，哪个指令后执行，从程序段看，显得杂乱无序。虽然数控系统执行该程序段时，会按照内部软件规定的先后有序执行，但最好是按执行先后分段排列编写，使人能够一目了然。如果违反了编程系统程序格式的规定，就可能使这些信息字同时起作用，那会导致换刀和坐标移动同时进行而造成加工事故。

在数控系统的编程说明书中，对编程格式会有一些明确规定，编程时一定要遵照执行。

2. 主程序和子程序

在比较复杂的零件编程时，可以将零件加工程序编成主程序和子程序。主要加工表面编制在主程序中，局部的或多个相同的表面可以编制为子程序。子程序嵌套在主程序中，当调用主程序加工时，用 M98 调用子程序，当子程序加工结束，由 M99 回到主程序继续加工。子程序又可嵌套子程序，但建议以少嵌套为好，嵌套多了就使程序过于复杂。

主程序和子程序编程格式举例：

O1231；　　　　　　　　　　　　　　　　　（主程序号）

N10　　G00 G90 G54 X0 Y0 ；　　　　　O0006 ；　　（子程序号）

N20　　M03　S01 ；　　　　　　　　　　N10　　G01　　G91 X－15 Y0；

N30　　G00　X－30　Y－30 ；　　　　　N20　　G02　I15 ；

N40　　G01　　Z－20　F60；　　　　　　N30　　M99 ；（返回主程序 N60 程序段）

N50　　M98　P0006 ；（调用子程序 1 次）

N60　…

…

N…　M30 ；

3.2　通用编程指令的手工编程

3.2.1　数控铣镗床的通用 G 代码的编程

1. G00——快速定位

快速定位是指令刀具或工作台从当前位置，以机床设定的快速移动速度到达指定的坐标位置。

（1）编程格式：N… G00 IP _ ；

IP _ ：表示轴的地址，如基本坐标 X、Y、Z 或附加坐标 U、V、W、B 等。

（2）编程举例　钻图 3-1 中的 A、B 两孔，先将钻头 Z 轴定位 Z3，再分别快速定位 A、B 的孔中心，刀具的移动路径见图 3-1。

N···G00 G90 X200 Y60；（刀具到达 A 点，钻孔）

N···X350 Y260；（刀具到达 B 点，钻孔）

（3）编程注意事项

① 在执行 G00 快速定位时的速度由机床厂设定，与进给速度 F 指令无关。

② 由于每个轴的快速速度和每个坐标运行距离不一定相等，所以在 G00 快速定位时，刀具并不是同时到达坐标轴的指定位置 A 和 B。编程时选择的定位点要防止刀具在快速移动路径中碰撞工件或装夹的辅具。

③ 在操作面板上有快速的倍率开关，可以调整速度倍率控制快速运动的速度。

2. G01——直线插补

刀具以 F 指定的进给速度沿直线移动到达指定的位置，称为直线插补。

（1）插补原理　在数控机床的刀具轨迹控制中，无论是直线运动还是曲线运动，刀具或工作台的各运动坐标轴都是按照数控机床的伺服系统发出的脉冲当量作为最小移动单位来控制各种运动轨迹。所以，刀具的运动轨迹都是由极小的阶梯形折线拟合成直线、圆弧或曲线。这种根据给定的直线、圆弧或曲线函数，由数控装置用最小的阶梯形折线逼近理想的直线和曲线的方法称为插补。

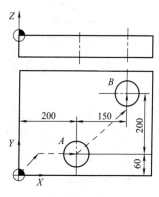

图 3-1　G00 快速定位

主要的插补方法有两种：直线插补和曲线插补。曲线插补中有圆弧插补、抛物线插补、正弦曲线插补、螺旋线插补等。直线插补与圆弧插补的原理见图 3-2。

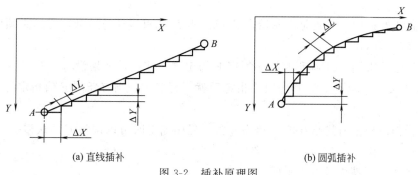

(a) 直线插补　　　　　　　(b) 圆弧插补

图 3-2　插补原理图

在插补原理图中，直线或曲线 AB 是由许多小阶梯形折线逼近形成的。ΔL 是理想运动轨迹的各密集中间点之间的距离，它是由两个坐标轴运动分量合成的，即

$$\Delta L = \sqrt{\Delta X^2 + \Delta Y^2}$$

数控系统除了控制各坐标轴的插补移动分量，还要控制各坐标轴移动的插补速度，使两坐标轴在插补运动中能同时而准确地到达理想运动轨迹的终点。

插补进给速度为　　　　　　$\dfrac{\Delta L}{\Delta t} = \sqrt{\dfrac{\Delta X^2}{\Delta t^2} + \dfrac{\Delta Y^2}{\Delta t^2}}$

如果各阶梯形移动的 ΔL 相等，并且保持 T 时间不变，则插补进给速度 S 恒定不变。但是对于斜线或曲线运动轨迹，ΔL 的斜率是不断变化的，即 $\Delta L/\Delta t$ 的比值是不断变化的。只要数控系统能够连续控制 X、Y 两坐标轴的运动速度比值，就可以满足曲线的自动加工。

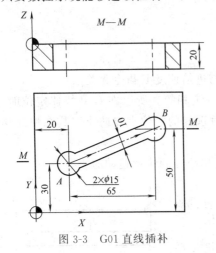

图 3-3　G01 直线插补

（2）编程格式：G01 IP＿F＿；

IP＿用绝对值 G90 指令时，是编程的终点坐标值到工件零点之间的垂直距离。

用相对值 G91 指令时，是刀具相对它前一点之间移动的垂直距离。

F＿刀具的进给速度。刀具以 F 指定的进给速度沿直线移动到指定的位置。如果不指定 F 代码，则认为进给速度为零。

（3）G01 编程举例（见图 3-3）　在图 3-3 中，用钻头先钻 $2\times\phi15$ 时，编程如下：将钻头快速定位在孔中心，再用直线插补钻孔：

N··· 　G00 G90 Z2；（钻头离孔端 2mm）

N··· 　X20 Y30；（钻头快速到孔中心）

N··· 　G01 Z－25 F30；（直线插补钻孔）

当 2 个孔钻好后，换 $\phi10$ 铣刀作直线插补铣槽，首先使铣刀离端面 2mm。

编程如下：

N···G00 G90 X20 Y30；（绝对坐标编程，快速定位到 A 孔中心）

N··· 　　Z－22；　　（铣刀深入孔中 22mm）

N···G01 X85 Y50 F80；（直线插补 A 到 B 铣槽）

或 G91 G01 X65 Y20 F80；（A 到 B 增量编程铣槽）

注意：

① 在直线插补中，刀具是沿着始点 A 到终点 B 作直线插补运动，刀具必须同时到达编程 B 点的终点坐标；

② 在程序首次用 G01 编程时，必须用 F 指定进给速度，如果没有 F 进给速度编程，系统会报警，F 是模态指令，在程序段中指定后就一直有效，当有新的 F 值指定时，才取代原有的 F 值；

③ 在操作面板上有进给速度 F 倍率开关，程序加工时可以调整 F 的快慢。

（4）G01 应用

① 铣平面：用端面铣刀铣平面。

② 铣槽：用立铣刀铣键槽或圆柱铣刀铣槽。

③ 钻孔或镗孔：用钻头钻孔，用镗刀镗孔，用铰刀铰孔。

3. G02、G03——圆弧插补

（1）圆弧插补是指刀具以 F 进给速度从圆弧的起点坐标铣削到达圆弧的终点坐标。在圆弧插补中，G02 定义为顺时针圆弧插补，G03 定义为逆时针圆弧插补。

顺、逆圆弧插补的方向与机床的坐标系平面有关。要判断某个坐标平面上的圆弧插补的方向，是从垂直于该坐标平面的另一坐标的正方向看此平面，沿顺时针方向圆弧插补为 G02，沿逆时针方向圆弧插补为 G03，各坐标平面的圆弧插补方向见图 3-4。

例如，要判断平行于 XY 平面上的圆弧插补的方向，要从 Z 坐标的正方向看 XY 平面，顺时针方向圆弧插补为 G02，逆时针方向圆弧插补为 G03；如果是用角铣头在 ZX 平面上铣圆弧，则要从 Y 坐标的正方向看 ZX 平面，顺时针方向圆弧插补为 G02，逆时针方向圆弧插补为 G03。

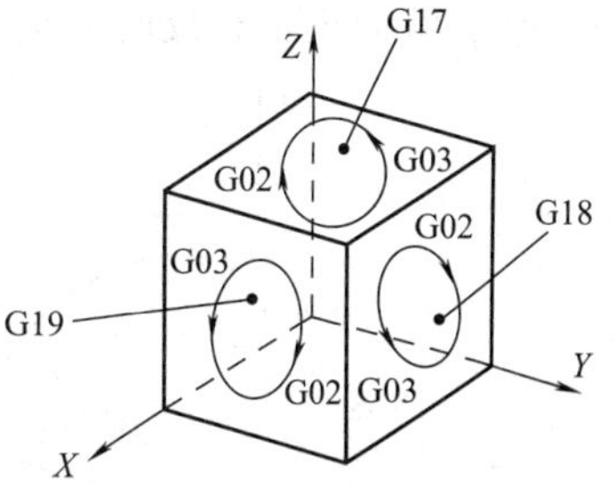

图 3-4　圆弧插补的方向

（2）各坐标平面上圆弧插补的编程格式

① XY 平面圆弧插补编程

G17　G02　X_Y_R_F_ ；

　　或 G02　X_Y_I_J_F_ ；

G17　G03　X_Y_R_F_ ；

　　或 G03　X_Y_I_J_F_ ；

② ZX 平面时圆弧插补编程

G18　G02　X_Z_R_F_ ；

　　或 G02　X_Z_I_K_F_ ；

G18　G03　X_Z_R_F_ ；

　　或 G03　X_Z_I_K_F_ ；

③ YZ 平面时圆弧插补编程

G19　G02　Y_Z_R_F_ ；

　　或 G02　Y_Z_J_K_F_ ；

G19　G03　Y_Z_R_F_ ；

　　或 G03　Y_Z_J_K_F_ ；

（3）圆弧插补各相关指令的关系（见表 3-2）

表 3-2　圆弧插补各相关指令的关系

项目	内　　容	指　　令	含　　义
1	平面指定	G17	在 XY 平面圆弧插补
		G18	在 ZX 平面圆弧插补
		G19	在 YZ 平面圆弧插补
2	回转方向	G02	顺时针圆弧插补
		G03	逆时针圆弧插补
3	终点坐标方式 G90	X、Y、Z 中的两轴	绝对编程终点坐标
	G91	X、Y、Z 中的两轴	相对编程终点坐标
4	始点到圆心的编程参数	I、J、K 中的两参数	始点到圆心距离的分量
	圆弧半径	R	编程的圆弧半径
5	进给速度	F	铣削圆弧的进给速度

（4）有关圆弧插补说明

① 程序中 X、Y、Z 指定编程圆弧的终点坐标。在 G90 方式为绝对坐标，在 G91 方式为增量坐标，增量是从圆弧的始点到圆弧终点的垂直距离。

② 用圆弧中心参数 I、J、K 编程是分别对应坐标轴为 X、Y、Z，参数 I、J、K 后的数值是从圆弧始点到圆心的矢量对应 X、Y、Z 的分量，符号与其对应坐标的方向有关。方向

相同时数值为正，相反时为负，见图 3-5。

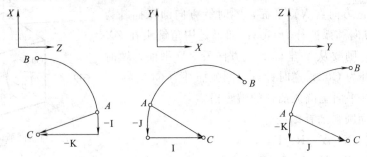

图 3-5　圆弧插补参数 I、J、K

A—圆弧的始点；B—圆弧的终点；C—圆心

③ 大于或小于 180°圆弧的编程，见图 3-6。

a. 当圆弧小于 180°时，R 值为正，图中刀具轨迹为 1。

编程为 G91 G02 X60 Y20 R50 F150；

b. 当圆弧大于 180°时，R 值为负，图中刀具轨迹为 2。

编程为 G91 G02 X60 Y20 R－50 F150；

（5）G02 和 G03 编程实例（见图 3-7）　设编程零点在 X0、Y0、Z0，铣刀已半径补偿与工件轮廓相切在 B 点，然后编程铣圆弧。

a. 绝对值方式。

G92 X0 Y0 Z0；

G90 X200 Y40；（铣刀切于 B 点）

G03 X130 Y110 R70 F150；（到 C 点，半径编程）

或 G03 X130 Y110 I－70 F150；（到 C 点，参数编程）

G01 X105；　　　　　　（到 D 点）

G02 X15 Y110 R45；　　（到 E 点）

或 G02 X15 Y110 I－45；

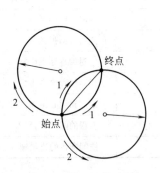

图 3-6　圆弧插补路径

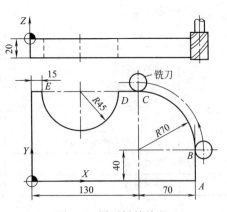

图 3-7　圆弧插补编程

b. 增量方式。

G91 G03 X－70 Y70 R70 F150；（C 点）

G01 X－15；　　　　　　　　（D 点）

G02 X－90 Y0 R45；　　　　　　（E 点）

或 G91 G03 X－70 Y70 I－70 F150；

G01 X－15；

G02 X－90Y－0 I－45；

圆弧插补的进给速度用 F 指定，为刀具沿着圆弧切线方向的速度。

（6）圆弧插补编程注意事项

① 圆弧插补的平面指令 G17 是初态指令，如果是在 XY 平面上编程，可以省略 G17。如果是在 ZX 平面或 YZ 平面上进行程序加工，必须有指令 G18 或 G19。在一个程序中，如果先在 ZX 平面或 YZ 平面进行程序加工，然后换刀到 XY 平面上进行程序加工，该部分程序前就必须用 G17 指定。

② 当 I、J、K 参数为 0 时，程序中 I0，J0，K0 可以省略。

③ X、Y、Z 同时省略表示终点和始点是同一位置，例如，G02 R _ ；（表示 0°的圆，即刀具不移动）。

铣削整圆时，不能用 R 编程，要用 I、J、K 指定圆心作为全圆插补（即 360°插补）。

例如，G02　I _ ；（全圆插补）

④ I、J、K 和 R 同时指定时，R 有效，I、J、K 无效。

⑤ 当指定接近 180°圆弧铣削时，计算圆心坐标可能有误差，建议用 I、J、K 作圆弧编程。

4. G04——暂停指令

利用暂停指令可以推迟下个程序段的执行时间，推迟时间由 G04 指定的时间 P 或 X 表示。

指令格式　G04 X _ ；或 G04 P _ ；

X：指定时间，可用十进制小数点，单位为 s，时间范围 0.001～99999.999。

P：指定时间，不能用十进制小数点，单位为 0.001s，时间范围 1～99999999。

说明：G04 指定停刀，延长指定的时间后执行下一个程序段。另外在切削方式（G64 方式）中为了进行准确停止检查，可以指定停刀。当 P 或 X 都不指定时，执行准确停止。

5. G17、G18、G19——坐标平面选择指令

对于使用 G 代码编程的刀具半径补偿、圆弧插补、钻镗孔加工等，需要指定加工程序所在的平面，编程时由 G17、G18、G19 指令选择。移动指令与平面选择无关。

G17——指定为 XY 平面；

G18——指定为 ZX 平面；

G19——指定为 YZ 平面。

平面选择指令与圆弧插补的关系见表 3-2。

编程和实操训练 1：

训练目的：

用 G00、G01、G02、G03、G90 指令编程练习，见零件图 3-8。

（1）工件的材料和加工状态

因为是训练，材料可为塑料，其上、下面和周边不加工。

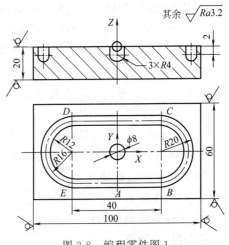

图 3-8　编程零件图 1

（2）零件的装夹和加工刀具的选择 根据加工表面形状，选择刀具直径为 $\phi 8$ 的球头刀并夹紧在主轴上的铣夹头中。

在立式数控铣床的工作台上安装台式虎钳，工件装夹在虎钳上，检查工件表面相对工作台面的平行度，误差≤0.1mm。

（3）设置工件零点和对刀

工件零点选择在孔 $\phi 8$ 的中心点，用刀具进行对刀并建立工件坐标系，见图中所示。

（4）编程练习

在零件图上建立编程坐标系，设置编程轨迹的刀位点和刀具的切入、切出点，计算各点的坐标值。可选择椭圆形轨道的中间 A 点开始 Z 方向的切入和最后退出。

编程如下：

```
O0838;
N5    G92 X0 Y0 Z2;              （建立工件坐标系）
N10   G90 G01 Z-6 F50;          （铣中心孔 φ8）
N15   G00 Z2;                    （退出孔外 2mm）
N20        Y-16;                 （快速移动到 A 点）
N25   G01 Z-6 F50;              （铣 φ8 深 6mm）
N30        X20;                  （铣到 B 点）
N35   G03 X20 Y16 R16;          （铣圆弧到 C 点）
N40   G01 X-20;                 （铣到 D 点）
N45   G03 X-20 Y-16 R16;        （铣圆弧到 E 点）
N50   G01 X0;                    （铣到 A 点）
N55   G00 Z2;                    （退出孔外 2mm）
N60        X0 Y0 M05;            （回工件零点，主轴停）
N65   M30;                       （程序结束）
```

（5）程序输入和空运行检验

练习手动输入程序，进行程序空运行检验，在确定程序正确无误后，启动程序自动加工。

6. G20/G21——法拉克编程系统的英制与公制转换指令

G70/G71——西门子编程系统的英制与公制转换指令

在编程时，根据被加工零件的尺寸单位不同，可以用 G 代码选择英制或公制输入，而且必须在设定坐标系之前，在程序的开头以单独程序段指定。

G20 或 G70——in 输入。

G21 或 G71——mm 输入。

在英制与公制转换之后，将改变以下数据的单位：

① F 指令的进给速度；

② 位置坐标值；

③ 工件零点偏移值；

④ 刀具补偿值；

⑤ 手摇脉冲发生器的刻度单位；

⑥ 在增量单步中的距离值；

⑦ 其他距离的单位。

7. G40——取消刀具半径补偿

G41——刀具半径补偿在加工轮廓左侧

G42——刀具半径补偿在加工轮廓右侧

（1）进行刀具半径补偿的原因

① 刀具半径为 R 的圆柱铣刀加工工件轮廓时，需要计算刀具中心相对轮廓偏移的坐标值，有时计算很复杂；

② 当刀具因磨损而进行刃磨后，刀具的直径减小，或重新换刀后刀具直径发生变化，就要按新刀具的中心轨迹编程，原先编写的程序又不能满足轮廓加工要求，又要修改程序，非常麻烦。

如果有刀具半径补偿功能，只需要按照工件的实际轮廓曲线编写程序，数控系统会自动计算刀具中心点的坐标值，使刀具偏离工件轮廓一个刀具半径值，即为刀具半径补偿，见图3-9 和图 3-10。

G41——刀具半径左补偿。即沿刀具铣削方向看，刀具中心在工件轮廓左侧。

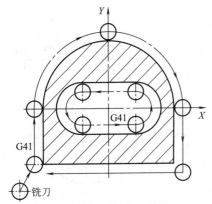

图 3-9　刀具半径左补偿

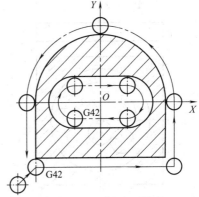

图 3-10　刀具半径右补偿

G42——刀具半径右补偿。即沿刀具铣削方向看，刀具中心在工件轮廓右侧。

G40——取消刀具半径补偿（或用 D00 取消半径补偿值）。

（2）刀具半径补偿的编程格式

G17　G41　G01　X _ Y _ D _ ；（用直线插补建立刀具半径左补偿）

G18　G41　G00　X _ Z _ D _ ；（用快速运动建立刀具半径左补偿）

G19　G42　G01　Y _ Z _ D _ ；（用直线插补建立刀具半径右补偿）

（3）建立刀具半径补偿和取消刀具半径补偿时的要求

① G41、G42、G40 指令只有在 G00 或 G01 指令前才有效，否则无效。

② 程序加工之前必须存储刀具半径补偿值 D _ 在相应的刀号下，在该刀具的加工程序完成之后才能取消刀具半径补偿。

③ 刀具补偿号有 D01～D32 共 32 个。大型数控机床的刀具号会更多。

④ 为避免在加工中出现不安全因素，一般在轴向切削中不进行刀具半径补偿，在抬刀过程中不取消刀具半径补偿。

⑤ 如果加工零件中既有外轮廓，又有内轮廓，即使用同一刀具半径补偿方式，也应分别建立或取消外、内轮廓的刀具半径补偿。

（4）圆弧插补切入法　为了不使圆弧插补的起始点留下刀痕，在加工内、外圆时，宜采用圆弧切入法。

① 圆弧插补铣内孔，见图 3-11。

a. 先将铣刀进入孔中第 3 象限位置；

b. G01 G42 X0 Y0 D01；（切入插补 1 到孔中心）

c. G02 XA YA R；（插补 2 到 A 点；R 为 1/2 孔径）

d. G02 XA YA　－I；（铣圆周 3）

e. G02 XA YA R；（圆弧插补 4 到孔中心）

f. G00 Z100；（刀具退出孔中心）

g. G40 X0 Y0；（取消刀补）

② 圆弧插补铣外圆，见图 3-12。采用切入法进行刀具半径补偿。

a. G90 G01 G41 XA YA D01 F80；（插补 1 到 A）

b. G03 XB YB RB；（切入插补 2 到 B）

c. G02 XB YB I＿；（圆周插补 3 到 B）

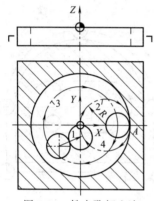

图 3-11　铣内孔切入法

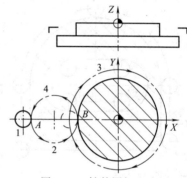

图 3-12　铣外圆切入法

d. G03 XA YA RB；（切出插补 4 到 A）

e. G00 G40…；（取消刀补）

编程和实操训练 2：

训练的目的：圆弧插补指令 G40、G41、G42 编程练习和实操训练，见零件图 3-13。

① 工件的材料和加工状态

因为是训练，材料可为塑料，其上、下面和周边不加工，而加工的表面粗糙度 Ra3.2。

② 零件的装夹和加工刀具的选择

根据加工表面形状，选择直径为 φ16 圆柱铣刀加工周边和用 φ6 球头刀铣 "GIT" 字。在程序加工前，分别将刀具夹紧在主轴上的铣夹头中。

在立式数控铣床的工作台上安装台式虎钳，工件装夹在虎钳上，留出铣削高度

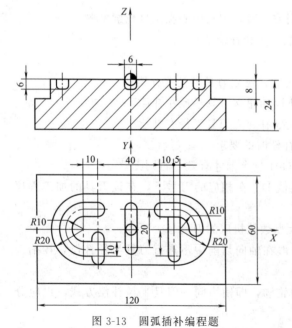

图 3-13　圆弧插补编程题

12mm，检查工件表面相对工作台面的平行度，误差≤0.1mm。

③ 设置工件零点和对刀

工件零点选择 60×120 的上表面的中心点，通过对刀建立工件坐标系。

④ 编程练习

在零件图上设置编程坐标系和编程轨迹的刀位点和刀具的切入、切出点。用 G41、G42、G40 等指令编写周边的加工程度，另编写"GIT"的加工程序。也可以将 2 个程序合成一个程序，见程序 O8331。

```
O8331;
N10 G92 X0 Y0 Z0;
N15 M03 S01;
N20 G00 G90 X－80 Y－80;
N25　Z－12;
N30 G01 G42 X－30 Y－20 D01 F80;          （进行右侧刀具半径补偿）
N35 X30;
N40 G03 X30 Y20 R20;
N45 G01 X－30;
N50 G03 X－30 Y－20 R20;
N55 G01 X0 Y－25;                         （刀具切出）
N60 G00 Z0;
N65 G40 X0 Y0;                           （取消半径补偿）
N70 M05;
N75 M00;                                 （手动换 φ6 球头刀，刀尖离工件 4mm，
                                          按循环启动键）

N80 M03 S01;
N85 G00 G90 Y－10;
N90 G01 Z－10 F50;                        （铣入工件）
N95 Y10;                                 （铣 I 字）
N100 G00 Z0;
N105 X－20;
N110 G01 Z－10;
N115 X－30;
N115 G03 X－30 Y－10 R10;
N120 G01 X－20;
N125　　Y－15;
N120　　Y－5;                             （N110～N120 铣 G 字）
N125 G00 Z0;
N130 X30 Y－15;
N135 G01 Z－10 F50;
N140 Y10;
N145 X20;
```

N150 X35；

N155 G02 X45 Y0 R10；　　　　　　　　　　（N135～N155 铣 T 字）

N160 G00 Z0；

N165 X0 Y0 M05；　　　　　　　　　　　　（主轴回零点，停止）

N170 M30；　　　　　　　　　　　　　　　（程序结束）

⑤ 程序自动加工

首先输入程序，进行程序空运行检验，确认无误才能启动程序加工。

装入 φ16 圆柱铣刀加工周边，进行尺寸检查，合格后，更换成 φ6 球头刀，启动面板上的自动循环键，开始加工"GIT"字，直到加工结束。

8. G43——刀具长度正补偿

G44——刀具长度负补偿

G49——取消刀具长度补偿

（1）刀具长度补偿的原因　如果在一个加工程序中有多把刀具进行加工，而每把刀具的长度又不相同，程序运行中调用的每把刀具的刀尖点就不是都在 Z 轴的工件零点上。但程序是按 Z 轴零点进行轴向编程的，这就会使刀具要么就碰到工件，要么达不到 Z 轴方向加工的尺寸。为了使每把刀的刀尖在主轴 Z 的零点上，必须使刀具从它的工件零点正方向移动一个刀具的长度值，使刀尖都在 Z 的零点上。这就是刀具长度补偿。

刀具长度补偿就是将 Z 轴指令的终点坐标位置再移动一个刀具长度偏移值，此长度值事先存储在刀补存储器中，编程时用 H _ 调用（H01～H32 共有 32 个刀具号）。

（2）刀具长度补偿编程格式

G43 Z _ H _ ；刀具长度向 Z 轴正方向补偿

G44 Z _ H _ ；刀具长度向 Z 轴负方向补偿

G49 Z _ ；取消刀具长度补偿（或用 H00 取消长度补偿）

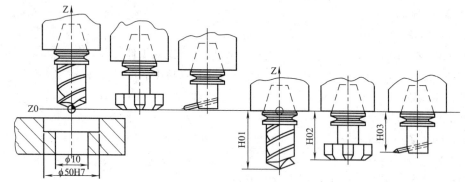

图 3-14　刀具长度补偿例图

（3）刀具长度补偿举例（见图 3-14）　在图 3-14 中，加工 φ10 和 φ50H7 孔需要 3 把刀具，刀号 1 为 φ10 钻头，刀号 2 为 φ49 扩孔钻，粗加工 φ50H7，刀号 3 为 φ50.02 镗刀，精加工 φ50H7。在没有进行刀具长度补偿前，如果用编程指令 G00 Z0，主轴端面就到达图中 Z0 的位置，那 1、2、3 号刀尖就会碰到工件的端面（图右边三个刀）而发生事故，必须分别采用刀具长度正补偿指令，即 G00 G43 Z0 H01；G00 G43 Z0 H02；G00 G43 Z0 H03；才能使刀尖到达 Z0 的位置。例如 1 号刀具向 Z 轴的正方向移动，使刀尖准确到达 Z0 的位置（图中左边三个刀），然后进行孔加工。如果要用刀具长度负补偿指令时，即 G00 G44 Z0

H01；1 号刀具向 Z 轴的负方向移动，刀尖会到达图右边的三个刀位置。H01、H02、H03 分别为三个刀的长度补偿值，事先存储在刀补存储器的相应的刀号下。

9. G53——选择机床坐标系

（1）G53 的用途　G53 指令是按照机床坐标系的坐标值使刀具快速移动到指定位置。G53 为非模态指令。

通常用 G53 指令刀具移动到机床的特殊位置，例如，换刀位置。当程序需要换刀时，在程序中编写 G53 Z0；主轴就到达 Z 轴的机床零点（一般自动换刀位置设在 Z 的机床零点），接着执行自动换刀程序。

（2）编程格式：G53 IP ＿ ；（IP：绝对尺寸）

注意：

① 程序在执行 G53 之前要取消刀具半径补偿和刀具长度补偿，在自动换入新的刀具时，程序要建立该刀具的半径补偿和刀具长度补偿；

② 电源接通后必须进行手动返回参考点或由 G28 指令自动返回参考点（当采用绝对位置编码器时，就不需要该操作）。程序在运行 G53 指令时才能按照机床坐标系的绝对值移动。

10. G54～G59——建立工件坐标系指令

（1）编程时建立工件坐标系　零件编程时在零件图中设置的坐标系称为工件坐标系，在零件编程时也称为编程坐标系。

设置编程坐标系应注意以下几点。

① 在编程时，选择零件图上标注尺寸集中的设计基准作为工件坐标系的零点，画出相应的坐标轴，使编程坐标易于计算。

② 选择零件图上相互位置精度较高的设计基准作为工件坐标系的零点，以减少零件各表面之间的位置精度误差。

③ 选择零件上精度要求较高的表面设置工件零点，以减少 Z 轴方向的尺寸误差。

④ 如果零件有对称的加工轮廓，最好将工件零点设置在轮廓的对称中心上。

⑤ Z 轴的工件零点设置方法有两种情况。

a. 如果是毛坯表面，让 Z 轴端面离该表面 2～4mm 作为 Z 轴的工件零点。

b. 如果是半精加工或精加工的表面，可将 Z 轴的工件零点设置在该表面上，但要注意，在编程或操作时防止使用 G00 Z0 指令，以免主轴快速碰到该表面而损坏机床或刀具。

当工件坐标系设置后，再按照工件加工轮廓计算出要加工表面各刀位点的坐标值，然后编制零件的加工程序。

一个编程系统一般可以设置 G54、G55、G56、G57、G58、G59 共 6 个工件坐标系，有些编程系统设置有 3 组工件坐标系，每组有 G54～G59 共 6 个工件坐标系，例如西门子编程系统用 M61、M62、M63（或用 M80、M81、M82）指令 3 组工件坐标系，总计 18 个工件坐标系，这对于再复杂的零件编程都足够了。

编程时，为了使加工和编程简便，根据零件被加工表面的复杂情况和设计基准的不同，可以在一个坐标平面上设置多个工件坐标系，也可以在几个坐标平面上设置多个工件坐标系。在一个程序中可以有两个以上的工件坐标系，也可以对不同坐标平面的加工程序中采用不同的工件坐标系。

例如，在图 3-15 箱盖零件上，可以在 1、2、3 的孔中心位置设置工作零点，但孔 1 中心计算坐标和编程时比较合适。

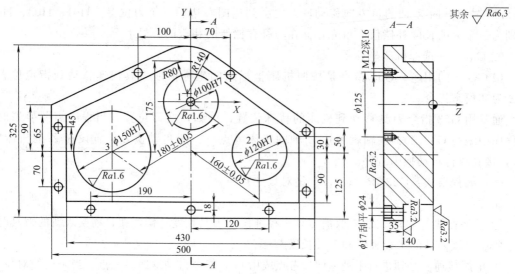

图 3-15　箱盖的工件坐标系设置

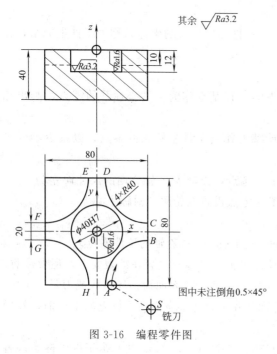

图 3-16　编程零件图

（2）在零件上建立工件坐标系　当被加工的零件定位和装夹好之后，首先要根据零件图上设置的编程坐标系对应地建立在工件的对应位置上。通过在工件上确定零点的方法将编程零点的绝对坐标值分别输入数控装置的工件零点存储器中，程序运行时就能依照工件零点的坐标值，计算刀具的编程轨迹进行加工。

在工件上建立工件坐标系之前，应该使机床先回机床零点。存储工件零点的方法请见第 6 单元 6.2.1 的有关内容。

编程和实操训练 3：

训练的目的：用编程指令 G54、G40、G41、G42、G43、G44、G49 等进行铣外轮廓和内孔的编程应用及实操训练，见零件图 3-16。

①　工件的材料和加工状态

材料为 Q235，数控加工前将毛坯加工为上、下面厚度 40 和周边 80×80、孔加工成 φ20 深 10 的半成品，表面粗糙度为 Ra6.3。

②　零件的定位和装夹

在立式数控铣床的工作台上安装台式虎钳，工件定位和装夹在虎钳上，留出铣削高度 15mm，检查工件表面相对工作台面的平行度，误差≤0.1mm。

③　刀具选择

根据被加工材料 Q235，可以选择高速钢铣刀，也可以选择硬质合金铣刀（加工效率高）加工 R40 圆弧选择 φ50 圆柱铣刀，加工孔 φ40H7 可选 φ16 圆柱铣刀。

刀具安装：φ50 圆柱铣刀如果是 7∶24 锥柄，可直接安装在机床主轴孔中；φ16 圆柱铣刀一般是直柄的，可安装在铣夹头中。

在安装刀具时要测量刀具的长度补偿值和刀具半径补偿值，并准确记录，便于在输入程序时，输入对应刀具的长度补偿值和半径补偿值。$\phi50$ 圆柱铣刀粗加工 $4 \times R40$ 时的半径补偿 D01 设为 30，精加工时设为 25。

④ 设置工件零点和对刀

工件零点选择上表面孔 $\phi40H7$ 的中心点，通过对刀确定主轴在孔中心的 X、Y 坐标值和主轴端面在上平面的 Z 坐标值（要精确测量刀具长度补赏值），这些就是工件零点的坐标值。将各坐标值输入数控装置的 G54 对应的参数中，这就建立了该刀具进行程序加工时的工件坐标系。

⑤ 编程练习

加工此零件有 2 种方案：其一是用一把 $\phi16$ 圆柱铣刀既加工 $4 \times R40$ 圆弧又加工孔 $\phi40H7$，只需编写一个加工程序。其二是先用 $\phi50$ 圆柱铣刀，编写一个程序加工 $4 \times R40$ 圆弧，再用 $\phi16$ 圆柱铣刀，另编写一个程序加工孔 $\phi40H7$。

第一个方案的优点是一把刀编一个程序完成零件加工，看起来省时省事，但因为孔直径小，限制刀具直径，在加工 $4 \times R40$ 圆弧时要多次修改刀具半径补偿和多次程序加工，刀具直径小，容易磨损，影响加工质量。第二方案多一把刀和多一个程序，多一次装夹和对刀，看起来费时费事，但加工效率高，刀具磨损少，保证加工质量，故建议采用第二方案。

a. 精加工 $4 \times R40$ 编程：

O8413;	（西门子系统为：%8413）
N05 G90 G00 G54 X50 Y−70;	（刀具以绝对坐标快速移动到工件右下角 S 点位置）
N10 M03 S600;	（启动主轴正转，600r/min）
N15 G43 Z−10 H01;	（刀具进行长度补偿并定位在 $Z-10$mm）
N20 G01 G42 X10 Y−40 D0I F80;	（铣刀进行半径右补偿并直线插补进给到 A 点）
N25 G02 X40 Y−10 R40;	（铣 R40 圆弧到 B 点）
N30 G01 X45;	（离开 B 点，避免干涉切削）
N35 G00 Y10;	
N40 G01 X40;	（到 C 点）
N45 G02 X10 Y40 R40;	（铣 R40 圆弧到 D 点）
N50 G01 Y45;	（离开 D 点）
N55 G00 X−10;	
N60 G01 Y40;	（到 E 点）
N65 G02 X−40 Y10 R40;	（铣 R40 圆弧到 F 点）
N70 G01 X−45;	（离开 F 点）
N75 G00 Y−10;	
N80 G01 X−40;	（到 G 点）
N85 G02 X10 Y−40 R40;	（铣 R40 圆弧到 H 点）
N90 G01 Y−45;	（切出工件表面）
N95 G00 Z5;	（刀具升起离 Z 零点 5mm）
N100 G40 X−50 Y−70;	（取消刀具半径补偿）
N105 G49 Z0 M05;	（取消刀具长度补偿，主轴停）

N110 M30;   （程序结束）

b. 精加工孔 ϕ40H7 程序如下：

O8423;   （西门子系统为：%8423）

N05 G90 G00 G54 X50 Y－50;   （刀具以绝对快速移动到工件外侧点）

N10 M03 S1000;   （主轴正转，1000 转/分）

N15 G43 Z4 H01;   （长度补偿定位在 Z 零点上 4mm）

N20   X－10 Y－10;

N25 G01 Z－12 F60;   （铣刀孔底）

N30   G42 X0 Y0 D01;   （内半径补偿在右）

N35 G02 X20 Y0 R10;   （铣圆弧切入孔右边点）

N40   I－20 J0;   （铣圆周）

N45   X0 Y0 R10;   （从圆周切出至孔中心）

N115 G00 G49 Z5;   （取消长度补偿）

N120   G40 M05;   （取消半径补偿）

N125 M30;   （程序结束）

11. 切削进给速度控制指令

（1）切削进给编程格式

① G09（法拉克系统）G60（西门子系统）——准确停止。

编程格式：G09 IP＿；

              或 G60 IP＿LF（IP 为拐角坐标）

② G61——准确停止方式。

编程格式：G61;

③ G62——自动拐角倍率。

编程格式：G62;

④ G63——攻丝方式。

编程格式：G63;

⑤ G64——切削方式。

编程格式：G64;

（2）切削进给速度控制指令功能表　见表 3-3，注意电源接通或系统清除时，设定为切削方式 G64。

表 3-3　切削进给速度控制指令表

功能名称	G 代码	G 代码的有效性	说　　明
准确停止	G09 或 G60	只对指定的程序段有效	刀具在程序段终点减速，执行到位检查，再执行后个程序段
准确停止方式	G61	一旦指定，直到指定 G62、G63 或 G64 之前，该功能一直有效	刀具在程序段终点减速，执行到位检查，再执行下个程序段
切削方式	G64	一旦指定，直到指定 G61、G62 或 G63 之前，该功能一直有效	刀具在程序段终点不减速，而执行下个程序段

续表

功能名称		G 代码	G 代码的有效性	说　明
攻丝(攻螺纹)方式		G63	一旦指定,直到指定 G61、G62 或 G64 之前,该功能一直有效	刀具在程序段终点不减速,而执行下个程序段。当指定 G63 时,进给速度倍率和进给暂停无效
自动	内拐角自动倍率	G62	一旦指定,直到指定 G61、G63 或 G64 之前,该功能一直有效	在刀具半径补偿期间,当刀具沿着内拐角移动时,对切削进给速度实施倍率可以减少单位时间内的切削量,可加工出好的表面粗糙度
	内圆弧切削进给速度变化	—	该功能在刀具半径补偿方式中有效,而与 G 代码无关	改变内圆弧切削进给速度

（3）切削进给速度控制指令编程举例　在准确停止方式、切削方式、攻丝方式刀具移动的轨迹是不同的,见图 3-17。

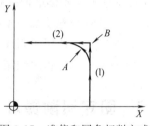

图 3-17　准停和圆角切削方式

在图中,当刀具由程序段（1）铣削拐角到程序段（2）时,经过 A 的轨迹为 G64 切削方式,使拐角处加工出圆角。经过 B 的轨迹为 G60 或 G61 的切削方式。刀具在 B 点要检验拐角点的坐标位置,使拐角处加工出尖角。

① 自动拐角倍率 G62。当执行刀具半径补偿时,刀具在内拐角和内圆弧区域移动时自动减速以减少刀具上的负荷,加工出光滑圆弧表面。

② 内拐角自动倍率 G62 的倍率条件。当指定 G62 且在加工内拐角时使用刀具半径的刀具轨迹补偿功能时,在拐角的两端自动调整进给速度。

有四种内拐角自动进给速度调整功能,可参见机床编程说明书。

（4）限制

① 插补前的加/减速。在插补前的加/减速期间,内拐角倍率无效。

② 起刀 G41/G42。如果拐角前有起刀程序段或拐角后有包括 G41/G42 的程序段,则内拐角倍率无效。

③ 偏置。如果偏置是零,内拐角倍率不执行。

④ 内圆弧切削进给速度变化。对内偏置的圆弧切削,编程轨迹上的进给速度由圆弧切削进给速度的编程值 F 和圆弧半径确定,在刀具半径补偿方式中,该功能有效,与 G62 代码无关。

3.2.2　通用的 M 指令的编程

在各种编程系统中,大部分辅助功能指令 M 代码也国际标准化了,少部分 M 代码的功能有所不同。

1. 编程系统中功能相同的 M 代码

① M00——程序停止。在编写有 M00 指令的程序段执行之后,程序自动运行停止。当程序停止时,程序中所有存在的模态信息保持不变,但主轴没有停。若再按一次循环启动键,程序接着自动运行。

② M01——程序选择停止。在程序自动运行中,当执行到编写有 M01 指令的程序段时,如果机床操作面板上的任选停止开关已经接通,则该程序段跳过不执行。如果机床操作

面板上的任选停止开关没有接通，则该程序段照样执行。

③ M02——主程序结束。该指令在程序的结尾，程序运行到包含 M02 的程序段时，程序运行结束。有的编程系统的光标停留在 M02 的下方，有的编程系统的光标返回到主程序开头。

④ M03——主轴正转。

⑤ M04——主轴反转。

⑥ M05——主轴停止。

⑦ M06——自动换刀。

⑧ M08——冷却液开。

⑨ M09——冷却液关。

⑩ M30——主程序结束。该指令在程序的结尾，当程序运行到包含 M30 的程序段时，程序运行结束，光标返回到程序的开头，机床停止。

2. 法拉克编程系统中不同的 M 代码

① M98——调用子程序指令，在主程序中编写 M98 调用子程序。

② M99——子程序结束指令，子程序末尾编写 M99，子程序结束时回到主程序段运行。

3.3 固定切削循环 G 代码

固定切削循环定义：固定切削循环是指用含有 G 指令的一个程序段来完成用多个程序段才能完成的加工动作，使编程得以简化。

对于立式数控铣床，主轴相对于 XY 平面定位，在 Z 轴方向进行孔的固定切削循环加工，不能在其他轴方向进行孔加工。

对于大型数控镗铣加工中心，一般都配有角铣头，除了主轴在 XY 平面上进行孔的固定切削循环加工外，还用角铣头在 ZX 平面和 YZ 平面上进行孔的固定切削循环加工，孔的定位平面与钻孔轴的关系见表 3-4。

表 3-4　定位平面与钻孔轴的关系

G 代码	定位平面	钻孔轴	与基本轴平行的轴
G17	XY 平面	Z	W
G18	ZX 平面	Y	V
G19	YZ 平面	X	U

虽然法拉克（FANUC）编程系统和西门子 840D 编程系统的孔的固定切削循环加工基本相同，但编程格式有所不同。为了易于理解和应用的方便，将它们分别讲述，以免相互混淆。

3.3.1　法拉克（FANUC）编程系统的固定切削循环

1. 孔加工固定切削循环指令的构成及规定

① 固定切削循环中的各种运动由三种 G 指令决定。

a. 孔的相关坐标值：绝对坐标为 G90；相对坐标为 G91。

b. 返回点的位置平面：循环的初始平面为 G98（绝对值）；循环的 R 点平面为 G99（相对值）。

c. 孔的固定切削循环 G 指令有：G73、G74、G76、G81～G89，它们是模态 G 代码。如果执行了某个程序段的固定切削循环指令，只要在该程序段后面指定孔的中心坐标，就会执行孔的固定切削循环加工，直到该循环指令被 G80 取消之前一直有效。

d. 不能在固定切削循环程序段中指定 G00、G01、G02、G03 或 G60，否则固定切削循环指令将被取消。在程序中转换钻孔轴之前，必须用 G80 取消固定切削循环。

e. 在孔的固定切削循环中，刀具偏置被忽略。当刀具有长度补偿时，应该在先执行刀具长度补偿后，再执行孔的固定切削循环。

② 固定循环 G 代码的功能，见表 3-5。

表 3-5   固定循环 G 代码的功能

G 代码	孔中动作	在孔底的动作	退出（+Z 方向）	应 用
G73	间隙进给	—	快速移动	高速钻深孔循环
G74	切削进给	停刀→主轴正转	切削进给	左旋攻丝循环
G76	切削进给	主轴定向停止	快速移动	精镗循环
G80	—	—	—	取消固定循环
G81	切削进给	—	快速移动	钻孔循环
G82	切削进给	停刀	快速移动	锪孔、锪镗循环
G83	间隙进给	—	快速移动	钻深孔循环
G84	切削进给	停刀→主轴反转	切削进给	攻丝循环
G85	切削进给	—	切削进给	镗孔循环
G86	切削进给	主轴停止	快速移动	镗孔循环
G87	切削进给	主轴正转	快速移动	反镗孔循环
G88	切削进给	停刀→主轴停止	手动移动	镗孔循环
G89	切削进给	停刀	切削进给	镗孔循环

③ 固定循环的 6 个动作，见图 3-18。

一般固定循环由以下 6 个动作按顺序组成：

动作 1 是被加工的孔中心定位 X、Y。

动作 2 是刀具快速移动到孔端前的 R 点。

动作 3 是刀具对孔进行切削加工。

动作 4 是刀具加工到孔底时的动作。

动作 5 是刀具快速退回到 R 点。

动作 6 是刀具快速返回到初始平面。

④ G90 和 G91 对应的坐标值不同，见图 3-19。

程序段中用 G90 表示孔的坐标为绝对尺寸编程，用 G91 表示孔的坐标为增量尺寸编程。

⑤ 固定切削循环的返回动作中，G98 和 G99 指令刀具到达不同平面，见图 3-20。

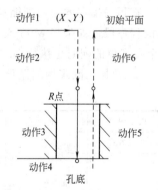

图 3-18   固定切削循环的动作

- - - → 刀具快速移动
—— → 刀具进给切削移动
○ 每个动作到达的坐标位置

在程序段中，当刀具到达孔底后，用 G98 使刀具退回到初始平面，而用 G99 使刀具退回到 R 点平面。一般情况下，在钻多个孔时，G99 用于钻第 1 个孔，以减少回起始平面的时间，而 G98 用于钻最后一个孔，以使刀具直接回起始平面去换刀。

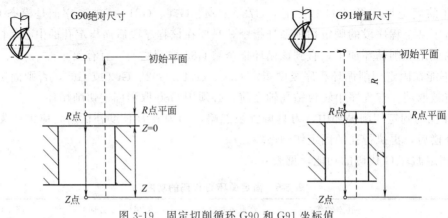

图 3-19 固定切削循环 G90 和 G91 坐标值

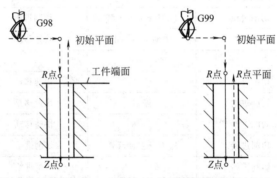

图 3-20 G98 和 G99 的返回动作

2. 固定切削循环编程格式及数据（孔位置坐标、孔加工数据、重复次数）

① 编程格式：G_　　　X_Y_　　Z_R_Q_P_F_；

　　　　　　 孔加工方式　孔位置坐标　　孔加工数据　进给速度

在程序指定固定切削循环指令之前，要有辅助功能 M03 或 M04 启动主轴和指定主轴转速的程序段。如果将 M03 或 M04 与固定切削循环指令编在同一个程序段中，程序在执行第 1 个孔定位的同时也执行 M03 或 M04 指令。

② 孔加工固定切削循环各坐标数据，见表 3-6。

表 3-6　固定切削循环指令孔的数据

指令内容	地址	说　　明
加工方式	X、Y	用绝对值或增量值指定孔的位置坐标，以 G00 快速定位
孔加工数据	Z	用绝对指定孔底的坐标值，用增量指定从 R 点到孔底的距离。在动作 3 中以 F 进给速度加工，在动作 5 中根据孔加工方式不同，以快速或 F 进给速度返回 R 点或起始平面
	R	用绝对或增量指定 R 点的坐标值，在动作 2 和动作 6 中都采用快速运动
	Q	指定 G73、G83 中每次钻孔深度或 G76、G87 中的移动量
	P	指定在孔底的暂停时间
	F	指定进给切削速度

3. G73——高速深孔加工循环

G73 加工循环执行高速排屑钻孔，它是间歇切削进给直到孔的底部，每切削 q 的深度刀

具快速退回 d 的距离，进行排屑，孔的切削过程见图 3-21。

由于钻头每次退回 d 的距离并没有使钻头到达孔外，切屑不能完全排出，但可以减少因为排屑到孔外而退刀的空行程时间。G73 循环适合于用喷吸钻进行高速钻孔，切屑容易被吸出，所以 d 值小，这就是 G73 与 G83 的不同。

① 编程格式：G73 X _ Y _ Z _ R _ Q _ F _ K _ ;

② 参数说明。

X _ Y _ ：孔中心坐标值。

Z _ ：从 R 点到孔底的距离。

R _ ：从初始位置平面到 R 点的距离。

Q _ ：每次切削进给的切削深度。

F _ ：切削的进给速度。

K _ ：重复次数（如果不需要，就不写）

G73 中退刀量 d 使深孔每加工一个 q 值后退刀，退刀用快速运动，d 值由系统内部参数设定，参看编程说明书。

③ G73 编程举例，见零件图 3-22。

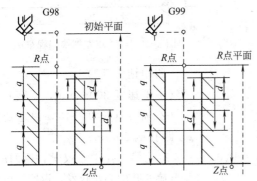

图 3-21 G73 的钻孔切削过程　　　　图 3-22 G73 钻孔编程举例

N… M06 T1;　　　　　　　　　　　　（调用钻头 T1）

N30 M03 S1200;　　　　　　　　　　（主轴正转，速度 1200r/min）

N35 G90 G00 G54 G43 Z50.0 H01;　　　（Z 轴刀具长度补偿，快速定位到初始平面）

N40 G99 G73 X0.0 Y0.0 Z−85.0 R5 Q20.0 F100;（定位到第 1 孔中心钻孔，返回 R 点）

N45 G98 X85;　　　　　　　　　　　（定位第 2 孔中心钻孔，返回初始平面）

N50 G80;　　　　　　　　　　　　　（取消切削循环）

N65 M05;　　　　　　　　　　　　　（主轴停）

4. G74——反攻丝循环

G74 是用主轴逆时针旋转进行攻丝，当到达孔底位置，主轴顺时针旋转退出到 R 点。该循环加工的是左旋螺纹，所以，在 G74 之前，要使用 M04 使主轴逆时针方向旋转。

该加工循环的刀具是左旋螺纹丝锥，它装在与主轴锥孔配合的专用攻丝夹头上。当丝锥进入孔中切削时，由于丝锥的导程作用而自动向前切削，与进给速度 F 无关。攻丝夹头对丝锥有导向和过载保护功能。G74 循环的切削过程见图 3-23。

① G74 编程格式：G74 X _ Y _ Z _ R _ P _ K _ ;

② 编程参数说明。

X_Y_：孔中心坐标值。

Z_：从 R 点到孔底的距离。

R_：从初始位置平面到 R 点的距离。

P_：刀具到孔底时，暂停时间。

F_：切削的进给速度。

K_：重复次数（如果不需要，就不写）。

③ 编程举例，见图 3-24。

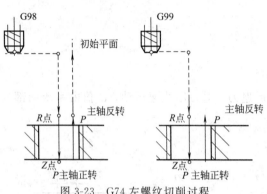

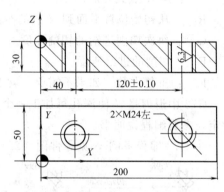

图 3-23　G74 左螺纹切削过程　　　　图 3-24　G74 攻左螺纹编程举例

N…M06 T2；　　　　　　　　　　　　（调用钻头 T2）

N30　M04 S300；　　　　　　　　　　（主轴速度 300r/min，正转）

N35 G90 G00 G54 G43 Z50.0 H02；　　（Z 轴刀具长度补偿，快速定位到距孔端 50mm）

N40 G99 G74 X40.0 Y25.0 Z−35.0 R3.0 P20.0；（定位第 1 孔中心攻丝，返回 R 点）

N45 G98 X160；　　　　　　　　　　（第 2 孔中心，攻丝，返回初始面）

N50 G80；　　　　　　　　　　　　　（取消切削循环 G74）

N55 M05；　　　　　　　　　　　　　（主轴停）

…

5．G76——精镗孔循环

G76 精镗孔固定循环是在精镗到孔底后，为避免退刀时刀尖划伤孔表面，必须使主轴偏离孔中心一个 q 值，在退回到 R 点或初始平面后，主轴再反方向移动一个 q 值定位在孔中心，然后执行下一个孔的精镗循环。

主轴准停是指刀具到达孔底时，主轴准确停止在系统规定的旋转位置。事先装刀时，刀尖应该对着此方向。精镗到孔底时，主轴以刀尖的反方向偏离孔中心一个 q 值，使刀尖离开已加工表面，退刀时刀尖就不会划伤孔表面。切削过程如图 3-25 所示，图中 q 为正值，由数控系统内部参数设置。

① 编程格式：G76 X_Y_Z_R_Q_P_F_K_；

② 参数说明。

X_Y_：孔中心坐标值。

Z_：从 R 点到孔底的距离。

R_：从初始位置平面到 R 点的距离。

Q_：主轴的偏移量，正值。

P_：刀具到孔底时，暂停时间。

F_：切削的进给速度。

K_：重复次数（如不需要，就不写）。

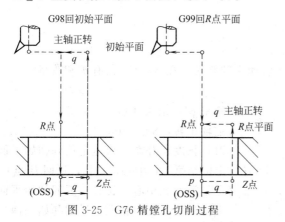

图 3-25　G76 精镗孔切削过程

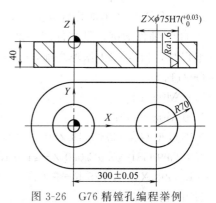

图 3-26　G76 精镗孔编程举例

③ G76 编程举例，见图 3-26。

N⋯ M06 T3；	（调用镗刀 T3）
N30 M03 S800；	（主轴正转，速度 800r/min）
N35 G90 G00 G54 G43 Z50.0 H03；	（Z 轴进行刀具长度补偿，快速定位初始面）
N40 G99 G76 X0.0 Y0.0 Z−42.0	
R5.0 Q2.0 P1000 F100；	（定位到第 1 孔中心，镗孔，返回 R 点）
N45 G98 X300；	（定位第 2 孔中心，镗孔，返回初始平面）
N60 G80；	（取消固定切削循环）
N65 M05；	（主轴停）

⋯

6. G81——钻孔循环

G81 钻孔循环用于正常钻中心孔、钻孔或镗孔，刀具从 R 点以切削进给到达孔底，然后从孔底快速退回到到初始平面或 R 点平面，切削过程见图 3-27。

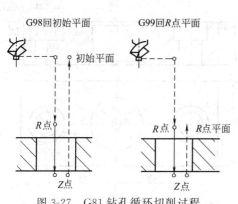

图 3-27　G81 钻孔循环切削过程

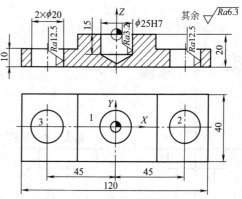

图 3-28　G81 钻孔循环编程举例

① 编程格式：G81　X_Y_Z_R_F_K_；

② 参数说明。

X _ Y _：孔中心坐标值。

Z _：从 R 点到孔底的距离。

R _：从初始位置平面到 R 点的距离。

F _：切削的进给速度。

K _：重复次数（如果不需要，就不写）。

③ G81 编程举例，见零件图 3-28。

编程时，指定 G81 循环之前，用 M03 启动主轴旋转，孔 φ25H7 留有扩和铰量。

O0811；

N⋯ M06 T4；   （调用 φ20 钻头 T4）

N30 M03 S800；   （主轴正转，800r/min）

N35 G90 G00 G54 G43 Z50.0 H04； （刀具长度正补偿，快速定位到初始平面）

N40 G99 G81 X0.0 Y0.0 Z−21.0 R5.0 F50；（定位到第 1 孔中心，钻孔，返回 R 点）

N45 G98 X45 Z−28 R−5.0； （定位第 2 孔中心、钻孔，返回初始平面）

N50 X−45；   （定位到第 3 孔、钻孔，返回初始平面）

N55 G80；   （取消切削循环）

N65 M05；   （主轴停）

⋯

7. G82——钻台阶孔循环

G82 切削循环用于钻平底孔，钻削进行到孔底时，主轴暂停，然后刀具从孔底快速退回到初始平面或 R 点平面。切削过程见图 3-29。

① 编程格式：G82 X _ Y _ Z _ R _ P _ F _ K _ ；

② 参数说明。

X _ Y _：孔中心坐标值。

Z _：从 R 点到孔底的距离。

R _：从初始位置平面到 R 点的距离。

F _：切削的进给速度。

P _：在孔底的暂停时间。

K _：重复次数（如果不需要，就不写）。

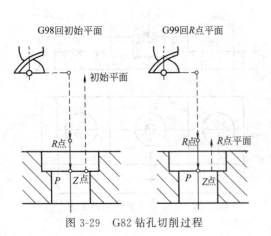

图 3-29　G82 钻孔切削过程

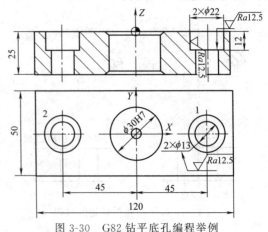

图 3-30　G82 钻平底孔编程举例

③ G82 编程举例：先用钻头加工 2 孔 $\phi13$，再用锪钻加工 2 孔 $\phi22$、$\phi30H7$ 孔在此程序中没有编程。见零件图 3-30。

O0812；

N… M06 T5；	（调用 $\phi13$ 钻头 T5）
N30 M03 S01；	（主轴正转，速度 S01 选择）
N35 G90 G00 G54 G43 Z50.0 H05；	（进行刀具长度正补偿，快速定位到初始平面）
N40 G99 G81 X45.0 Y0.0 Z−30.0 R5.0 F30；	（定位到第 1 孔中心，钻孔，返回 R 点）
N45 G98 X−45.0；	（定位第 2 孔中心，钻孔，返回初始平面）
N50 G00 G80G28 G49 Z0.0；	（回机床换刀点）
N55 M06 T6；	（调用 $\phi22$ 锪钻 T6）
N60 M03 S01；	（主轴正转，选择速度）
N65 G00 G90 G54 G43 Z50.0 H06；	（进行刀具长度正补偿，快速定位到初始平面）
N70 G99 G82 X45.0 Y0.0 Z−12.0 R5.0 P1000 F30；	（定位到第 1 孔中心，锪孔，返回 R 点）
N75 G98 X−45.0；	（定位第 2 孔中心，锪孔，返回初始平面）
N80 G00 G80 G28 G49 Z0；	（取消切削循环）
N85 M05；	（主轴停）

…

8. G83——深孔加工循环

G83 是钻深孔固定切削循环指令，刀具以间隙切削到孔底后，快速退回到初始平面或 R 点平面。G83 的特点是，钻削中，为了将切屑排出孔外，每次钻一个 Q 的深度，钻头必须退出孔外，然后快速到达离下一个钻深 Q 前 d 的位置，再进行钻孔，这点是与 G73 不同的，深孔加工过程见图 3-31。

① 编程格式：G83　X _ Y _ Z _ R _ Q _ F _ K _ ；

② 参数说明。

X _ Y _ ：孔中心坐标值。

Z _ ：从 R 点到孔底的距离。

R _ ：从初始位置平面到 R 点的距离。

Q _ ：每次切削的深度。

F _ ：切削的进给速度。

K _ ：重复次数（如果不需要，就不写）。

在 G83 的切削循环中 q 为正值，每次钻孔的深度，用增量指定。图中 d 值无符号，由机床内部参数设定。

③ G83 编程举例，见零件图 3-32。

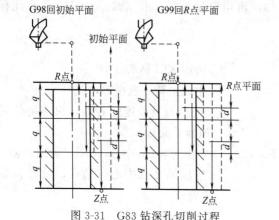

图 3-31　G83 钻深孔切削过程

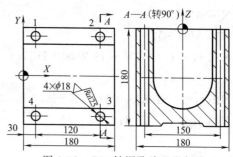

图 3-32　G83 钻深孔编程举例

O0813；

N… M06 T7；　　　　　　　　　　　　　　（调用 φ18 钻头 T7）

N30 M03 S1200；　　　　　　　　　　　　（主轴速度 1200r/min，正转）

N35 G90 G00 G54 G43 Z50.0 H07；　　　　（进行刀具长度正补偿，快速定位到初始平面）

N40 G99 G83 X30.0 Y75.0 Z−185. R5.0 Q15.0 F100；（定位第 1 孔中心，钻孔，返回 R 点）

N45 X150.0；　　　　　　　　　　　　　（定位到第 2 孔中心，钻孔，返回 R 点）

N50 Y−75.0；　　　　　　　　　　　　　（定位到第 3 孔中心，钻孔，返回 R 点）

N55 G98 X30.0；　　　　　　　　　　　　（定位第 4 孔中心钻孔，返初始平面）

N60 G80 …；　　　　　　　　　　　　　　（取消切削循环）

N65 M05；　　　　　　　　　　　　　　　（主轴停）

N…

9. G84——攻丝循环

G84 切削循环是指定主轴上的丝锥顺时针旋转切削右旋螺纹孔。当攻丝到孔底时，主轴以逆时针旋转使丝锥退出到 R 点平面，主轴暂停然后正转，进行下一个螺纹孔加工，在最后一个螺纹孔加工循环完成后，快速回到初始平面，切削过程见图 3-33。

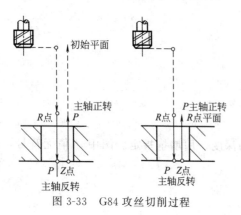

图 3-33　G84 攻丝切削过程

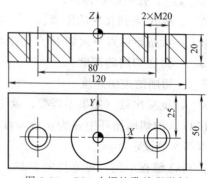

图 3-34　G84 攻螺纹孔编程举例

攻丝循环中，进给倍率无效，F 为丝锥的螺距。在攻丝循环中，进给暂停不能停止机床，直到返回动作完成。

① 编程格式：G84　X_Y_Z_R_P_F_K_；

② 参数说明。

X_Y_：孔中心坐标值。

Z_：从 R 点到孔底的距离。

R_：从初始位置平面到 R 点的距离。

P_：暂停时间。

F_：螺距。

K_：重复次数（如果不需要，就不写）。

③ G84 编程举例，见零件图 3-34。

O0814；	
N⋯M06 T8；	（调用 ϕ17.5 钻头 T8）
N30 M03 S01；	（主轴正转，600r/min）
N35 G90 G00 G54 G43 Z50.0 H08；	（刀具长度补偿，快速定位到初始平面）
N40 G99 G81 X40.0 Y0.0 Z−24.R4.0 F60；	（定位到第 1 孔中心，钻孔，返回 R 点）
N45 G98 X−40；	（定位到第 2 孔中心，钻孔，返回初始平面）
N50 G00 G80 G28 G49 Z0；	（取消固定切削循环，回换刀位置）
N55　M06 T9；	（调用 M20 丝锥 T9）
N60 M03 S01；	（主轴正转，选择 300r/min）
N65 G90 G00 G54 G43 Z50.0 H09；	（快速定位到初始平面，并进行刀具长度补偿）
N70 G99 G84 X40.0 Y0.0 Z−24.R4.0 P3000 F2.5；	（定位到第 1 孔中心，攻丝，返回 R 点）
N75 G98 X−40；	（定位到第 2 孔中心，攻丝，返回初始平面）
N80 G00 G80 G28 G49 Z50.0；	（取消切削循环）
N85 M05；	（主轴停）

10．G85——镗孔循环

G85 切削循环用于镗孔加工。主轴上的镗刀以 M03 旋转，快速定位到孔的中心后，Z 轴快速移动到 R 点，以切削进给从 R 点加工到孔底 Z 点。然后以切削进给退回到初始平面或 R 点平面。切削过程见图 3-35。

刀具以切削进给退回到初始平面或 R 点平面时，刀尖沿孔表面旋转退出，可能在孔表面划出螺旋线痕迹。

由于 G85 和 G81 的编程格式一样，也可以用于钻孔加工，只是刀具不同。刀具旋转从孔中退出时，会在孔表面划出轻微的刀痕，所以 G85 适宜作粗镗孔或在孔表面粗糙度要求不高时采用。

① 编程格式：G85 X＿Y＿Z＿R＿F＿K＿；

② 参数说明。

X＿Y＿：孔中心坐标值。

Z＿：从 R 点到孔底的距离。

R＿：从初始位置平面到 R 点的距离。

F＿：切削的进给速度。

K＿：重复次数（如不需要，就不写）。

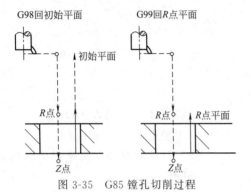

图 3-35　G85 镗孔切削过程

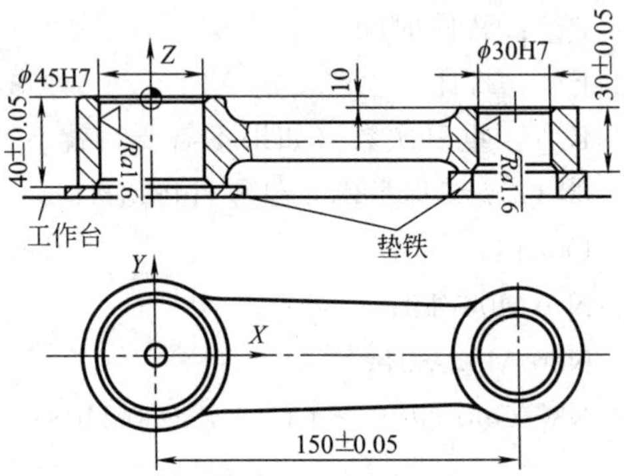

图 3-36　G85 镗孔循环编程举例

③ G85 编程举例，见零件图 3-36。

O0815；

N··· M06 T9；　　　　　　　　　　　　（调用镗刀 T9）

N30 M03 S1200；　　　　　　　　　　　（主轴正转，1200r/min）

N35 G90 G00 G54 G43 Z50.0 H09；　　　（刀具长度正补偿，快速定位到初始平面）

N40 G99 G85 X0.0 Y0.0 Z−45.0 R5.0 F100；　（定位到第 1 孔中心，镗孔，返回 R 点）

N45 G98 X150.0；　　　　　　　　　　（定位到第 2 孔镗孔，返回初始平面点）

N60 G80；　　　　　　　　　　　　　　（取消切削循环）

N65 M05；　　　　　　　　　　　　　　（主轴停）

……

11. G86——镗孔循环

G86 切削循环用于镗孔加工。主轴上的镗刀以 M03 旋转，快速定位到孔的中心后，Z 轴快速移动到 R 点，以切削进给从 R 点镗孔到 Z 点。主轴在孔底停转，然后以快速退回到初始平面或 R 点平面。切削过程见图 3-37。

刀具快速退回到初始平面或 R 点平面时，刀尖沿孔表面退出，可能在已加工的孔表面上划出一道痕迹。

① 编程格式：G86 X＿Y＿Z＿R＿F＿；

② 参数说明。

X＿Y＿：孔中心坐标值。

Z＿：从 R 点到孔底的距离

R＿：从初始位置平面到 R 点的距离。

F＿：切削的进给速度。

K＿：重复次数（如果不需要，就不写）。

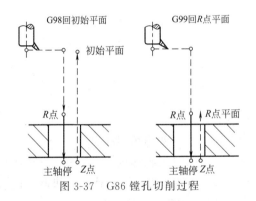

图 3-37　G86 镗孔切削过程

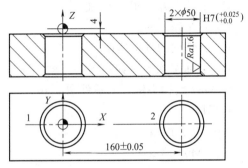

图 3-38　G86 镗孔循环编程举例

③ G86 编程举例，见零件图 3-38。

O0816；

N… M06 T10；　　　　　　　　　　　　（调用镗刀 T10）

N30 M03 S1200；　　　　　　　　　　　（主轴 1200r/min，正转）

N35 G90 G00 G54 G43 Z50.0 H10；　　　（刀具长度正补偿，快速定位到初始平面）

N40 G99 G86 X0.0 Y0.0 Z−100. R0.0 F100；（定位到第 1 孔中心镗孔，返回 R0.0 点）

N45 G98 X160.0；　　　　　　　　　　（定位到第 2 孔中心镗孔，返回初始平面点）

N60 G00 G80 G28 G49 Z0.0；　　　　　（取消切削循环和刀具长度补偿，回换刀点）

N65 M05；

……

12. G87——反镗孔循环

G87 切削循环用于反镗孔加工。主轴快速定位到孔的中心后，在系统规定的旋转位置上准停，主轴往刀尖反方向移动 q 值（q 值很小，其偏移目的是为了主轴进入孔中时，刀尖不会碰到孔壁），然后快速移动到 R 点定位，接着主轴反向移动 q 值使主轴定位镗孔的中心，主轴正转，Z 轴正方向移动进行反镗孔到 Z 点。主轴在 Z 点使刀尖又停在系统规定的旋转位置上，刀尖反方向移动 q 值后，以快速退回到初始平面，主轴再往刀尖方向移动 q 值定位到孔中心，主轴正转，执行下一个孔的循环加工。切削过程见图 3-39。

G87 切削循环是反向镗削台阶孔，采用单刃镗刀，且切削刃应该反向装夹。编程参数中 q 值的大小与台阶孔的半径差及镗杆直径有关。

采用 G87 反镗孔加工是因为工件尺寸大，被加工的台阶孔位于工件的下方，主轴必须反向镗孔，否则，工件必须翻过来重新找正装夹，才能正向镗孔，需要增加很多辅助工步和操作时间。

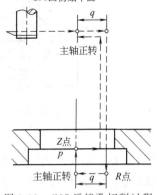

图 3-39　G87 反镗孔切削过程

① 编程格式：G87　X_Y_Z_R_Q_P_F_K_；

② 参数说明。

X_Y_：孔中心坐标值。

Z_：从 R 点到孔底的距离。

R_：从初始位置平面到 R 点的距离。

Q _：刀具偏移值，正值。

P _：暂停时间。

F _：切削的进给速度。

K _：重复次数（如不需要，就不写）。

③ G87 编程举例，见零件图 3-40。

O0817；

N…M06 T11；　　　　　　　　　　　　（调用镗刀 T11）

N30 M03 S1200；　　　　　　　　　　　（主轴速度 1200r/min，正转）

N35 G90 G00 G54 G43 Z50.0 H11；　　　（刀具长度正补偿，快速定位到初始平面）

N40 G98 G87 X0.0 Y0.0 Z−90.0 R0.0 Q8.0 P1000 F100；（定位到第 1 孔中心，镗孔，返回初始平面）

N55 X250；　　　　　　　　　　　　　（第 2 孔镗孔，返回初始平面）

N60 G80；　　　　　　　　　　　　　（取消切削循环，进行其他加工）

N65 M05；　　　　　　　　　　　　　（主轴停）

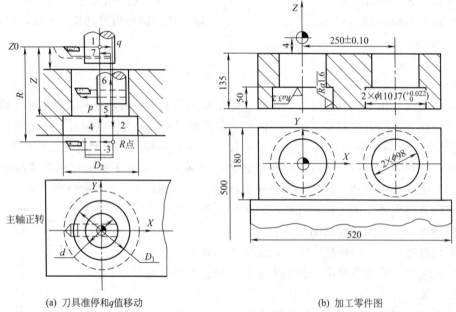

(a) 刀具准停和 q 值移动　　　　　　　　(b) 加工零件图

图 3-40　G87 镗孔循环编程举例

在图 3-40（a）中，D 为反镗孔直径，也是刀尖的直径，d 为镗杆的直径，D_1 为已加工孔的直径，采用 G87 时，必须有 $(D/2+q)<D_1$，$(D/2-d/2)>(D/2-D_1/2)$。

13. G88——镗孔循环

G88 切削循环用于镗孔加工。主轴上的镗刀以 M03 旋转，快速定位到孔的中心后，Z 轴快速移动到 R 点，以切削进给从 R 点镗孔到 Z 点。主轴在孔底停转，手动移动主轴使刀尖径向离开孔表面少许，以免刀具退出时刀尖划伤孔表面，然后手动使刀具退回到初始平面或 R 点平面，主轴正转，恢复主轴在孔中心的位置。切削过程见图 3-41。

① 编程格式：G88　X _ Y _ Z _ R _ P _ F _ ；

② 参数说明。

X _ Y _ ：孔中心坐标值。

Z _ ：从 R 点到孔底的距离。

R _ ：从初始位置平面到 R 点的距离。

P _ ：暂停后，主轴停转，手动退出刀具。

F _ ：切削的进给速度。

K _ ：重复次数（如果不需要，就不写）。

③ G88 编程举例，见零件图 3-42。

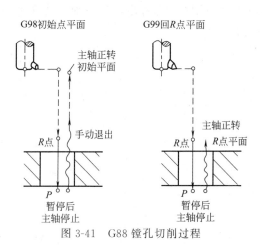

图 3-41　G88 镗孔切削过程

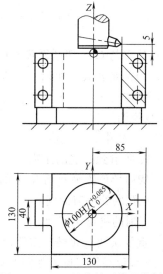

图 3-42　G88 镗孔循环编程举例

O0818；

N··· M06 T12；　　　　　　　　　　　　　（调用镗刀 T12）

N30 M03 S1000；　　　　　　　　　　　　（主轴正转，1000r/min）

N35 G90 G00G54 G43 Z50.0 H12；　　　　　（刀具长度正补偿，快速定位到
　　　　　　　　　　　　　　　　　　　　　初始平面）

N40 G98 G88 X0.0 Y0.0 Z－102. R5.0 P1000 F100；　　（定位到第 1 孔中心，镗孔）

（主轴在孔底停转，手动方式使刀尖径向离孔表面，然后回到 R 点平面。手动快速使刀具退回到初始平面或 R 点平面，主轴正转，恢复主轴在孔中心的位置。再执行下个孔的加工）

……

N60 G80 ···；　　　　　　　　　　　　　　（取消切削循环，作其他加工）

N65 M05；　　　　　　　　　　　　　　　　（主轴停）

14. G89——镗孔循环

G89 切削循环用于镗孔加工。主轴上的镗刀以 M03 旋转，快速定位到孔的中心后，Z 轴快速移动到 R 点，以切削进给从 R 点加工到孔底 Z 点。主轴暂停，然后以切削进给退回到初始平面或 R 点平面。切削过程见图 3-43。

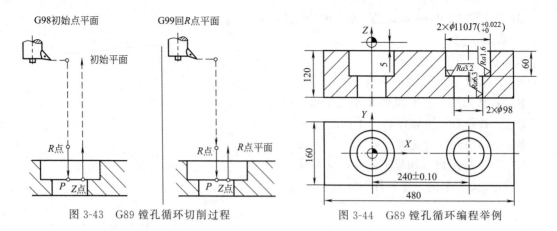

图 3-43　G89 镗孔循环切削过程
图 3-44　G89 镗孔循环编程举例

该循环几乎与 G85 切削循环相同，不同的是 G85 在孔底执行暂停，让主轴在孔底多转几圈，使镗刀刮平孔底，所以 G89 适合于加工台阶孔。

① 编程格式：G89　X_Y_Z_R_P_F_K_；

② 参数说明。

X_Y_；孔中心坐标值。

Z_：从 R 点到孔底的距离。

R_：从初始位置平面到 R 点的距离。

P_：在孔底的停刀时间。

F_：切削的进给速度。

K_：重复次数（如果不需要，就不写）。

③ G89 编程举例，见零件图 3-44。

O0819；	
N…M06 T13；	（调用镗刀 T13）
N30 M03 S1000；	（主轴正转，1000r/min）
N35 G90 G00 G54 G43 Z50.0 H13；	（刀具长度正补偿，快速定位到初始平面）
N40 G99 G89 X0.0 Y0.0 Z−60.0R5.0 F100；	（定位到第 1 孔中心镗孔，返回 R5.0 点）
N45 G98 X240.0；	（定位到第 2 孔中心镗孔，返回初始平面）
N50 G80…；	（取消固定切削循环）
N55 M05；	（主轴停）
N60…	

15. 固定切削循环综合编程举例（见零件图 3-45）

① 零件加工的工艺方案

该零件为大型连铸设备的安装检验样板，属于薄板易变形的精度较高的零件。在数控加工前，安排普通机床进行粗加工和时效处理，以减少变形。

在半精加工时，由普通机床加工厚度尺寸 30 和底边、2 孔 $\phi21$ 并刮平 $\phi30$ 等达到图纸要求；粗加工宽度尺寸 2000 ± 0.2 及 R10000 圆弧，每面各留有余量 5mm；粗加工孔 $\phi30H7$ 为 $\phi25$，表面粗糙度达 Ra6.3。

精加工时，由数控机床程序加工 $\phi30H7$、2000 ± 0.2 尺寸和 R10000 圆弧，以保证其尺寸精度和位置精度。

建议在现场教学时，将零件的外轮廓
尺寸缩小到 1/4。

② 零件材料和刀具选择

零件材料为 35MnMo，经过调质处理，
具有较高的硬度和韧性，数控加工时，需
要选择 TK 类硬质合金铣刀和镗刀加工。

选择的扩孔钻、镗刀、铣刀要进行预
调，测量刀具的长度补偿值和半径补偿值。

③ 机床选择和工件定位装夹

由于零件属于薄板易变形件，尺寸又
较大，可选择有自动换刀机构的中型数控
机床或加工中心。

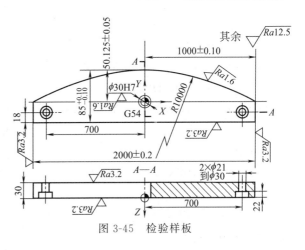

图 3-45　检验样板

可采用组合夹具安装在机床工作台上，利用 2 孔 $\phi 21$ 中安装螺栓压紧工件在组合夹具
上。在工件装夹时要防止变形，以底边定位和承受切削力。然后以孔 $\phi 30H7$ 的中心准确对
刀，建立工件坐标系 G54。

④ 编程

O8416;

N05 G90 G00 G53 Z0;	
N10 M06 T1;	（换扩孔钻 $\phi 28$）
N15 M03 S1000;	（主轴正转）
N25 G43 Z50 H01;	（T1 的刀长度补偿）
N30 G54 X0 Y0;	（定位到工件零点）
N35 G98 G81 Z−36 R3 F30;	（扩孔 $\phi 28$）
N40 G80 M05;	（取消 G81 循环）
N45 G00 G53 G49 Z0;	（取消长度补偿）
N50 M06 T2;	（换 $\phi 29.6$ 镗刀）
N55 M03 S1200;	（主轴正转）
N60 G00 G54 X0 Y0;	（定位工件零点）
N65 G43 Z50 H02;	（到起始平面和长度补偿）
N70 G98 G85 Z−38 R3 F30;	（粗镗孔 $\phi 29.6$）
N75 G80 M05;	（取消 G85 循环，停主轴）
N80 G00 G53 G49 Z0;	（取消长度补偿）
N85 M06 T3;	（换 $\phi 30$ 镗刀）
N90 M03 S1500;	（主轴正转 1500r/min）
N95 G43 Z50 H03;	（T3 作长度补偿，Z50 高度是避免碰到螺钉和压板）
N100 G98 G85 Z−38 R3 F80;	（精镗孔 $\phi 30H7$）
N105 G80 M05;	
N110 G00 G53 G49 Z0;	（取消长度补偿）
N115 M06 T4;	（换 $\phi 60$ 圆柱铣刀，长度补偿号 H04，半径

补偿号 D04)

N120 M03 S800；　　　　　　　　（主轴正转，800r/min）

N125 G00 G54 X−1100 Y−50；　　（快速定位到左下方，准备进行刀具半径补偿）

N130 G43 Z−32 H04；　　　　　　（进行长度补偿，刀尖到达切削深度）

N135 G01 G41 X−1000 Y−35 D04 F80；（刀具半径补偿在左，D04 输入 30.5 进行半精铣）

N140　　　　　　Y0；

N145 G02 X1000 Y0 R10000；　　　（精铣圆弧）

N150 G01 Y−40；

N155 G00 G49 Z50；　　　　　　　（取消长度补偿）

N160 M00；　　　　　　　　　　　（程序暂停，测量尺寸，修改 D04＝30，进行精加工）

N165 GOTO120；　　　　　　　　　（按【自动循环】键，程序转移到 N120 运行）

N170 G40 X0 Y0；　　　　　　　　（取消刀具半径补偿）

N260 M05；　　　　　　　　　　　（主轴停）

N265 M30；　　　　　　　　　　　（程序结束）

（如果 N165 执行 1 次，精加工到了 N160，测量尺寸合格了，就不再执行后面的程序了。）

3.3.2　西门子（SINUMERIK）840D 编程系统的固定切削循环

在 SINUMERIK 840D 数控系统中，采用 CYCLE81～CYCLE89 等实现常用的孔加工固定循环，它们属于非模态指令。当有多个孔需要加工时，为简化加工程序的编制，可采用 MCALL 方式实现模态调用。

840D 固定切削循环编程格式：MCALL CYCLE8 ＿（RTP，RFP，SDIS，DP，DPR）LF

……

MCALL LF（注销固定循环）

1. 钻孔循环 CYCLE81

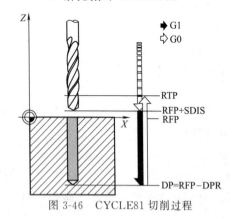

图 3-46　CYCLE81 切削过程

① 程序格式

CYCLE81（RTP，RFP，SDIS，DP，DPR）LF

② 参数及功能说明，切削过程见图 3-46。

图中各参数含义如下。

RTP：返回平面（绝对值）。

RFP：参考平面（绝对值）。

SDIS：安全距离（无符号数）。

DP：钻削深度（绝对值）。

DPR：相对参考平面的钻孔深度（无符号数）。

该指令属于浅孔的钻削加工固定循环。

DP 或 DPR 定义孔深，二者选一。

③ 应用举例，见图 3-47。

程序如下：

KONG. MPF

N10 G90 G00 F100 S500 M03 LF

N20 D1 T1 Z110 LF

N30 MCALL CYCLE81（110，100，2，35）LF

N40 X90 Y30 LF

N50 X40 Y30 LF

N60 X40 Y120 LF

N70 MCALL LF

N80 M30 LF

也可以将 N30 句改为：

N30 MCALL CYCLE81（110，100，2,，65）LF

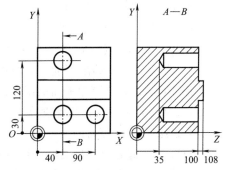

图 3-47 CYCLE81 钻孔编程举例

2. 钻沉孔循环 CYCLE82

① 程序格式

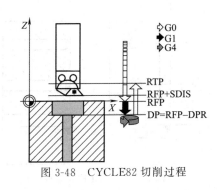

图 3-48 CYCLE82 切削过程

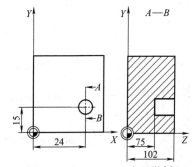

图 3-49 CYCLE82 编程举例

CYCLE82（RTP，RFP，SDIS，DP，DPR，DTB）

② 参数及功能说明。

DTB：孔底暂停时间，其余参数参见 CYCLE81。

切削过程见图 3-48。

③ 应用举例，见图 3-49。

N20 G0 G90 F200 S300 M3 LF

N30 D3 T3 Z110 LF

N40 X24 Y15 LF

N50 CYCLE82（110，102，4，75,，2）LF   （孔底暂停 2s）

N60 M30 LF

3. 钻孔循环 CYCLE83

① 程序格式。

CYCLE83（RTP，RFP，SDIS，DP，DPR，FDEP，FDPR，DAM，DTB，DTS，FRF，VARI）

② 参数及功能说明，见图 3-50。

图 3-50 中各参数含义如下。

RTP：返回平面（绝对值）。

RFP：参考平面（绝对值）。

SDIS：安全距离（无符号数）。

DP：最终钻削深度（绝对值）。

DPR：相对参考平面的钻孔深度（无符号数）。

FDEP：第一次钻削深度（绝对值）。

FDPR：相对于参考平面的第一次钻孔深度（无符号数）。

DAM：其余每次钻孔深度（无符号数）。

DTB：孔底暂停时间（断屑）。

DTS：在起始点和排屑点停留时间。

FRF：第一次钻孔深度的进给速度系数（无符号数），取值范围为 0.001～1。

VARI：加工方式，1 为排屑，0 为断屑。

该指令属于钻孔的钻削加工固定循环。FDEP 或 FDPR 定义第一次钻孔深度，二者选一。

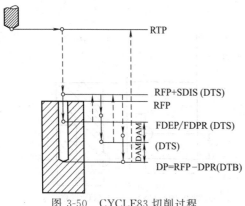

图 3-50　CYCLE83 切削过程

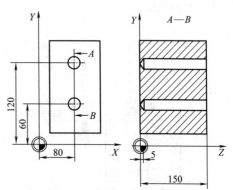

图 3-51　CYCLE83 编程举例

③ 应用举例，见图 3-51。

程序如下：

SHENKONG. MPF

N10　G90 G00 F60 S600 M03 LF

N20　D1 T1 Z155 LF

N30　X80 Y120 LF

N40　CYCLE83 (155，150，1，5，，100，，20，，，，1) LF

N50　X80 Y60 LF

N60　CYCLE83 (155，150，1，，145，，50，20，1，，0.8，1) LF

N70　M30 LF

4. 刚性攻丝 CYCLE84

① 程序格式。

CYCLE84 (RTP, RFP, SDIS, DP, DPR, DTB, SDAC, MPIT, PIT, POSS, SST, SST1)

② 参数说明，见图 3-52。

图中各参数含义如下。

RTP：返回平面（绝对值）。

RFP：参考平面（绝对值）。

SDIS：安全距离（无符号数）。

DP：攻丝深度（绝对值）。

DPR：相对参考平面的攻丝深度（无符号数）。

DTB：螺纹底部停留时间。

SDAC：循环结束后的旋转方向。取值 3，4 或 5。

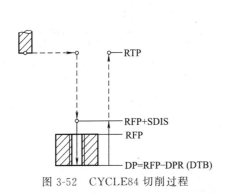

图 3-52　CYCLE84 切削过程　　　　图 3-53　CYCLE84 编程举例

MPIT：表示螺纹导程。取值范围 3～48（M3～48）。

PIT：用螺纹尺寸表示螺距。取值范围 0.001～2000.00mm。

POSS：攻丝循环中主轴的初始位置（用角度表示）。

SST：攻丝速度（主轴转速）。

SST1：退刀速度（主轴转速）。

③ 应用举例，见图 3-53。

程序如下：

LUOWEN. MPF

N10　G90 G00 S500 M03 LF

N20　D2 T2 Z40 LF

N40　G00 X30 Y35 LF

N30　CYCLE84（40，36，2，3，，，3，8，，90，200，500）LF

N40　M30 LF

5. 镗孔循环 CYCLE85

① 程序格式。

CYCLE85（RTP，RFP，SDIS，DP，DPR，DTB，FFR，RFF）

② 参数说明，见图 3-54。

图中各参数含义如下。

RTP：返回平面（绝对值）。

RFP：参考平面（绝对值）。

SDIS：安全距离（无符号数）。

DP：镗孔深度（绝对值）。

DPR：相对参考平面的镗孔深度（无符号数）。

DTB：在一定镗深下的暂停时间（断屑）。

FFR：进给速度。

RFF：退刀速度。

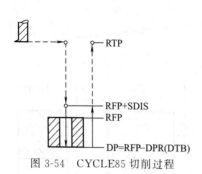

图 3-54 CYCLE85 切削过程

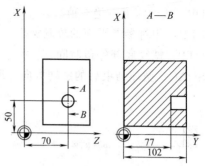

图 3-55 CYCLE85 应用举例

③ 应用举例，见图 3-55。

程序如下：

TK. MPF

DEF REAL FFR，RFF，RFP＝102，DPR＝25，SDIS＝2 LF

（DEF：定义各变量的类型并赋值，REAL：实型数）

N10 FFR＝300 RFF＝1.5*FFR S500 M4 LF

N20 G18 X50 Y105 Z70 LF

N30 CYCLE85（RFP＋3，RFP，SDIS，，DPR，，FFR，RFF）LF

…

N… M30 LF

6. 镗孔循环 CYCLE86

① 程序格式。

CYCLE86（RTP，RFP，SDIS，DP，DPR，DTB，SDIR，RPA，RPO，RPAP，POSS）

② 参数说明，见图 3-56。

图中各参数含义如下。

RTP：返回平面（绝对值）。

RFP：参考平面（绝对值）。

SDIS：安全距离（无符号数）。

DP：镗孔深度（绝对值）。

DPR：相对参考平面的镗孔深度（无符号数）。

DTB：在一定镗深下的暂停时间（断屑）。

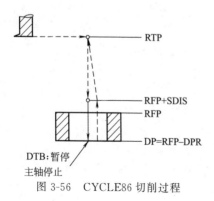

图 3-56 CYCLE86 切削过程

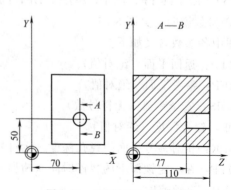

图 3-57 CYCLE86 应用举例

SDIR：主轴旋转方向。取值 3（＝M3）或 4（＝M4）。

RPA：在所选平面内的横向退刀（相对值，带符号）。

RPO：在所选平面内的纵向退刀（相对值，带符号）。

RPAP：在所选平面内的进给方向退刀（相对值，带符号）。

POSS：循环停止时主轴位置（用度数表示）。

其中，RPA，RPO，RPAP 一般表示出 X、Y、Z 空间方向联动退刀。

③ 应用举例，见图 3-57。

DEF REAL DP，DTB，POSS

　　（DEF：参数定义，REAL：参数类型为实数）

N10 DP＝77 DTB＝2 POSS＝45LF

N20 G0 G17 G90 F200 S300 LF

N30 D3 T3 Z112 LF

N40 X70 Y50 LF

N50 CYCLE86（112，110,，DP,，DTB，3，−1，−1，＋1，POSS）LF

N60 M30 LF

7. 镗孔循环 CYCLE87

① 程序格式。

CYCLE87（RTP，RFP，SDIS，DP，DPR，SDIR）

② 参数说明，见图 3-58。

图中各参数含义如下。

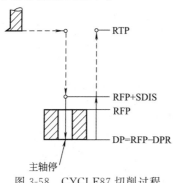

图 3-58　CYCLE87 切削过程

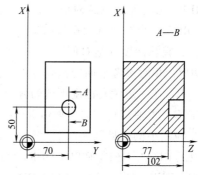

图 3-59　CYCLE87 编程举例

RTP：返回平面（绝对值）。

RFP：参考平面（绝对值）。

SDIS：安全距离（无符号数）。

DP：镗孔深度（绝对值）。

DPR：相对参考平面的镗孔深度（无符号数）。

SDIR：主轴旋转方向。取值 3（＝M3）或 4（＝M4）。

③ 应用举例，见图 3-59。

DEF REAL DP，SDIS

N10 DP＝77 SDIS＝2 LF

N20 G0 G17 G90 F200 S300 LF

N30 D3 T3 Z113 LF

N40 X50 Y70 LF

N50 CYCLE87 (105，102，SDIS，DP，，3) LF

N60 M30 LF

8. 镗孔循环 CYCLE88

① 程序格式。

CYCLE88 (RTP，RFP，SDIS，DP，DPR，DTB，SDIR)

② 参数说明，见图 3-60。

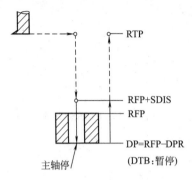

图 3-60　CYCLE88 切削过程

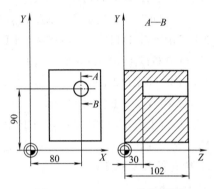

图 3-61　CYCLE88 编程举例

图中各参数含义如下。

RTP：返回平面（绝对值）。

RFP：参考平面（绝对值）。

SDIS：安全距离（无符号数）。

DP：镗孔深度（绝对值）。

DPR：相对参考平面的镗孔深度（无符号数）。

DTB：在一定镗孔深度下的暂停时间（断屑）。

SDIR：主轴旋转方向。取值 3（=M3）或 4（=M4）。

③ 应用举例，见图 3-61。

DEF REAL RFP，RTP，DPR，DTB，SDIS LF

N10 RFP=102 RTP=105 DPR=72 DTB=3 SDIS=3 LF

N20 G17 G90 F100 S450 LF

N30 G0 X80 Y90 Z105 LF

N40 CYCLE88 (RTP，RFP，SDIS，，DPR，DTB，4) LF

N50 M30 LF

9. 镗孔循环 CYCLE89

① 程序格式。

CYCLE89 (RTP，RFP，SDIS，DP，DPR，DTB)

② 参数说明，见图 3-62。

图中各参数含义如下。

RTP：返回平面（绝对值）。

RFP：参考平面（绝对值）。

SDIS：安全距离（无符号数）。

DP：镗孔深度（绝对值）。

DPR：相对参考平面的镗孔深度（无符号数）。

DTB：在一定镗孔深度下的暂停时间（断屑）。

③ 应用举例，见图 3-63。

DEF REAL RFP，RTP，DP，DTB

RFP＝102 RTP＝107 DP＝72 DTB＝3 LF

N10 G90 G17 F100 S450 M4 LF

N20 G0 X80 Y90 Z107 LF

N30 CYCLE89 (RTP，RFP，5，DP，，DTB) LF

N40 M30 LF

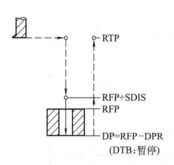

图 3-62　CYCLE89 切削过程

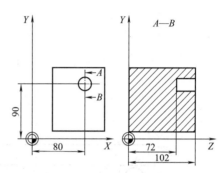

图 3-63　CYCLE89 编程举例

3.4　编程系统的专用和特殊的 G 指令

除了 3.3 节中讲述的编程系统通用 G 指令外，各编程系统开发了许多不同的 G 指令和特殊的 G 指令，分别讲述如下。

3.4.1　FANUC 0i-MB 其他编程指令

1. G07.1——圆柱插补编程

在有回转工作台的数控铣镗床编程系统中，具有回转坐标编程功能，圆柱插补功能就是其中之一。

（1）圆柱插补　就是用角度指定旋转轴的移动量在 CNC 内部转换成沿外表面的直线轴的移动距离，使旋转轴与另一轴进行直线插补或圆弧插补运动。

圆柱插补功能允许使用圆柱的侧面编程，指定的进给速度是展开的圆柱面上的速度。

（2）圆柱插补编程格式：G07.1 IP R _ ；

取消圆柱插补编程格式：G07.1 IP 0；

（3）圆柱插补编程的有关规定

① 加工平面选择：由系统参数指定旋转轴，当用 G17、G18、G19 选择平面时，则旋转轴是指定的直线轴。例如，当 Z 轴垂直于回转工作台，其回转轴系统设定为 C，在 Z 轴和 C 轴之间可以进行圆弧插补编程。

圆弧插补指令：G18 Z _ C _ ；

G02/G03 Z _ C _ R _ ；

Z _ ：刀具移动轴，单位 mm。

C_：工作台回转轴，单位度。

R_：圆周表面上的圆弧插补半径，单位 mm。

② 刀具偏置：在进入圆柱插补方式之前，清除刀具半径补偿。然后，在圆柱插补方式中启动和取消刀具补偿。

③ 在圆柱插补方式中，指定圆弧半径，不能用圆弧参数 I、J、K。

④ 在圆柱插补方式中不能指定工件坐标系，不能有 G00 和固定切削循环指令编程，在分度工作台分度时不能进行圆柱插补。

（4）圆柱插补编程举例（见图 3-64）。

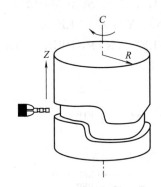

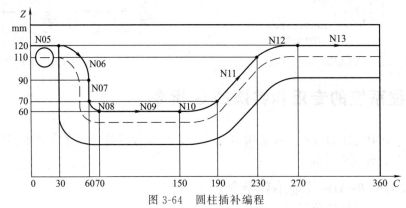

图 3-64　圆柱插补编程

程序：O8212；

G00 G90 Z100.0 C0；

G01 G91 G18 Z0 C0；

G07.1 C57299；（指定圆柱插补）

G90 G01 G42 Z120 D01 F200；

N05 C30；

N06 G02 Z90 C60 R30；

N07 G01 Z70；

N08 G03 Z60 C70 R10；

N09 G01 C150；

N10 G03 Z70 C190 R75；

N11 G01 Z110 C230；

N12 G02 Z120 C270 R75；

N13 G01 C360；

N14 G40 Z100；

N15 G07.1 C0；（取消圆柱插补）

N16 M30；

2. G10——用程序输入刀具补偿值

输入刀具补偿值格式：

N…　G10 L _ P _ R _ ；

指令中，L 代表刀号，P 代表刀具补偿号，R 代表绝对值方式时的刀具补偿值。

由于在程序加工前，可以从操作面板输入刀具的半径和长度补偿值，故程序中少用。

3. G15/G16——极坐标编程指令

① 极坐标的定义及要素。极坐标系的定义：由极点、极轴和极角组成的坐标系称为极坐标系，见图 3-65。

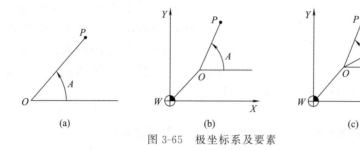

图 3-65　极坐标系及要素

采用极坐标编程需要确定三个要素：极点、极半径、极角。

极点就是极坐标的原点，如图 3-65（a）中的 O 点。

极半径就是极坐标的原点到极轴上某一点的距离，如图 3-65（a）中的 OP 为极半径。

极角就是极轴在坐标平面中与水平坐标轴之间的旋转角度，它的角度值是以十进制计算的。如图 3-65（a）中的 A 角。极轴与所选平面的第一轴正向沿逆时针转动的角度为正，而顺时针转动的角度为负。

极坐标系的极点可以设在工件坐标系的原点，如图 3-65（b）和（c）中的 W 点。

根据选择的坐标平面 G17、G18 或 G19，极坐标系的水平轴分别为 X、Z 和 Y。当使用 G52 建立了局部坐标系时，极点就是局部坐标系的原点。

极角均可以用绝对值 G90 指令，见图 3-65（b）中的 A 角。在 XY 平面中，以水平 X 轴线作为各极轴的 A 角计算的起始线。或用增量值 G91 指令，见图 3-65（c）中的 A 角。某一极轴的增量极角 A 是相对它前一个极轴之间的角度值。

② 极坐标指令的编程格式：G16 IP _ ；

取消极坐标编程格式：G15；

IP _ ：指定极坐标系选择平面的轴地址及其值，第一轴为极半径 P，第二轴为极角 A。

同时选择坐标平面和绝对或增量值指令的极坐标编程格式：

G17 G90 G16 IP _ ；或 G17 G91 G16 IP _ ；

G18 G90 G16 IP _ ；　　G18 G91 G16 IP _ ；

G19 G90 G16 IP _ ；　　G19 G91 G16 IP _ ；

③ 用极坐标指令钻端面螺纹底孔编程举例，见图 3-66。

G90 绝对坐标值编程：

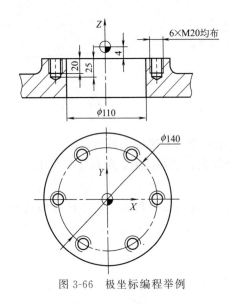

图 3-66　极坐标编程举例

O0845；

N…；

N40 M06 T15；　　　　（调用 φ17.5 钻头）

N45 M03 S600；　　　　（主轴正转，600r/min）

N50 G00 G90 G54 G43 Z0 H15；

N55 G17 X0.0 Y0.0；（G54 建立工件坐标系）

N60 G16 X0 Y0；　　　（G16 在 G54 零点建立极坐标系）

N65 G81 P70 A0 Z－29 R0 F50；

（指定极半径 70. 极角 0 度位置 G81 钻孔）

N70 A60；　（极半径 70 极角 60°钻孔）

N75 A120；（极半径 70 极角 120°钻孔）

N80 A180；（极半径 70 极角 180°钻孔）

N85 A240；（极半径 70 极角 240°钻孔）

N90 A300；（极半径 70 极角 300°钻孔）

N95 G15 G80；（取消极坐标编程和 G81）

N100 ……

如果改用增量坐标值编程，N70～N90 的程序段编写如下：

N70 G91 A60；（极半径 70，增量极角 60°钻孔）

N75　A60；　　（极半径 70，增量极角 60°钻孔）

N80　A60；　　（极半径 70，增量极角 60°钻孔）

N85　A60；　　（极半径 70，增量极角 60°钻孔）

N90　A60；　　（极半径 70，增量极角 60°钻孔）

4. G27——返回机床零点检验

检查刀具是否已经正确地返回到程序中指定的机床零点。如果是，则回零点指示灯亮。

5. G28——自动回机床零点

机床坐标系中机床零点编程指令：G27、G28、G29 、G30 。它们是在机床开机后，首先手动使各轴回机床零点，建立了机床坐标系，然后才可以应用。

① 直接回机床零点。

G28 Z0；（可用于换刀，回零前要取消刀具补偿）

或 G28 X0 Y0；（用于测量或换零件时，让主轴离开工件有足够的距离）

② 间接回机床零点。指定返回到机床零点中途经过的中间点，编程格式如下：

G28 X40；（中间点 X40）

G28 Z60；（中间点 Z60）

注意：在电源接通后。首先应该使各轴回机床零点，当回到零点时，回零指示灯亮。

6. G29——从零点自动返回

G29 一般在 G28 指令后使用。

G28 和 G29 使用举例：

G28 Z0；或 G28 X0　Y0；　（返回机床零点）

G29 X80　Y30；　　　　　　（从零点到达指定点）

7. G30——返回第 2、3、4 参考点

8. G31——跳转功能指令

G31 指令为非模态的 G 代码，只在指定的程序段中有效。

在 G31 指令后指定坐标轴移动，当程序执行到有 G31 指令的程序段时，中断指令的执行，转而执行跳转信号的程序段。由于跳转信号被存储在用户宏程序变量中，G31 指令可以在用户宏程序中使用。

9. G39——拐角偏移圆弧插补

① 在 GSK990M 编程系统中，在 G01、G02 或 G03 程序段后，用 G39 进行拐角偏移圆弧插补，并形成与（X，Y）垂直的新矢量。如果从它的终点看（X，Y），指向左侧为 G41，指向右侧为 G42。

编程格式：G39 X _ Z _ ；

G39 指令只有在 G41 或 G42 已被指令时才有效，并按 G41 或 G42 指令的插补方向进行拐角偏移。该指令为非模态，但它不破坏 01 组 G 代码的模态功能，见图 3-67。

编程举例：

N…

N30 G90 G01 G41 X0 Y0 D01 F100；

N40　　X10 Y20；（a 点）

N50 G39 X10 Y20；

N60　　X45 Y30；（b 点）

N70 G39 X45 Y30；

N80　　X70 Y15；（c 点）

N90 G39 X70 Y15；

N100 G03 X90 Y5－5 CR＝20；（d 点）

N…

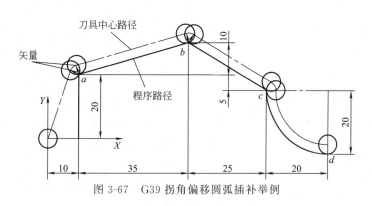

图 3-67　G39 拐角偏移圆弧插补举例

由于编程系统的功能不断优化，内部程序具备自动拐角偏移功能，那么，外部程序也可以不用 G39 指令编程。

② 在 FANUC 0i-MB 编程系统中，拐角圆弧插补 G39 是在刀具半径补偿 C 期间，在偏置方式中指定 G39，可以执行拐角圆弧插补，拐角插补的半径等于补偿值。在不同的坐标平面用不同的参数表示。

编程格式：G39；

或 G39 I_J_；或 G39 I_K_；或 G39 J_K_；

当指定上面的指令时，可以执行其半径等于补偿值的拐角圆弧插补。插补方向与 G41 和 G42 的方向有关。在有 G39 的程序段中，不能有运动指令。

③ G39 拐角偏移应用举例，见图 3-68。

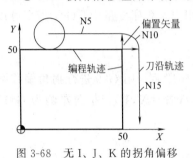

图 3-68　无 I、J、K 的拐角偏移

N…

N5 G01 X50；

N10 G39；

N15 Y0；

N…

10. G50——取消比例缩放

G51——比例缩放

编程格式：

N…　G51 X_Y_Z_P_；

指令中，X_、Y_、Z_ 是比例缩放中心坐标的绝对值指令，P_ 是缩放比例。

G51 和 G50 的应用可参考西门子编程系统的例题。

11. G51.1——设置可编程镜像指令

　　G50.1——取消可编程镜像指令

用可编程的镜像指令可以实现坐标轴的对称加工，见图 3-69。

（1）编程格式

N…　G51.1 IP；（设置可编程镜像指令）

N…

N…　　　　　根据 G51.1 IP；指定的对称轴，生成在这些程序段中指定的镜像。

N…

N… G50.1 IP；（取消可编程镜像指令）

IP——用 G51.1 指定镜像的对称轴及坐标值。

　　　用 G50.1 只指定镜像的对称轴，不指定坐标值。

在图 3-69 中，轨迹 A 是按 XY 工件坐标系编程的程序。轨迹 B 是以对称轴为 X60 的轨迹 A 的镜像，轨迹 C 是以对称轴为 X60 和 Y60 的轨迹 A 的镜像，轨迹 D 是以对称轴为 Y60 的轨迹 A 的镜像。

（2）镜像的设置

① 在操纵面板上接通镜像开关，或从 MDI 方式将镜像功能设置为通，参见说明书。

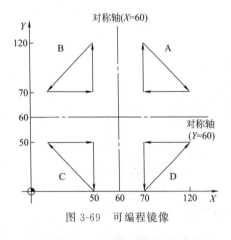

图 3-69　可编程镜像

② 编程中指定可编程镜像功能。

③ 在指定平面对某个轴镜像时，下列指令会发生相应变化：

指　　令	说　　明
圆弧指令	G02 和 G03 被互换
刀具半径补偿	G41 和 G42 被互换
坐标旋转	CW 和 CCW 被互换

④ 在比例缩放或坐标旋转方式，不能指定 G50.1 或 G51.1。

⑤ 在可编程镜像方式中，不能有返回参考点和改变坐标系的 G 代码。

（3）编程举例　见十字接轴图 3-70。将十字接轴中心设置工件坐标系 G54，第 1 象限的加工轮廓编写为子程序。全部轮廓的加工编写为主程序，用 G50.1 镜像功能加工 2、3、4 象限的轮廓。

选择 φ60 硬质合金圆柱铣刀，刀具半径补偿代号 D01，刀具长度补偿代号为 H01，用程序分别进行粗、半精和精加工。

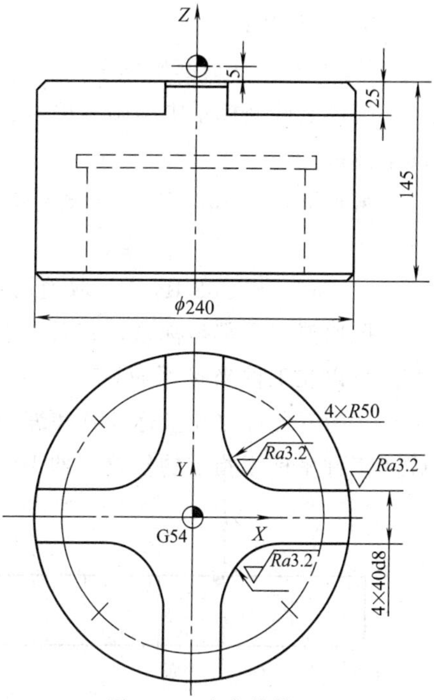

子程序：O8412；

N10 G01 G42 X120 Y20 D01 F120；

　　　　　　　　　　　　　（进行刀具半径右补偿）

N20　　　　X70；

N30 G02 X20 Y70 R50；　（铣圆弧 R50）

N40 G01　　Y120；

N50 G00 G40 Y200；　（取消刀具半径右补偿）

N60 M99；

主程序：O0841；

N10 G00 G90 G53 Z0；　（到换刀位置）

N20 M06 T1；　　　　（调用 T1φ60 圆柱铣刀）

N30 M03 S800；　　　（主轴正转，800r/min）

N40 G54 X200 Y20；　（刀具定位到工件 1 象限起刀点）

N50 G43 Z0 H01；　　（进行刀具长度正补偿）

N60　　　Z−30；　　（刀尖到达切削深度）

N70 M98 P8412；　　（调用子程序 O8412 加工）

图 3-70　十字接轴

N80 G00 Z50；　　　（刀具升到安全高度）

N90　　　X−200 Y20；　（到第 2 象限起刀点）

N100　　　Z−30；　　（刀尖到达切削深度）

N110 G51.1 X0；　　（以 X 零点为对称轴镜像）

N120 M98 P8412；　　（调用子程序 O8412 加工）

N130 G50.1 X；　　　（取消 X 轴镜像）

N140 G00 Z50；　　　（刀具升到安全高度）

N150　　　X−200 Y−20；（到第 3 象限起刀点）

N160　　　Z−30；　　（刀尖到达切削深度）

N170 G51.1 X0 Y0；　（以 X 和 Y 零点为对称轴镜像）

N180 M98 P8412；　　（调用子程序 O8412 加工）

N190 G50.1 X　Y；　（取消 X 和 Y 轴镜像）

N200 G00 Z50；　　　（刀具升到安全高度）

N210　　　X200 Y−20；　（刀具定位到工件第 4 象限起刀点）

N220　　　Z−30；　　（刀尖到达切削深度）

N230 G51.1 Y0;　　　　　（以 Y 零点为对称轴镜像）

N240 M98 P8412;　　　　　（调用子程序 O8412 加工）

N250 G50.1 Y;　　　　　　（取消 Y 轴镜像）

N260 G00 Z50;　　　　　　（刀具升到安全高度）

N270 G40 X0 Y0;　　　　　（取消刀具半径补偿）

N280 G50 G49 Z0;　　　　　（取消刀具长度补偿，到换刀位置）

N290 M06 T0;　　　　　　　（刀具回刀库）

N300 M30;　　　　　　　　（程序结束）

12. G52——局部坐标系

当在工件坐标系中编制程序时，为了方便编程，可以设定工件坐标系的子坐标系，即局部坐标系。

编程格式：G52 IP _ ；（设定局部坐标系，IP _ 局部坐标系的原点）

　　　　　…

　　　　　G52 IP 0；（取消局部坐标系）

即取消了局部坐标系，其后在工件坐标系中指定坐标值。

可以在工件坐标系（G54～G59）中设定局部坐标系。例如，在图 3-71 中加工 4 孔 M10，为了各螺纹孔坐标计算和编程简便，在 $\phi45$ 孔中心设置局部坐标系，其原点坐标是以 G54 工件坐标系指定的位置，即 IP 为 X85 Y100，两坐标系的关系见图 3-71。

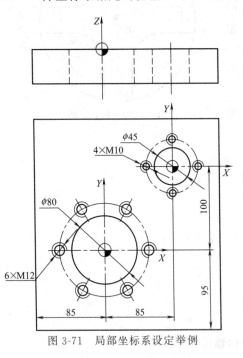

图 3-71　局部坐标系设定举例

程序举例：

N…

N30 G90 G00 G54 X0 Y0;　（建工件坐标系）

N…

N45 M06 T3;　　　　　　　（换 $\phi8.5$ 钻头钻 M10 底孔）

N50 M03 S700;　　　　　　（主轴正转速度 700r/min）

N55 G52 X85 Y100;　　　　（建局部坐标系）

N60 G98 G81 X25 Y0 Z－20 R0 F50;

　　　　　　　　　　　　　（钻 1 孔）

N65　　　　X0 Y25;　　　 （钻 2 孔）

N70　　　　X－25 Y0;　　 （钻 3 孔）

N75　　　　X0 Y－25;　　 （钻 4 孔）

N80 G52 X0 Y0;　　　　　　（取消局部坐标系）

N…

当局部坐标系设定后，用 G90 指定的移动是局部坐标系中的绝对坐标值。还可以在工件坐标系中用 G52 指定新的局部坐标系的零点，改变原来的局部坐标系。

注意：

① 局部坐标系建立不改变工件坐标系和机床坐标系的关系；

② G52 暂时清除刀具半径补偿中的偏置；

③ 在 G90 方式下，G52 程序段之后，立即指定运动指令。

13. G68——坐标系旋转

G69——取消坐标系旋转

编程格式：

N… G17

　　G18　G68 α _ β _ R _ ；

　　G19

　　G17（G18、G19）：旋转 P 平面选择。

α _ β _ ：与指定的坐标平面相应的 X _ 、Y _ 、Z _ 中的两个轴的绝对指令，在 G68 后面指定旋转中心。

R _ ：角度位移，正值表示逆时针方向旋转。有效值范围 $-360.000°\sim 360.000°$。

该指令的应用可参考机床的编程说明书或参考西门子的坐标系旋转指令的编程例题。

14. G90/G91——绝对值/增量值编程（见本书前面内容）

15. G92——实际值存储建立工件坐标系

在 GSK990M 系统中，G92 指令为实际值存储建立工件坐标系，也称为工件坐标系预置功能，在 FANUC 0i-MB 系统中为 G92.1 指令。

（1）G92 指令建立工件坐标系的方法

① 在机床开机后，首先使各轴手动回机床零点，然后装夹好被加工的零件，在主轴上装好执行程序加工的刀具。

② 根据程序的编程零点在工件上进行对刀。对刀完成后，机床各轴所在位置到机床零点的距离就确定了。按下 [POS] 位置键，可以在绝对坐标值画面看到当前各轴到各零点的距离值。

③ 自动执行程序运行。当运行第一个程序段 G92 X0 Y0 Z0；各轴到各零点的距离值就自动存储为该程序的工件零点。其后程序段的编程坐标值都是以该零点计算的。

（2）编程格式：G92 IP0；或 G92.1 IP0；

IP0 ：指定各轴预置工件坐标系的零点位置。

16. G94 和 G95——进给速度单位值指定

在程序中由 F 及数值指令切削进给，进给速度单位由 G94 指定为 mm/min，由 G95 指令为 mm/r。

当系统开机后，进给速度的初态指令为 G94，如果需要用 mm/r 的进给单位，在运行该程序段前要有 G95 指令。当 G95 指定后又要用 mm/min 进给单位时，必须在程序段中指令 G94。

G94 和 G95 是模态指令，一经指定就一直有效。

3.4.2　西门子（SINUMERIK）840D 其他编程指令

1. 极坐标功能与极点定义指令（G110/G111/G112）

一般情况下编写零件程序使用直角坐标系，但有时候工件上的点用极坐标定义更直接，可以避免复杂的数学计算。

（1）极标的定义及要素　采用极坐标编程需要确定三个要素：极点、极半径、极坐标角度。

极点可以在直角坐标系或极坐标系中定义；极半径是指目标点到极点的距离；极坐标角度是指与所在平面中的水平坐标轴之间的夹角（比如 G17 中 X 轴），该角度可以是正、负角。极半径和极坐标角度这两个值会一直保存，只有当极点发生变化或平面更改后才需重新编程。

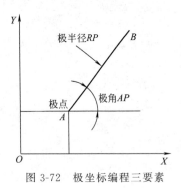

图 3-72 极坐标编程三要素

如图 3-72 所示，A 点为极点，目标点 B 到极点 A 的距离称为极半径 RP，直线 AB 与水平坐标轴之间的夹角称为极坐标角度 AP。

（2）极点定义指令（G110/G111/G112）编程格式　极点定义有两种方式：一种方式是用直角坐标系确定，另一种定义极点方式是用极角和极半径确定。

① 直角坐标系方式：G110/G111/G112 X _ Y _ Z _ LF

② 极角和极半径方式：G110/G111/G112 A _ U _ LF（SINUMERIK 840C）

G110/G111/G112 AP _ RP _ LF（SINUMERIK 840D）

③ 指令功能说明：参见表 3-7。

表 3-7　极点定义的命令及参数说明

G110	极坐标尺寸，参考上一点坐标的位置
G111	极坐标尺寸，在工件坐标系中的绝对尺寸
G112	极坐标尺寸，参考上一次设定的有效极点
AP_或 A_	极角
RP_或 U_	极半径

（3）极坐标应用举例

例 1：零件图中 0 为工件原点，采用 SINUMERIK 840D 数控系统编程，见图 3-73（a）。

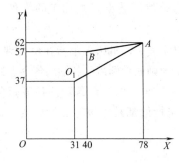

（a）直角坐标系方式确定极点

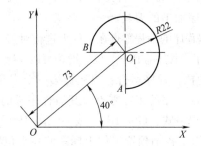

（b）极角和极半径方式确定极点

图 3-73　极点的定义实例 1

① 如果确定 O_1 为极点，则指令为：G111 X31 Y37。

② 如果已经加工完 O_1A 直线，当前位置为 A 点，现在要加工 AB 直线，要求极点定义在 A 点，则指令为：G110 X0 Y0（X0 Y0 可以省略）或 G111 X78 Y62。

③ 如果定义过 O_1 为极点，目前已经加工完 O_1A 直线，当前位置为 A 点，现在要加工 AB 直线，要求极点定义在 A 点，则指令为：G110 X0 Y0 或 G111 X78 Y62 或 G112 X47 Y25。

在图 3-73（b）中：要求加工圆弧 AB，当前位置已经加工到 A 点，确定圆心 O_1 为极点，则指令为：G111 AP=40 RP=73 或 G110 X0 Y22。

例 2：加工一个钻模的孔，见图 3-74。

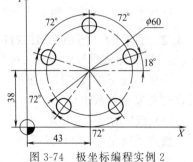

图 3-74　极坐标编程实例 2

孔的位置在极坐标系中定义，每一个孔用同样的加工程序来加工，内容包括钻中心孔、钻孔、扩孔等，用 L10 子程序表示。

| N10 G17 G54… LF | 定义工作平面 XY，定义工件零点 |

N10 G17 G54… LF　　　　　　　定义工作平面 XY，定义工件零点

N20 G111 X43 Y38 LF　　　　　定义极点

N30 G0 RP=30 AP=18 Z5 LF　　到达刀具起始点，Z 为刀具高度

N40 L10 LF　　　　　　　　　调用孔加工子程序（L10 假定预先已编写好）

N50 G91 AP=72 LF　　　　　　快速运动到下一点，极角是相对坐标尺寸，极半径为程序段 N30 中极半径值，这个极半径值被系统所记忆，不需要重新定义

N60 L10LF　　　　　　　　　　调用子程序进行加工

N70 AP=IC（72）LF　　　　　快速运动到下一点

N80 L10LF　　　　　　　　　　调用子程序进行加工

N90 AP=IC（72）LF　　　　　快速运动到下一点

N100 L10LF　　　　　　　　　调用子程序进行加工

N110 AP=IC（72）LF　　　　快速运动到下一点

N120 L10 LF　　　　　　　　调用子程序进行加工

N130 …LF

2. 螺旋线插补，G2/G3，TURN（螺旋式铣削）

功能：螺旋线插补可以用来加工如螺纹或油槽（延迟线插补）。

说明：在螺旋线插补时，包含水平圆弧运动和垂直直线运动，两个运动是叠加的并且并列执行。圆弧运动在工作平面确定的轴上进行。如果工作平面是 G17，针对圆弧插补的轴 X 和 Y，然后在垂直的横向进给轴上进行横向进给运动，这里是 Z 轴。

输入形式：

G2/G3 X _ Y _ Z _ I _ J _ K _ TURN=

G2/G3 AR= I _ J _ K _ TURN=

G2/G3 AR= X _ Y _ Z _ TURN=

G2/G3 AP _ RP= _ TURN=

指令和参数说明：

TURN= 附加圆弧运行次数的范围 0～999

编程举例：螺旋式铣削加工螺纹孔，见图 3-75。

N10 G17 G0 X27.5 Y32.99 Z3LF （回到起始位置）

N20 G1 Z−5 F50LF　　　　　　（刀具横向进给）

N30 G03 X20　Y5　Z−20　I20　J20 TURN=2LF（执行两个整圆，然后回到终点）

N40 M30LF

3. FRAME 编程功能

（1）FRAME 定义　FRAME（构架）是用一个数学规则对一个自定义坐标系的位置描述。这个自定义坐标系是通过对当前坐标系改变一个坐标或一个角度而设置的。

（2）FRAME 编程作用　以坐标系的变换为例，在加工倾斜轮廓时，一种方法是用适当的工艺装备使工件平行于机床坐标轴；另一种方法是建立一个适当的工件定位坐标系，这个坐标系可以通过构架编程进行移动或旋转，这样可以移动零点到工件的任何位置，如图 3-76 所示。

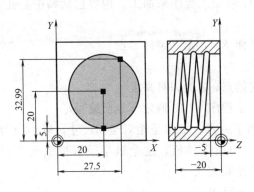

图 3-75 螺旋式铣编程举例

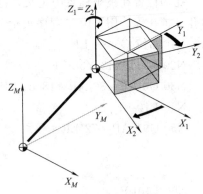

图 3-76 坐标系变换

（3）FRAME 编程指令组成 一个 FRAME 构架（可编程指令）可以由下列指令组成。

平移功能：TRANS，ATRANS。

旋转功能：ROT，AROT。

比例功能：SCALE，ASCALE。

镜像功能：MIRROR，AMIRROR。

可设置指令是用 G54～G57 指令调用零点偏置。偏置值通过控制系统的存储器预定义。

可编程指令（TRANS，ROT，…）在当前的 NC 程序段中有效，其参考的基准为可设置指令所指定的零点。TRANS、ROT、SCALE 和 MIRROR 属于绝对方式；ATRANS、AROT、ASCALE 和 AMIRROR 属于增量方式。

4. TRANS/ATRANS（坐标平移）

（1）编程格式

TRANS X _ Y _ Z _ LF

ATRANS X _ Y _ Z _ LF

说明：TRANS 是参考 G54～G599 设置的有效的工件零点，可以理解为坐标平移，如图 3-77 所示。ATRANS 是参考可编程零点增量移动，如图 3-78 所示。X、Y、Z 是在指定轴方向上的偏置值。

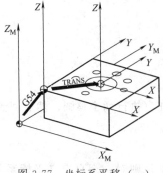

图 3-77 坐标系平移（一）

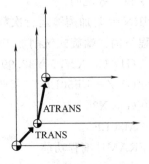

图 3-78 坐标系平移（二）

（2）程序实例 如图 3-79 所示。加工 4 个形状完全相同而位置不同的凸台。将加工形状以一个子程序存储在数控系统中，子程序名字为 L50，则主程序调用格式如下：

……

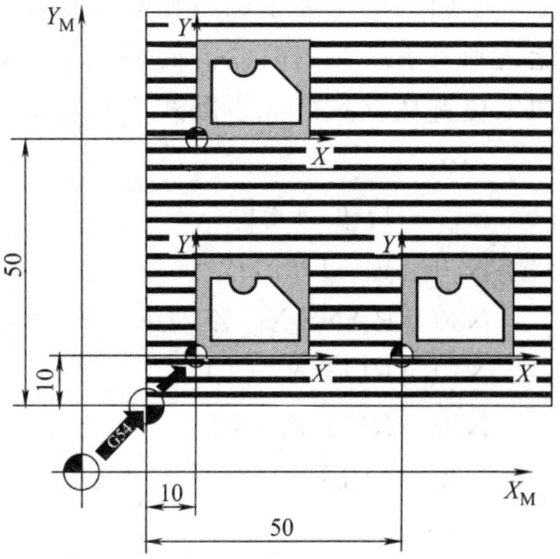

N10 G17 G54 LF　　　　　（选定工作平面 XY，
　　　　　　　　　　　　　定义工件零点）

N20 G0 X0 Y0 LF　　　　（到达起始点）

N30 TRANS X10 Y50 LF（绝对平移）

N40 L50 LF　　　　　　　（加工工件 1）

N60 TRANS X10 Y10 LF（绝对平移）

N70 L50 LF　　　　　　　（加工工件 2）

N80 TRANS X50 Y10 LF（绝对平移）

N90 L50 LF　　　　　　　（加工工件 3）

……

如果采用 ATRANS 指令，则 N30 到 N90 可以
改写为如下格式：

N60 ATRANS X10 Y50 LF　　　　（增量平移）

N70 L50 LF　　　　　　　　　　（加工工件 1）

N80 ATRANS X0 Y−40 LF　　　　（增量平移）

N90 L50 LF　　　　　　　　　　（加工工件 2）

N100 ATRANS X40 Y0 LF　　　　（增量平移）

N110 L50 LF　　　　　　　　　　（加工工件 3）

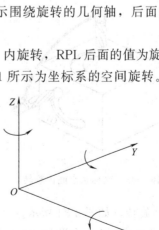

图 3-79　坐标系平移举例

5. ROT/AROT（坐标旋转）

（1）编程格式

ROT X_Y_Z_LF

ROT RPL=　LF

AROT X_Y_Z_LF

AROT RPL=　LF

说明：ROT 是参考 G54～G599 设置的有效的工件零点绝对旋转。AROT 是参考可编
程零点增量旋转。

采用 X、Y、Z 方式属于空间旋转，X、Y、Z 表示围绕旋转的几何轴，后面的值为旋转
的角度。

采用 RPL 方式属于在坐标平面（G17～G19 指定）内旋转，RPL 后面的值为旋转的角度。

如图 3-80 所示为坐标系平面内的旋转；如图 3-81 所示为坐标系的空间旋转。

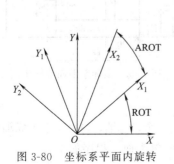

图 3-80　坐标系平面内旋转

图 3-81　坐标系空间内旋转

平面内的坐标系旋转相对来说比较简单，而对于空坐标系的空间旋转，可能一次旋转不能达到要求，有的时候需要多次旋转，还需要坐标系的平移配合才能实现，如图 3-82 所示，加工位置从立式变成了卧式。程序如下：

......

N10 G17 G54 LF　　　　　　　（选择 XY 平面，确定加工零点）

N20 L50 LF　　　　　　　　　（子程序调用）

N30 TRANS X _ Z _ LF　　　 （绝对平移）

N40 AROT Y90 LF　　　　　　（绕 Y 轴坐标系旋转）

N50 AROT Z90 LF　　　　　　（绕 Z 轴坐标系旋转）

N60 L50 LF　　　　　　　　　（子程序调用）

......

（2）程序实例

① 平面旋转，如图 3-83 所示。

子程序名字为 L10，程序如下：

......

N10 G17 G54 LF

（选择坐标平面 XY 和工件零点）

N20 TRANS X20 Y10 LF　　　（绝对平移）

N30 L10 LF　　　　　　　　　（子程序调用）

N40 TRANS X55 Y35　LF　　　（绝对平移）

N50 AROT RPL＝45 LF　　　　（坐标系增量旋转 45°）

N60 L10 LF　　　　　　　　　（子程序调用）

N70 TRANS X20 Y40 LF　　　 （绝对平移）

N80 AROT RPL＝15 LF　　　　（坐标系增量旋转 15°）

N90 L10 LF　　　　　　　　　（子程序调用）

......

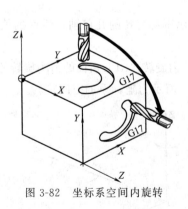

图 3-82　坐标系空间内旋转

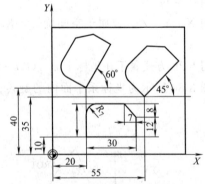

图 3-83　坐标系平面旋转举例

② 空间旋转，如图 3-84 所示。

分析：工件表面在一个设置的加工坐标系中平行于一个坐标轴，与另一个坐标轴成一角度。

先决条件：在旋转的 Z 方向，刀具必须垂直于倾斜表面。程序如下：

......

N10 G17 G54 LF　　　　　　　（选择平面 XY 和
工件零点）

N20 TRANS X10 Y10 LF　　　（绝对平移）

N30 L10 LF　　　　　　　　（子程序调用）

N40 ATRANS X35 LF　　　　（增量平移）

N50 AROT Y30 LF　　　　　（关于 Y 轴旋转）

N60 ATRANS X5 LF　　　　　（增量平移）

N70 L10 LF　　　　　　　　（子程序调用）

……

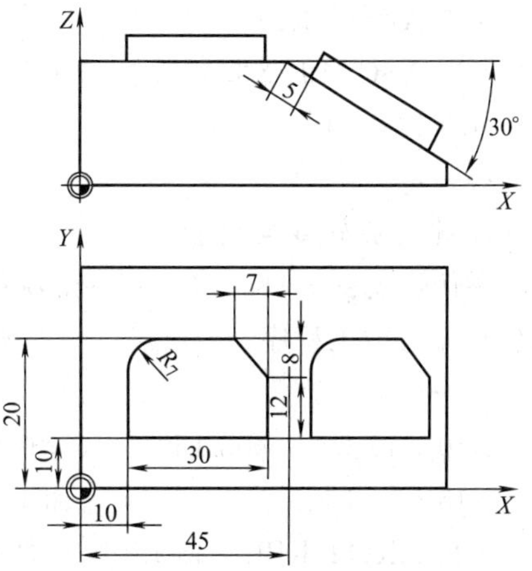

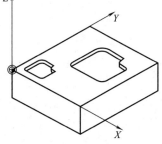

图 3-84　坐标系空间旋转举例

6. SCALE/ASCALE（比例缩放）

（1）编程格式

SCALE X ＿ Y ＿ Z ＿ LF

ASCALE X ＿ Y ＿ Z ＿ LF

说明：SCALE 是参考 G54～G599 设置的有效坐标系绝对放大、缩小 ATRANS 是参考可编程坐标系增量放大、缩小。

X、Y、Z 指定轴方向上的比例因子。

如图 3-85 所示，该指令可以编制相同形状、不同尺寸的零件的加工程序。

有的时候，为了方便程序的编写，坐标系的平移、旋转和比例配合应用十分必要，如图 3-86 所示。

（2）程序例子　如图 3-87 所示，两个零件形状相似，但尺寸与方向不同。型腔的加工程序存储在一个子程序当中，子程序名字为 L80，小的零件为大的零件 0.65 倍。

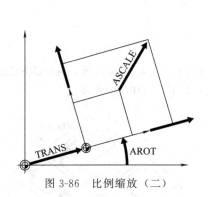

图 3-85　比例缩放（一）

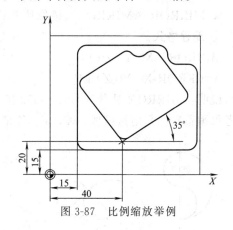

图 3-86　比例缩放（二）

图 3-87　比例缩放举例

程序如下：

……

N10 G17 G54 LF　　　　　　（选择平面 XY 和工件零点）

N20 TRANS X15 Y15 LF　　　（绝对平移）

N30 L80 LF　　　　　　　　（加工大型腔）

N40 TRANS X40 Y20 LF　　　（绝对平移）

N50 AROT RPL＝35 LF　　　　（工件平面旋转 35°）

N60 ASCALE X0.65 Y0.65 LF　　（小型腔的比例因子）

N70 L80 LF　　　　　　　　　（加工小型腔）

……

7．坐标旋转变换功能

举例：见图 3-88，多个零件形状相同，但方向不同，其子程序名字为 L70，利用旋转变换功能编写加工程序。

……

N10 G17 G54 M03 LF　　　（选择平面 XY，工件零点）

N15 L70 LF　　　　　　　（加工①）

N20 AROT RPL＝45 LF　　（工件平面旋转 45°）

N25 L70 LF　　　　　　　（加工②）

N30 AROT RPL＝45 LF　　（工件平面旋转 45°）

N35 L70 LF　　　　　　　（加工③）

……

L70 子程序编程：

％70

N100 G90 G01 X20 Y0 F100 LF

N110 G02 X30 Y0 CR＝5 LF

N120 G03 X40 Y0 CR＝5 LF

N130 G03 X20 Y0 CR＝10 LF；

N140 G00 X0 Y0 LF

N150 M17 LF

8．MIRROR/AMIRROR（镜像功能）

① 编程格式。

MIRROR　X0 Y0 Z0 LF

AMIRROR X0 Y0 Z0 LF

说明：MIRROR 是参考 G54～G59 指令设置的有效的坐标系绝对镜像；AMIRROR 是参考可编程坐标系增量镜像。X、Y、Z 是镜像变换的坐标轴。如图 3-89 所示。

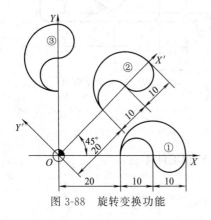

图 3-88　旋转变换功能

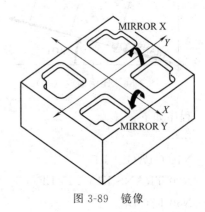

图 3-89　镜像

在 G17 定义的坐标平面 XY 中，关于 Y 轴的镜像需要改变 X 轴的方向，用 MIRROR X0 编程；关于 X 轴的镜像需要改变 Y 轴的方向，用 MIRROR Y0 编程；关于原点的镜像，用 MIRROR X0 Y0 编程；直接用 MIRROR 指令表示注销镜像。

② 编程实例，见图 3-90。轮廓中的一个轮廓用子程序编程，子程序名字为 L50，另外三个轮廓用一个镜像操作指令完成。工件零点位于这些轮廓的中心。

程序如下：

......

N10 G17G54 LF	（选定平面 XY 和工件零点）
N20 L50 LF	（加工第一个轮廓）
N30 MIRROR X0 LF	（Y 轴镜像）
N40 L50 LF	（加工第二个轮廓）
N50 AMIRROR Y0 LF	（X 轴镜像）
N60 L50 LF	（加工第三个轮廓，左下角）
N70 MIRROR Y0 LF	（X 轴镜像）
N80 L50 LF	（加工第四个轮廓）
N90 MIRROR LF	（注销镜像）
N···	

9. 西门子 840D 编程特殊功能

（1）非模态尺寸 AC/IC 分别对应绝对和增量尺寸　G90 有效时，利用 AC 在特定程序段中为单个轴输入绝对尺寸。G91 有效时，利用 IC 在特定程序段中为单个轴输入增量尺寸，AC/IC 功能见图 3-91。

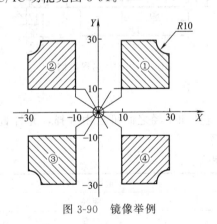

图 3-90　镜像举例

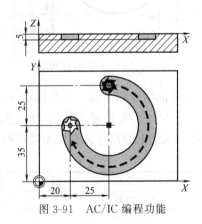

图 3-91　AC/IC 编程功能

N10 G90 G0 X45 Y60 Z2 T1 S2000 M3LF　（刀具快速移动到加工起始位置，主轴正旋）

N20 G1 Z－5 F500LF　（刀具进给）

N30 G2 X20 Y35 I＝AC（45）J＝AC（35）LF（圆心坐标用绝对尺寸）

（2）CIP 圆弧编程（已知圆上三点编程）　CIP 是利用圆弧的中间点坐标及终点坐标进行圆弧编程，它是一个模态指令。刀具运动的方向取决于圆弧起始点、中点、终点的顺序，见图 3-92。

中点坐标：I1＝ J1＝ K1＝

终点坐标：X、Y、Z

参数含义如下：

I1＝X方向上的中点坐标；

J1＝Y方向上的中点坐标；

K1＝Z方向上的中点坐标；

用绝对尺寸和增量尺寸输入。

G90/G91指令的缺省状态对于圆弧中点坐标及终点坐标的绝对尺寸或相对尺寸输入有关。

用G91指令时，圆弧的起始点坐标常用于中点坐标及中点坐标的参考点。

（3）对于CIP编程的程序举例　为了加工一个倾斜的环形槽，通过三个中点插补参数及三个坐标方向上的终点坐标来定义圆，见图3-93。

① 程序：

N10 G0 G90 X130 Y60 S800 M3 LF　　　（圆弧起始点）

N20 G17 G1 Z－2 F100 LF　　　　　　（刀具进给下刀）

N30 CIP X80 Y120 Z－10

I＝IC(85.35) J＝IC(－35.35) K＝－6 LF

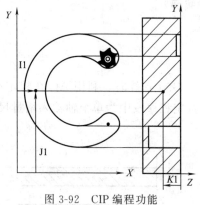

图 3-92　CIP 编程功能

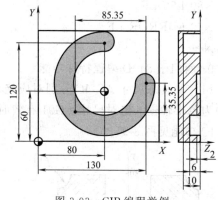

图 3-93　CIP 编程举例

（圆的终点和中点三个几何轴方向的坐标输入）

② 尺寸说明见表3-8。半径，直径，DIAMON，直径和半径之间可自由选择，允许直接用技术图纸上的尺寸编程，无需转换。

表 3-8　尺寸说明

指令	绝对尺寸（G90）	增量尺寸（G91）
DIAMOF	半径（默认值）	半径
DIAMON	直径	直径
DIAM90	直径	半径

③ 编程举例，见图3-94。

N05 G54 G90 G0 X0 Z0 LF　　　　　　（走到起始点）

N10 DIAMOF LF　　　　　　　　　　（直径输入关，默认值为半径）

N15 S900 M03 F100 LF　　　　　　　（给定切削参数）

N20 G01 Z－3 LF　　　　　　　　　（下刀）

N25 G41 X20 Y14 D02 LF　　　　　　（D02为刀具半径补偿号，刀具到 A 点）

N30 Y62 LF　　　　　　　　　　　　（刀具加工直线段到 B 点）

N35 G02 X44 Y86 CR＝24 LF　　　　　（刀具加工 R24 顺圆到 C 点）

N40 G01 X96 Y86 LF　　　　　　　　（刀具加工直线段到 D 点）

N45 G03 X120 Y62 CR＝24 LF　　　　（刀具加工 R24 逆圆到 E 点）

N50 G01 X120 Y40 LF　　　　　　　　（刀具加工直线段到 F 点）

N55 X100 Y14 LF　　　　　　　　　　（刀具加工直线段到 G 点）

N60 X20 LF　　　　　　　　　　　　（刀具加工直线段到 A 点）

N65 G40 X0 Y0 LF　　　　　　　　　（取消刀具半径补偿，刀具到 A 点）

N70 G00 Z50 LF　　　　　　　　　　（抬刀）

N75 M30 LF　　　　　　　　　　　　（程序结束）

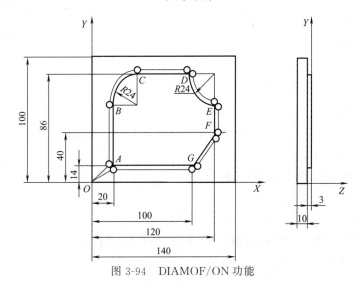

图 3-94　DIAMOF/ON 功能

（4）线性排多列孔的钻孔循环（HOLES1）

① 程序格式：

HOLES1(SPCA，SPCO，STA1，FDIS，DBH，NUM)

② 参数说明，如图 3-95 所示，图中各参数含义如下。

SPCA：参考点的 X 坐标（绝对值）。

SPCO：参考点的 Y 坐标（绝对值）。

STA1：孔中心所在直线与 X 坐标的夹角，取值范围：−180°～180°。

FDIS：第一个孔中心到参考点的距离（无符号数）。

DBH：相邻孔孔距（无符号数）。

NUM：孔的数量。

（5）圆周排多列孔的钻孔循环（HOLES2）

① 程序格式：

HOLES2(CPA，CPO，RAD，STA1，INDA，NUM)

② 参数说明，如图 3-96 所示，图中各参数含义如下。

CPA：圆中心点的 X 坐标（绝对值）。

CPO：圆中心点的 Y 坐标（绝对值）。

RAD：圆周半径（无符号数）。

STA1：初始角。取值范围：$-180° \sim 180°$。

INDA：分度角度。

NUM：孔的个数。

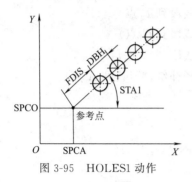

图 3-95　HOLES1 动作

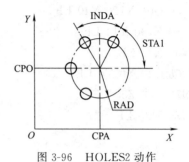

图 3-96　HOLES2 动作

③ 应用举例，如图 3-97 所示。

程序如下：

PMW555. MPF

DEF REAL CPA＝70，CPO＝60，RAD＝42，STA1＝33 LF

DEF INT NUM＝4 LF

N10 G90 F140 S710 M3 D4 T4 LF

N20 G17 G0 X0 Y0 Z2 LF

N30 MCALL CYCLE82（2，0，2，，30）LF

N40 HOLES2（CPA，CPO，RAD，STA1，，NUM）LF

N50 MCALL LF

N60 M30 LF

（6）圆周上的阵列腰形孔的铣削加工循环

① 程序格式：

LONGHOLE（RTP，RFP，SDIS，DP，DPR，NUM，LENG，CPA，CPO，RAD，STA1，INDA，FFD，FFP1，MID）

② 参数说明，见图 3-98。

RTP：退刀平面（绝对值）。

RFP：参考平面（绝对值）。

SDIS：安全距离（无符号数）。

DP：腰形孔深度（绝对值）。

DPR：相对于参考平面的腰形孔深度（无符号数）。

NUM：腰形孔数量。

LENG：腰形孔长度（无符号数）。

CPA：圆中心点的横坐标（绝对值）。

CPO：圆中心点的纵坐标（绝对值）。

RAD：圆半径（无符号数）。

STA1：初始角度。取值范围：$-180°＜STA1 \leqslant 180°$。

INDA：分度角度。

FFD：深度方向上的进给速度。

FFP1：长度方向上的进给速度。

MID：每次切削的最大深度（无符号数）。如果一次加工完毕，则值为 0。

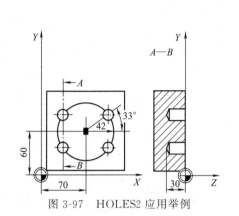

图 3-97　HOLES2 应用举例

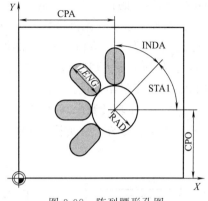

图 3-98　阵列腰形孔图

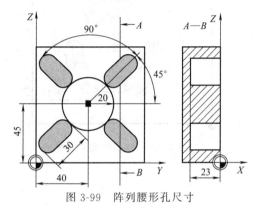

图 3-99　阵列腰形孔尺寸

FAL，VARI，MIDF，FFP2，SSF)

② 参数说明，见图 3-100。

RTP：退刀平面（绝对值）。

RFP：参考平面（绝对值）。

SDIS：安全距离（无符号数）。

DP：槽深（绝对值）。

DPR：相对于参考平面的槽深（无符号数）。

NUM：槽的数量。

LENG：槽的长度（无符号数）。

WID：槽的宽度（无符号数）。

CPA：圆中心点的横坐标（绝对值）。

CPO：圆中心点的纵坐标（绝对值）。

RAD：圆半径（无符号数）。

STA1：初始角度。取值范围：$-180°<STA1\leqslant180°$。

INDA：分度角度。

③ 程序举例，见图 3-99。

N10 G19 G90 D9 T10 S600 M3 LF

N20 G0 Y50 Z25 X5 LF

N30 LONGHOLE (5，0，1，，23，4，30，40，45，20，45，90，100，320，6) LF

N40 M30 LF

（7）圆周排列的长槽铣削加工循环

① 程序格式：

SLOT1 (RTP，RFP，SDIS，DP，DPR，NUM，LENG，WID，CPA，CPO，RAD，STA1，INDA，FFD，FFP1，MID，CDIR，

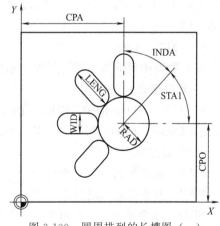

图 3-100　圆周排列的长槽图（一）

FFD：深度方向上的进给速度。

FFP1：长度方向上的粗加工进给速度。

MID：粗加工每次切削的最大深度（无符号数）。如果一次加工完毕，则值为0。

CDIR：槽加工的铣削方向。取值：2（＝G2）或3（＝G3）。

FAL：精加工余量（无符号数）。

VARI：加工类型。取值：0＝全部加工，1＝只进行粗加工，2＝只进行精加工。

MIDF：精加工最大切削深度（无符号数）。

FFP2：精加工进给速度。

SSF：精加工主轴转数。

③ 程序举例，零件尺寸见图3-101。

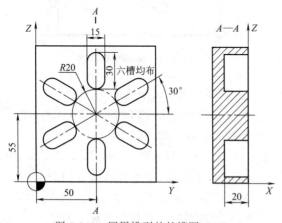

图 3-101　圆周排列的长槽图（二）

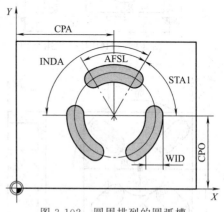

图 3-102　圆周排列的圆弧槽

编程如下：

N10 G19 G90 D10 T10 S600 M3　LF

N20 G0 Y20 Z50 X5　LF

N30 SLOT1 (5，0，2，−20,, 6，30，15，50，55，20，30，60，100，320，6，2，0.5)　LF

N40 M30　LF

（8）圆周排列的圆弧槽铣削加工循环　典型零件图见图3-102。

① 程序格式：

SLOT2 (RTP，RFP，SDIS，DP，DPR，NUM，AFSL，WID，CPA，CPO，RAD，STA1，INDA，FFD，FFP1，MID，CDIR，FAL，VARI，MIDF，FFP2，SSF)

② 参数说明。

RTP：退刀平面（绝对值）。

RFP：参考平面（绝对值）。

SDIS：安全距离（无符号数）。

DP：槽深（绝对值）。

DPR：相对于参考平面的槽深（无符号数）。

NUM：槽的数量。

AFSL：圆弧槽长度方向所占角度（无符号数）。

WID：槽的宽度（无符号数）。

CPA：圆中心点的横坐标（绝对值）。

CPO：圆中心点的纵坐标（绝对值）。

RAD：圆半径（无符号数）。

STA1：初始角度。取值范围：$-180° < STA1 \leqslant 180°$。

INDA：分度角度。

FFD：深度方向上的进给速度。

FFP1：长度方向上的粗加工进给速度。

MID：粗加工每次切削的最大深度（无符号数），如果一次加工完毕，则值为 0。

CDIR：槽加工的铣削方向。取值：2（$=G2$）或 3（$=G3$）。

FAL：精加工余量（无符号数）。

VARI：加工类型。取值：0＝全部加工，1＝只进行粗加工，2＝只进行精加工。

MIDF：精加工最大切削深度（无符号数）。

FFP2：精加工进给速度。

SSF：精加工主轴转数。

③ 程序举例，见图 3-103。

DEF REAL FFD＝100

N10 G17 G90 D1 T10 S600 M3 LF

N20 G0 X60 Y60 Z5 LF

N30 SLOT2 (2，0，2，-23,，3，70，15，60，60，42,，120，FFD，FFD＋200，6，2，0.5)LF

N40 M30 LF

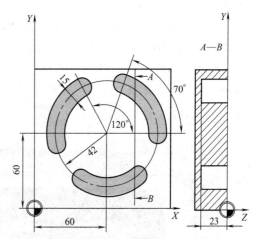

图 3-103　圆周排列的圆弧尺寸图

3.5　自动编程简介

所谓自动编程就是利用计算机专用软件来编制数控加工程序。编程人员只需根据零件图样的要求，合理地使用数控软件提供的加工策略，由计算机自动地进行数值计算及后置处理，编写出零件加工程序单，加工程序通过直接串口通信的方式送入数控机床，指挥机床工作。与手工编程相比，数控自动编程产生的程序长度较长，程序量较大，运行时间可能会稍长，但自动编程使得一些计算繁琐、手工编程困难或无法编出（如复杂曲面加工）的程序能够顺利地完成，这也是手工编程所无法比拟的。数控自动编程技术是提高数控编程效率的重要手段，也是目前数控技术中发展最快的技术之一。

1. 自动编程软件介绍

自动编程的软件有很多，主要有下面几种。

（1）Unigraphics（UG）　Unigraphics 属于美国 EDS 公司，是世界上处于领导地位的、最著名的几种大型 CAD/CAM 软件之一，具有强大的造型能力和数控编程能力，功能繁多。

（2）MasterCAM　MasterCAM 是美国 CNC Software 公司研制开发的基于 PC 平台的 CAD/CAM 软件，是经济且高效率的全方位软件系统。软件共分成四个模块，分别是 DESIGN 设计模块，MILL 铣床加工模块，LATHE 车床加工模块和 WIRE 线切割加工模块。MasterCAM 具有方便直观的操作界面，提供了零件外形设计及制造所需的理想环境，其 CAD 部分拥有强大而稳定的造型功能，可设计出复杂的曲线、曲面、及三维实体零件，此外，它的 CAM 部分还具有强劲的二维加工、曲面粗加工及灵活的曲面精加工功能。MasterCAM 提供了多种先进的粗加工策略，以提高零件加工的效率和质量，还具有丰富的曲面精加工功能，可以从中选择最好的方法，加工最复杂的零件，MasterCAM 的多轴加工功能，为零件的加工提供了更多的灵活性。MasterCAM 是一种简单易学、经济实用的 CAD/CAM 软件。

（3）CAXA 制造工程师　CAXA 制造工程师是我国北京北航海尔软件有限公司开发的一款 CAD/ CAM 软件，作为国产 CAD/CAM 软件的代表，充分考虑中国特色，符合国内工程人员的操作习惯。该软件高效易学，为数控加工行业提供了从造型、设计到加工仿真、加工代码生成、代码校验等一体化的解决方案。

除了上述软件外，行业中还有很多其他软件，如以色列的 Cimatron、美国的 DASAL 公司的 CATIA、英国 DELCAM 公司的 POWERMILL、美国 PTC 公司的 PRO/E 等。

2. MasterCAM 软件的加工实例

MasterCAM 共有四个模块，在此着重简单介绍 MILL 铣加工模块的刀具路径编写部分。MasterCAM 安装完成后，双击 图标，进入图 3-104 显示页面。

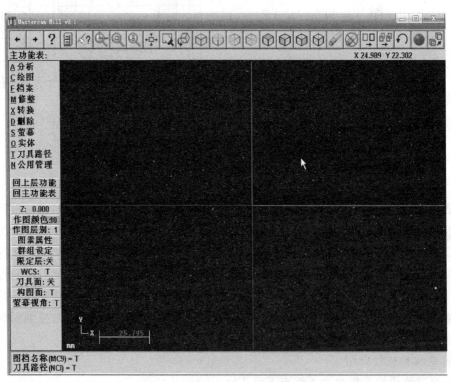

图 3-104　MasterCAM 主菜单显示

在说明实例操作步骤时，为方便叙述，约定如下：

不同菜单之间的命令选项的选取用→表示，如［刀具路径］→［曲面加工］→［粗加工］，实际的菜单选取如图 3-105 所示。

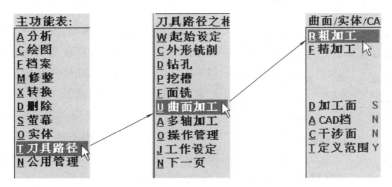

图 3-105　分层菜单显示

（1）打开文件　在本书中，以 MasterCAM 软件附带的例子进行说明。单击主功能表上的［档案］→［取档］，在出现的选档页面上依路径选择：MCAM9—Samples—3D machining，在出现的选择栏里双击"SHALLOW ADD CUTS-M. MC9"打开该图。

打开后，在键盘上同时按下［Alt］＋［S］，可以给打开图的实体或曲面着色，按下［F9］打开该图的坐标系。如图 3-106 所示。

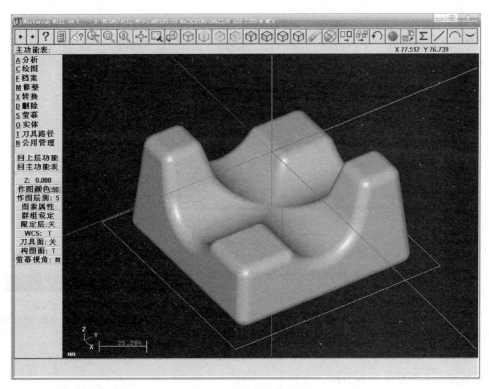

图 3-106　调出实体图形

（2）路径设置　要对该零件编写加工程序，首先要合理选择切削用量。编程时切削用量主要由进给速度、切削深度、切削宽度、主轴转速等几个方面组成，在实际加工中，切削用量受机床刚性及刀具刚性、耐用度影响。所以，还应充分考虑所使用的刀具及机床。假设零件材质为铝合金、机床为 ZXK-32B，基于此，选择高速钢材质铣刀，具体的切削用量在下

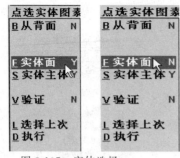

图 3-107　实体选择

面说明中给定。

① 选择零件，导入参数设置。在主功能表上单击［刀具路径］→［曲面加工］→［粗加工］→［挖槽粗加工］→［实体］，再在绘图区选择实体主体，如果实体选择时实体面功能打开的话会影响选择的对象，所以选择前应选将其关闭，方法是用鼠标对其单击使其后面的 Y 变为 N，如图 3-107 所示。

选择实体主体，使主体轮廓变白，单击左边菜单的［执行］，在返回的菜单中再单击［执行］，弹出如图 3-108 所示的挖槽粗加工对话栏，在此进行所有粗加工设置。

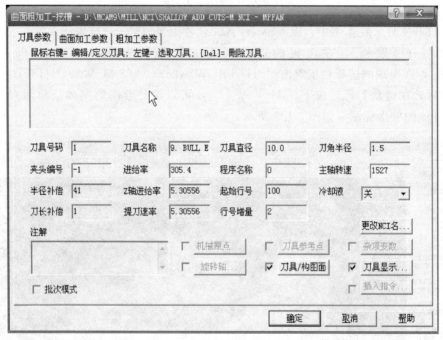

图 3-108　挖槽粗加工对话栏

该对话栏里共有三项设置参数，分别是刀具设置参数、曲面加工参数、具体挖槽粗加工参数。其中刀具设置参数和曲面加工参数也称基础参数，几乎所有曲面加工刀路都要对这两个参数页面进行设置。第三项具体策略加工参数是专门的参数，不同加工策略方法有不同的设置。MasterCAM 提供了 4 种二维加工方法，8 种曲面粗加工方法，10 种曲面精加工方法，加工方法决定具体的走刀路径及过程。在该对话栏的设置过程中，基本上是按从左到右的顺序进行。

② 刀具参数及工件设置。要对零件进行加工就要先建立加工所用的刀具。在图 3-108 对话栏的刀具参数设置项目中，用鼠标在对话栏中上方的白色长方形空格

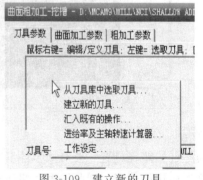

图 3-109　建立新的刀具

位置单击右键，在弹出的快捷菜单中第二行单击［建立新的刀具］，如图 3-109 所示，单击

［建立新的刀具］后系统会弹出一个具体的刀具设置栏目，如图 3-110 所示。

在设置的过程中，应先选择刀具的型式，即刀具的几何外形样式，如平刀或球头铣刀等。该次设置为粗加工设置，所以在此选择平刀。把鼠标移到图 3-110 对话栏的左上角第一个图标（即平刀图标）上单击，系统自动切换到刀具的几何参数对话栏。

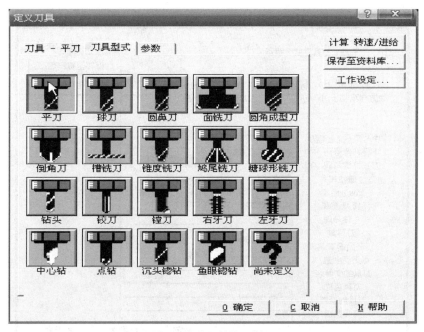

图 3-110 刀具设置栏目

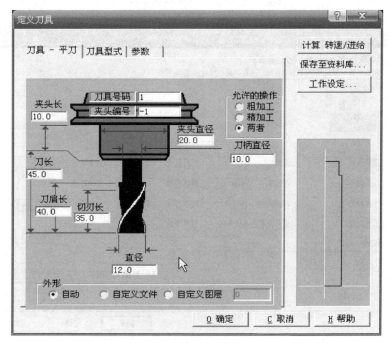

图 3-111 刀具参数设置

在刀具的几何参数对话栏中对刀具的几何参数进行设置，设置后如图 3-111 所示。刀具的几何参数应按机床刀具夹持的实际情况来填写，填写完后，再单击第三项加工参数设置。在该项参数中进行切削参数设置，如设定主轴的转速、进给速度等，但刀具的单次切削深度不在该项参数里面。按图 3-112 所示进行设置。

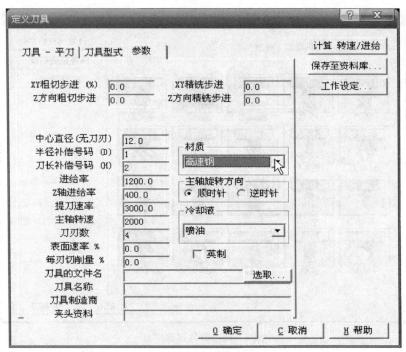

图 3-112　刀具参数设置栏

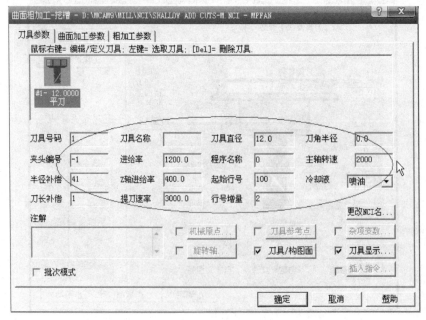

图 3-113　刀具参数

设置完成后，单击图 3-112 下方［确定］返回挖槽粗加工对话栏（图 3-108），返回后，刀具参数会按刚才的设置显示在该页的中间（见图 3-113），也可在该页面上进行修改，但如果下一个刀路也选择这把铣刀进行加工时，刀具参数按里面设置生效，这里的修改对其无效。

刀具参数设置完成后，在白色方框中再次点右键，在弹出快捷菜单中选择［工件设置］（见图 3-114），弹出工件毛坯设置对话栏，如图 3-115 所示。按实际加工的毛坯大小进行如图设置，然后单击确定返回。

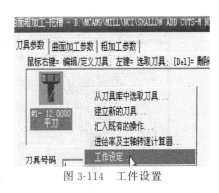

图 3-114　工件设置

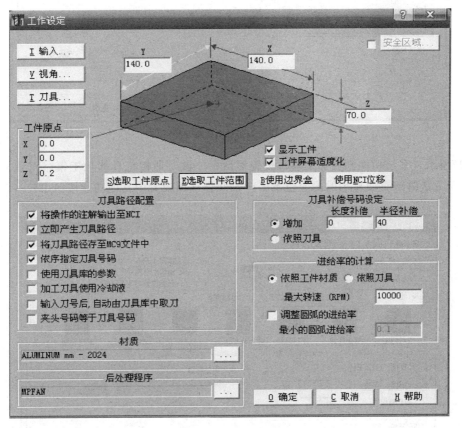

图 3-115　毛坯参数设置

③ 曲面加工参数设置。单击挖槽粗加工对话栏的［曲面加工参数］设置项目，进入如图 3-116 所示的对话栏。按图中所圈点的数值及选项进行设置。

图中几个参数的具体含义如下。

参考高度：当每层挖槽粗加工完成后 Z 轴提刀的绝对坐标高度。

进给下刀位置：每层切削加工开始时 Z 轴下切的绝对坐标高度。

在加工面预留量：精加工的余量。

该项设置应按实际需要进行填写。

④ 加工参数设置。第二项曲面加工参数设置完成后，单击第三项［粗加工参数］，如

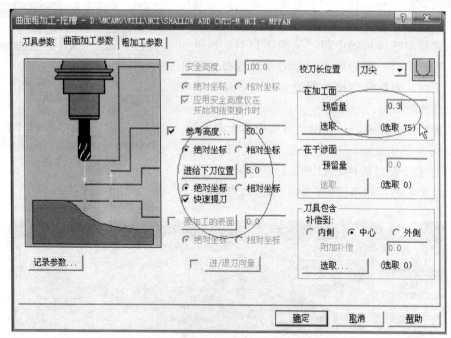

图 3-116　曲面加工参数设置

图 3-117 所示，系统切换到粗加工参数设置对话栏。该对话栏是具体加工策略对话栏，采用不同加工方法时该页面显示的内容也不一样，并且该项设置中其他功能按钮也较多。

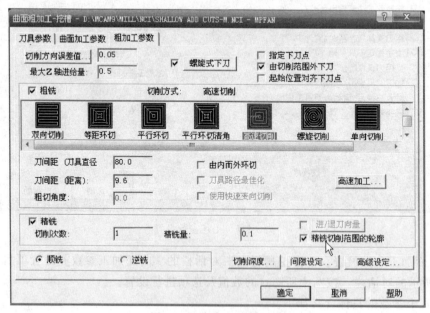

图 3-117　粗加工参数设置

图中各参数的含义如下。

切削方向误差：为当前刀具加工时允许的最大误差，该值越大，误差越大，软件系统处理计算及实际加工速度越快。应按实际情况取值，粗加工取值大一点，精加工取值小一点。

最大 Z 轴进给量：粗加工时每次铣削的 Z 轴方向加工深度，设置此项时应充分考虑机床及刀具的刚性。

刀间距：同一加工平面上铣刀每次铣削的宽度。此参数共有两个填写项，第一项是按刀具直径的百分比来定刀间距，第二项是按实际填写尺寸来定，这两个参数是互动的，比如设置了第一项，第二项也会显示出相应的具体数值，如图示刀具直径为 12mm，刀间距百分比为 80%，则第二项会自动计算出相应的数值 9.6。如果先设置第二项，第一项也会自动显示出刀间距的百分比。

精铣：每层粗加工完成后是否对粗加工的轮廓进行精加工，如果是，则把［精铣］前的方框钩上，然后在下面填写相关参数。

顺铣、逆铣：选择相应的铣削方式，顺铣有利于排屑，但不利于保护刀具，逆铣则相反，一般切削量不大时选择顺铣，如高速加工及精加工，切削量大时选择逆铣，如粗加工。

由切削范围外下刀：钩选后，Z 轴方向下刀切削时的下刀点将会在工件毛坯范围外，避免下刀时出现"踩刀"现象。

切削方式：选择粗加工的走刀方式。该项参数可选项较多，也较复杂，如图 3-118（a）所示。

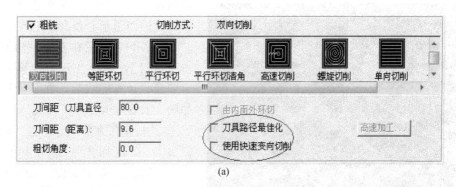

(a)

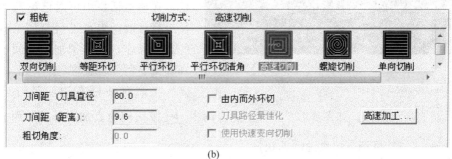

(b)

图 3-118　切削方式选择及其参数

在图 3-118（b）中，图标表示走刀的具体方式，如当前选择的是高速切削，下面的刀间距、粗切角度等是高速切削走刀方式的具体参数，当选择其他走刀方式时，下面的参数也会有所变化，如图 3-118（a）所示，圈点部分变成可选项，而上面的一项则变成不可选。

切削深度：加工深度辅助设定。单击［切削深度］按钮，弹出如图 3-119 所示对话栏。

该对话栏里面共有两种表达方式，分别是绝对坐标表示和相对坐标表示。按如图数值进行设置，单击［确定］返回。

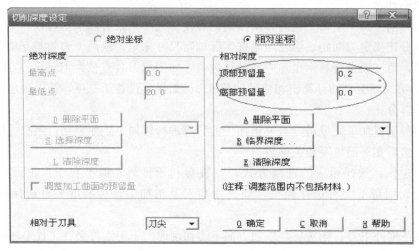

图 3-119　加工深度设定

到此，三项参数均已设置完成，单击［确定］，此时系统会在主功能表上出现提示选择切削范围的信息。用鼠标选择该零件实体外面的四边形，使其颜色变白（如图3-120所示），然后在左边主功能表处单击［执行］，系统会开始计算刀具的走刀路径。计算完成后，在显示屏上绘图如图 3-120 所示。

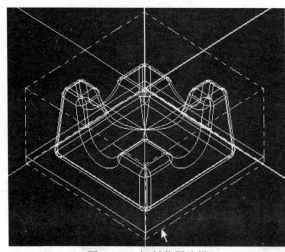

图 3-120　切削范围选择

⑤ 模拟仿真加工。单击［回上层功能表］，在返回上一级菜单中再选择［操作管理］，弹出如图 3-121 所示对话栏。在该对话栏中可对已编写的刀具路径进行修改，也可进行与加工有关的一些其他操作，如模拟加工时间、模拟仿真加工、后处理程序等。

在该对话栏右边，单击［实体验证］进入仿真加工页面，如图 3-122 所示。点击图中 ▶ 按钮使仿真加工开始，而右边按钮 可调节仿真速度的快慢。

仿真加工可以让编程工作者验证自己所编写的程序，判断其合理性及是否需进一步完善。仿真加工完成后的工件形状如图 3-123 所示。

⑥ 精加工。粗加工完成后，可对工件进行半精加工或精加工，鉴于工件部分地方（如凹弧底部）切削余量较大，所以不宜在此基础上进行精加工，应先对该部分轮廓先进行半精加工，再进行精加工。而该零件四个凸台顶部均为平面，如果用球刀精加工则太慢，应用平刀进行精加工，此外，在零件的底部，因球刀的头部是一个半圆，无法高效地对该部分进行

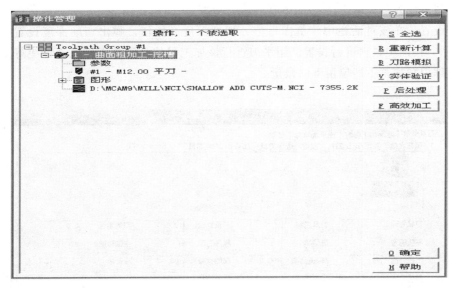

图 3-121　刀路操作管理

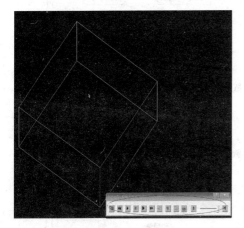

图 3-122　仿真加工

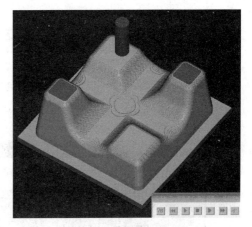

图 3-123　工件形状图

精加工，故也应用平刀来完成，其他部分用球刀完成精加工。

　　先将系统返回主功能表，再依次选择：［刀具路径］→［曲面加工］→［精加工］→［浅平面加工］→［实体］，关闭实体主体，采用实体面选择的办法选择零件四个凸台顶部的平面，使其边框变红，单击［执行］按钮两次弹出浅平面加工参数设置对话栏，如图 3-124 所示，选择粗加工所用平刀，按图设置刀具参数。单击［曲面加工参数］进入如图 3-125 所示对话栏，按如图所示参数设置，将加工面的预留量设为零。

　　单击［浅平面精加工参数］进入如图 3-126 所示对话栏，按如图所示参数设置。

　　单击［确定］返回，这时系统提示区会出现选择切削范围的提示，不作任何选择，单击［执行］完成设置。此时系统绘图区会出现如图 3-127 所示刀具路径图形。

　　返回系统主功能表，再依次选择：［刀具路径］→［曲面加工］→［精加工］→［等高外形］→［实体］，关闭实体主体，采用实体面选择的办法，选择该实体的侧边各实体面，单击［执

117

行]两次弹出[等高外形加工]对话栏,选择粗加工所用平刀。单击[曲面加工参数],将加工面预留量设为零。单击[等高外形精加工参数],弹出如图 3-128 所示对话栏,按图中所示参数设置。在该对话栏中,单击下方[切削深度]按钮,弹出切削深度设置栏,如图 3-129 所示,按图中数据进行设置。用平刀进行该加工目的是让该零件底部能更好地进行清角,避免球刀精加工不到位留下的余量。

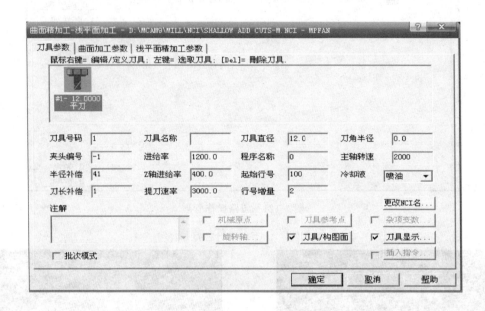

图 3-124　刀具路径参数设置对话栏

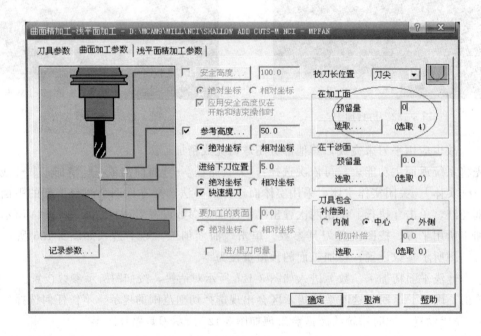

图 3-125　曲面加工参数设置栏

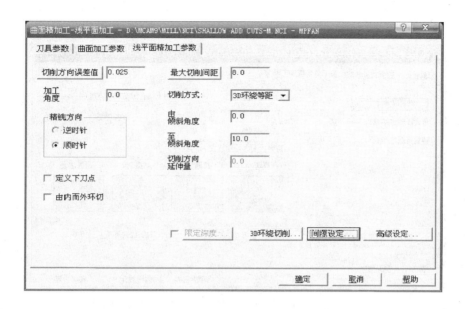

图 3-126 浅平面精加工参数设置栏

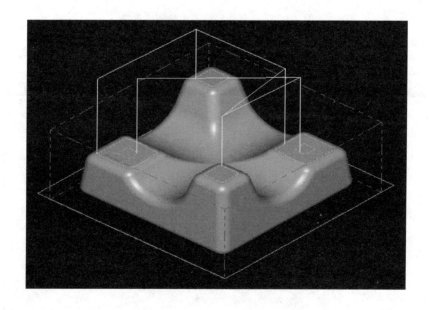

图 3-127 刀具轨迹图

单击［确定］及［执行］返回，系统经计算处理后得出图 3-130 所示的刀具路径图形。

返回系统主功能表，再依次选择：［刀具路径］→［曲面加工］→［精加工］→［环绕等距］→［实体］，关闭实体主体，采用实体面选择的办法选择图 3-131 所示的各实体面（红色部分）。

单击［执行］弹出环绕等距精加工设置对话栏，如图 3-132 所示，因为该次为精加工曲面的加工，不能使用平刀完成，应该使用球头铣刀，所以在弹出的对话栏中应新建一刀具，其过程跟粗加工平刀设置相似。

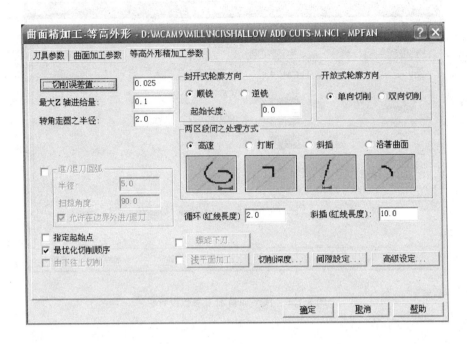

图 3-128 等高外形精加工参数设置栏

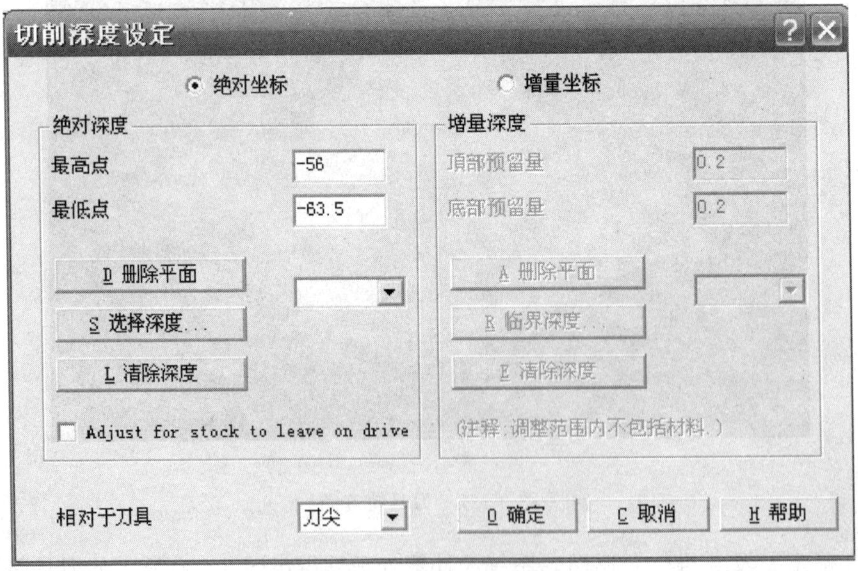

图 3-129 加工深度设定

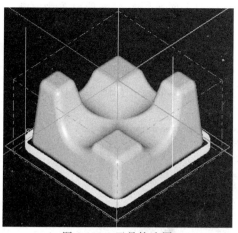

图 3-130 刀具轨迹图

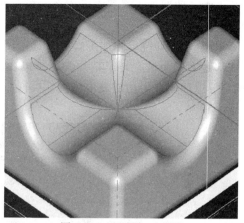

图 3-131 选择加工范围

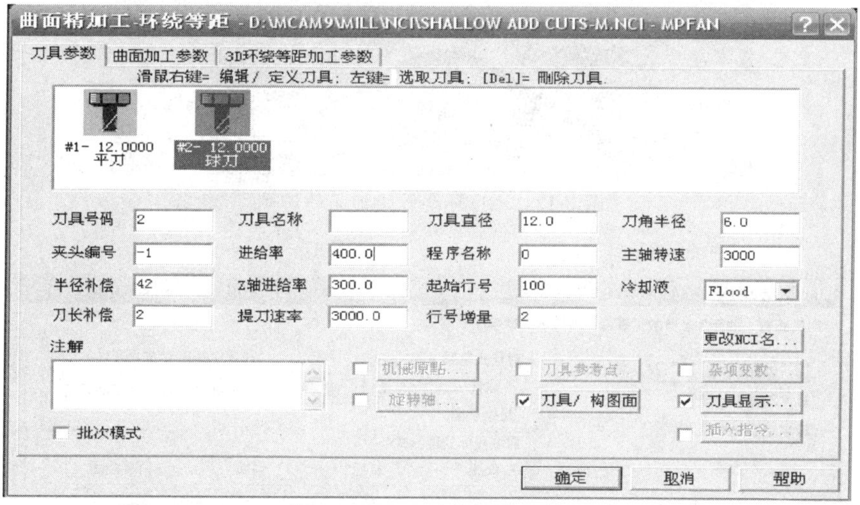

图 3-132 刀具参数设置栏

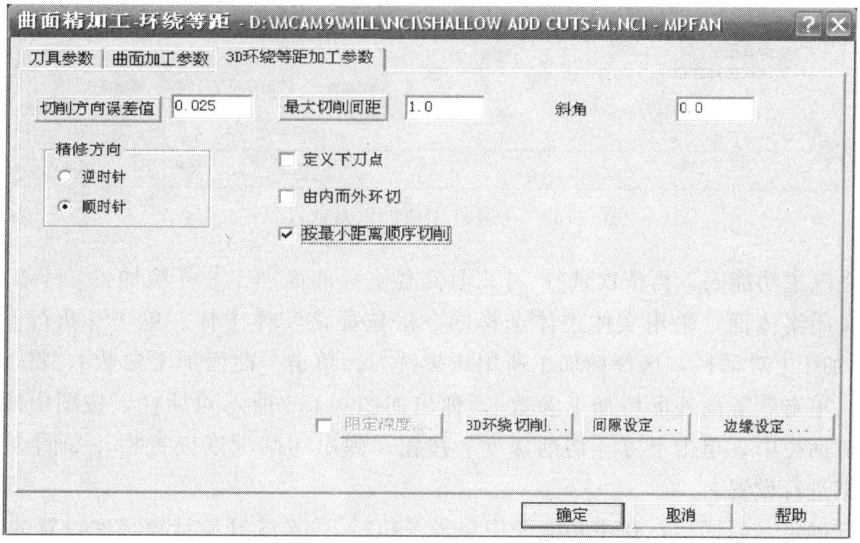

图 3-133 3D 环绕等距加工参数设置栏

单击［曲面加工参数］进入下一级对话栏，把［在加工面预留量］一项设置为 0.1，其他不变。

单击［3D 环绕等距加工参数］进入图 3-133 所示对话栏。因为此次加工目的是清除圆弧底部过多的余量，是半精加工，所以各项参数宜取较大值，按如图所示进行设置。单击［确定］返回，在主功能表中单击［执行］，系统开始计算刀具轨迹，如图 3-134 所示。

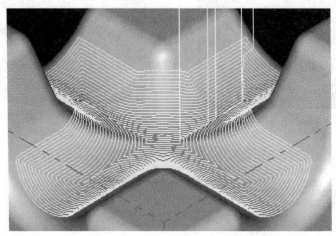

图 3-134　3D 环绕等距加工轨迹图

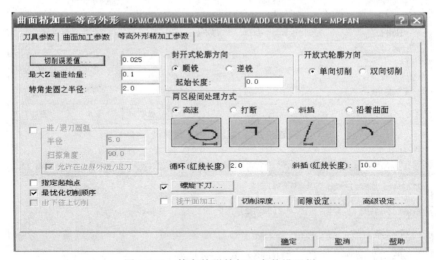

图 3-135　等高外形精加工参数设置栏

返回系统主功能表，再依次选择：［刀具路径］→［曲面加工］→［精加工］→［等高外形］→［实体］，关闭实体面，采用实体主体选择的办法选择该实体主体。单击［执行］两次弹出［等高外形加工］对话栏，选择精加工所用球头铣刀。单击［曲面加工参数］，将加工面预留量设为零。单击［等高外形精加工参数］，弹出如图 3-135 所示对话栏，按图中所示参数设置。在该对话栏中，单击下方［切削深度］按钮，弹出切削深度设置栏，如图 3-136 所示，按图中数据进行设置。

单击［确定］返回后，在主功能表中单击［执行］，系统开始计算该次设置的刀具轨迹，完成后，返回主功能表。

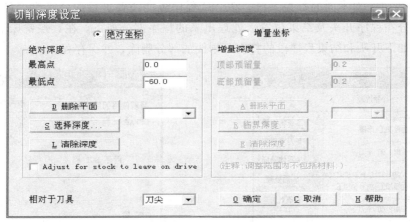

图 3-136　加工深度设定

至此，刀具路径已全部完成。验证过后，如果没有发现问题，就可以将该批刀具路径进行后处理生成程序。单击［刀具路径］→［操作管理］，弹出如图 3-137 所示工具栏，单击右上角［全选］按钮，在每个刀具路径的名称前都打上钩，再点击［实体验证］按钮，按前面陈述的方法对该批刀具路径进行模拟加工。模拟完后如图 3-138 所示。

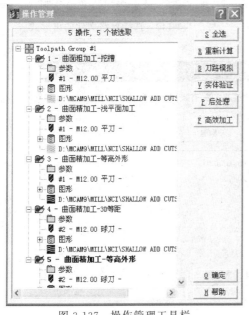

图 3-137　操作管理工具栏

图 3-138　工件形状图

在模拟仿真加工过程中要注意观察刀具的运动状况，留意在切削的过程中是否会出现碰撞等问题。在仿真完成后，就可以对所编写的刀具路径进行后置处理，通过后置处理程序把刀路文件转换成适合机床识别的零件程序文件。在转换时，一般情况下，把使用相同刀具的刀路文件合在一起处理，但如果要区分粗、精加工则要分开处理。

在主功能表下单击［刀具路径］→［操作管理］弹出如图 3-139 所示工具栏，使用相同刀具的刀路文件都选上，然后单击右边工具栏的［后处理］，系统会弹出图 3-140 所示选择栏。

在该选择栏中，如图所示进行勾选，单击［确定］。如果在图 3-139［操作管理］中还有一个或多个刀路文件还没有被选择，在单击图 3-140 的［确定］后，系统会弹出图 3-141 所示的提示栏，单击［否］，系统开始把刀路文件进行转换，当转换完成后，会弹出后缀为

".NC"程序文件。对不同的数控系统,该 NC 程序可能还要进行部分修改才可用于加工,一般修改部分在程序开头及结束位置。处理出来的程序部分如下,在数控铣床上进行加工时,应该把如下开头和结束程序段的打有下划线的部分删除,并保存程序。

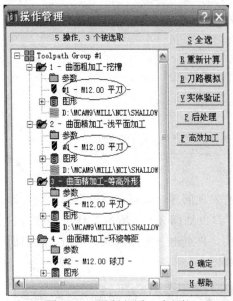

图 3-139　选择相同刀路文件

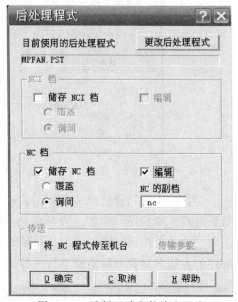

图 3-140　选择刀路文件输出形式

图 3-141　后处理输出提示

开头部分:
%
O0000
(PROGRAM NAME-12)
(DATE=DD-MM-YY -22-05-08 TIME=HH:MM - 17:10)
N100G21
N102G0G17G40G49G80G90
(TOOL- 1 DIA. OFF. -41 LEN. -1 DIA. -12.)
N104T1M6
N106G0G90X-68.38Y-82.776A0.S2000M3
N108G43H1Z50.M8
结束部分:
N2392G0Z5.0
N2394Z50.0
N2396M5

N2398G91G28Z0.0M9

N2400G28X0.0Y0.0 A0.0

N2402M30

%

精加工部分的后处理过程及方法与粗加工的方法基本一样。

后处理完成后，就可以把程序传送到机床侧进行加工。GSK983M 铣床数控系统提供了两种传送的方法，一是用电脑与机床的 RS232 串联通信接口直接连接，二是采用 USB 串联通信转换模块，由于后者只需要一只 USB 接口的可移动磁盘就能完成数据传输任务，在传输过程中不需要用到电脑，故该模式在该型号中应用较广。把后处理出来的加工程序及厂家提供的引导文件一起复制到可移动磁盘中，再把该可移动磁盘插入 USB 串联通信转换模块中，就可以在机床中使用 DNC 方式调用该程序了。

复　习　题

一、名词解释

1. 手工编程——

2. 自动编程——

3. 程序——

4. 快速定位——

5. 直线插补——

6. 固定切削循环——

7. 圆柱插补——

8. 极坐标系——

二、填空题

1. 当前在数控机床的程序加工中，应用最广泛的编程系统是_____和_____。

2. 一个完整的程序由_____、_____和程序结束符三部分组成。

3. 程序的内容是由许多_____组成的，每个程序段是由一个或若干个_____组成的，信息字是由_____和_____及符号组成。

4. 在西门子编程系统中，程序号的标识符是_____；在法拉克编程系统中，程序号的标识符是_____。

5. 西门子编程系统的子程序代号用字母_____，子程序结束指令是_____。

6. 程序结束是由辅助功能指令_____或_____执行的。

7. 程序的主要功能指令有：准备功能____代码，辅助功能____代码，刀具功能____代码，进给功能____代码，主轴转速____代码。

8. 编程系统规定的坐标值范围用 X±53、Z±53、Y±53 表示_____和_____。

9. 在轮廓加工中，为了编程方便，通常用刀具补偿功能指令_____和_____。

10. 极坐标系的三要素是_____、_____、_____。

三、问答题

1. 什么是刀具的半径补偿和刀具长度补偿？

2. 简述刀具半径补偿 G41/G42 的判断方法？其补偿值必须等于刀具半径吗？为什么？

3. 数控加工中什么叫插补运动？

4. 为什么要进行刀具半径补偿？

5. 铣削圆弧时，怎样判断 G02/G03 圆弧插补的方向？

6. 为什么要进行刀具半长度补偿？

7. 怎样在零件图上设置极坐标系？

8. 在可编程镜像方式中，哪些指令会发生对应变化？不能有何种 G 代码？

四、编程题

1. 按题图 3-1 所示设置工件坐标系，计算"U"形轮廓各刀位点的坐标和编写程序。

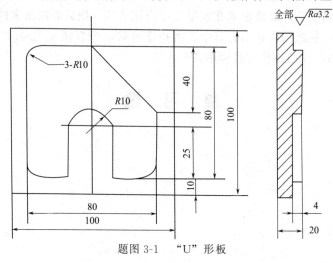

题图 3-1 "U"形板

2. 按题图 3-2 所示圆弧台计算各刀位点的坐标和编写加工程序。

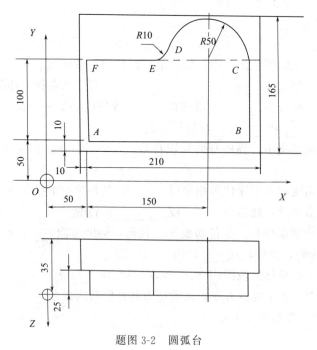

题图 3-2 圆弧台

3. 按题图 3-3 所示异形板建立工件坐标系，计算轮廓的各刀位点的坐标和编写轮廓和孔的加工程序，材料 45 号钢，225～256HB。

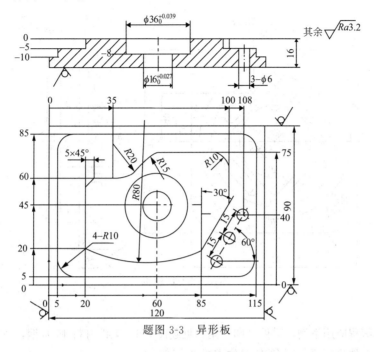

题图 3-3　异形板

4. 按题图 3-4 所示模板建立工件坐标系，计算轮廓的各刀位点的坐标和编写轮廓和孔的加工程序。材料 45 号钢，225～256HB。

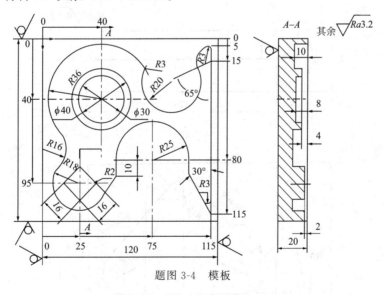

题图 3-4　模板

5. 按题图 3-5 所示凹模建立工件坐标系，计算轮廓和槽的各刀位点坐标和编写轮廓和孔的加工程序。材料铝合金。

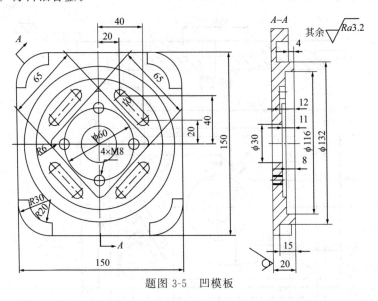

题图 3-5 凹模板

6. 极坐标编程应用举例，零件"圆三角"见题图 3-6。工件材料 45 号钢，225～256HB。

（1）建立工件坐标系，计算各刀位点的坐标值；

（2）用极坐标编程。

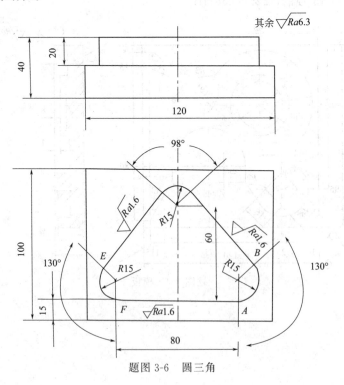

题图 3-6 圆三角

单元 *4*
数控铣镗床编程的工艺知识

教学目标：通过本单元教学，使学生掌握数控铣镗床编程中相关的工艺知识，对所加工的零件能够进行基本的工艺分析，制定合理的加工方案，并在编制零件加工程序时，能够确定工件的定位和装夹方法、合理选择切削刀具的类型和牌号及切削用量、正确设计刀具轨迹和计算坐标尺寸等。

本单元主要讲述数控铣、镗床编程中有关的工艺知识，根据机械加工工艺的基本理论，结合数控机床的功能和编程特点，为零件设计先进而合理的数控工艺和加工程序，达到提高产品质量和生产效率及降低生产成本的目的。

4.1 机械加工工艺的基本知识

数控加工工艺是机械加工工艺的一部分。由于数控机床的功能和结构特点与普通机床不同，加工中使用的刀具和切削用量与普通机床加工相比有较大的区别，所以在学习数控编程的同时，也要掌握数控工艺知识。如果数控工艺不合理，即使编制的加工程序正确，加工出的零件也不会合格，只有先进的数控工艺才能加工出高质量的合格零件。

在机械设备中，对于那些重要和复杂的零件，在编制机械加工工艺过程中，既会有普通机床的加工工序，也可能有数控机床的加工工序，它们之间相互联系，构成了零件的加工工艺全过程。所以零件机械加工工艺包括普通工艺和数控工艺的全部工序和全过程质量控制，才能保证零件的加工质量。所以我们既要学习机械加工工艺的基本知识，还学习数控加工工艺方面的知识。

4.1.1 机械加工工艺规程的基本概念

在机器产品的制造中，由于机器的性能和用途不同，机器零件的材料、形状、尺寸和精度不同，就要制定不同的加工方案和不同的加工工艺过程。

1. 生产过程和工艺过程

（1）生产过程 从机器产品的制造开始，将原材料到制成品之间的全部劳动过程的总和称为生产过程。其中包括原材料的采购、运输、保管、生产准备、毛坯制造、机械加工、装配、试车、检验、油漆和包装、用户安装和技术服务等。

（2）工艺过程 在生产过程中直接改变原材料或毛坯的性能、形状、尺寸或零、部件相互位置关系而成为成品的过程，称为工艺过程。其中，改变原材料的形状和尺寸（铸、锻、焊）成为毛坯是热加工工艺过程，改变毛坯或工件的性能是热处理工艺过程，改变原材料或毛坯的形状和尺寸而成为零件是机械加工工艺过程，改变零、部件相互位置关系是装配工艺过程等。

2. 机械加工工艺过程

在机械加工工艺过程中，根据被加工零件的结构特点和技术要求以及不同的生产条件，需要采用不同的加工方法和选择相应的加工设备，并通过一定的顺序组合，使毛坯变成了成品（零件）。即机械加工工艺过程就是由一个或若干个顺序排列的工序，将毛坯变成零件的全过程。

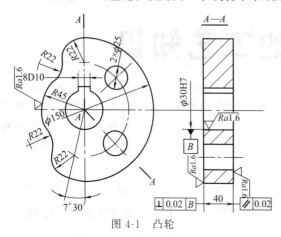

图 4-1 凸轮

（1）工序　在机械加工工艺过程中，工序就是由一个或一组工人在一台设备或一个工作地点，所连续完成一个或几个零件的部分工艺过程，称为一个工序。由一个工人在一台设备上连续完成的那部分工艺过程，叫做机加工序；由一组工人在一个工作地点连续完成的那部分工艺过程，叫做装配工序。零件的加工工序的划分依据是看被加工零件的工作地点是否改变和工作是否连续。

机械加工工艺过程中举例，见图 4-1 盘形凸轮。

该零件的材料为 42CrMo 锻钢，根据零件的形状和尺寸，首先要在车床上加工 $\phi150$ 外圆和厚度 40、内孔 $\phi30H7$ 的圆盘，由于两端面有平行度要求，需要在平面磨床上磨平面，然后在数控铣床上用心轴定位，用程序加工凸轮曲线，还要划 $2\times\phi25$ 和键槽加工线，在钻床上钻 $2\times\phi25$ 孔和在插床上插键槽，所有机加工序完成后，由钳工去毛刺和锐边倒钝，这就是该零件的全部工艺过程。归纳它的机械加工工艺过程共 7 道工序，即：

车→磨→数铣→划线→钻→插→钳工

在这个机械加工工艺过程中，既有机械加工工序，又有钳工工序；既有普通加工工序，又有数控加工工序。

（2）工步　在工序中又是由一个或多个工步组成的。机械加工中，当加工表面、刀具和切削用量不变的情况下，连续加工同一个表面的工艺过程，称为一个工步。在数控工序中，也可以将一次安装中用一把刀具连续加工多个表面划分为一个工步。

（3）走刀　在工步中，刀具相对被加工表面移动一次，切去一层金属的过程称为一次走刀，也叫做一次进给。被加工表面余量越多，走刀的次数也越多。

3. 生产纲领与生产类型

由于机械产品的结构和技术要求有很大的差别，例如，精密机械、轻工机械、重型机械等，虽然它们的制造工艺有着共同的基本方法，但生产规模和产量有很大区别，企业的生产纲领和生产类型也不同，所以其产品的机械加工工艺过程和工艺规程有很大变化。

（1）生产纲领　产品的生产纲领就是产品的年生产量。年生产量确定后可以确定零件的生产纲领，还要包括它的备品和废品率，计算公式如下：

$$N = Qn(1+\alpha)(1+\beta)$$

式中　N——零件的年产量，件/年；

　　　　Q——产品的年产量，台/年；

　　　　n——每台产品中该零件的数量，件/台；

　　　　α——备品的百分率；

　　　　β——废品的百分率。

（2）生产类型 根据产品的生产纲领、产品的尺寸及产品结构特征，将机械产品的生产划分为 3 种不同的生产类型。

① 单件生产。指单个生产不同结构和尺寸的产品，很少重复。例如，新产品试制、重型机械、专用设备的制造等都属于单件生产。

② 批量生产。指一年中分批制造相同的产品，生产过程周期性地重复。每批制造相同的产品的数量称为批量。按照产品的批量及特征，批量生产又可分为小批生产、中批生产和大批生产。

③ 大量生产。产品的生产纲领很大，大多数工作地点长期按照一定的生产节拍进行某一个零件的某一道工序的加工（即流水线作业）。例如，汽车、轴承、拖拉机等。

（3）产品的生产类型与生产纲领的关系，见表 4-1。

表 4-1 生产类型与生产纲领的关系

生产类型		生产纲领/件		
		轻型零件	中型零件	重型零件
单件生产		≤100	≤10	≤5
成批生产	小批	>100～500	>10～150	>5～100
	中批	>500～5000	>150～500	>100～300
	大批	>5000～50000	>500～5000	>300～1000
大量生产		>50000	>5000	>1000

由于生产类型的不同，产品和零件的制造工艺、工艺装备、技术措施等都有很大的区别，大批大量生产是采用专用设备和工艺装备进行工序分散的制造工艺方法。单件小批生产是采用通用设备和部分数控设备进行工序集中的制造工艺方法。各种生产类型的工艺特征见表 4-2。

表 4-2 各种生产类型的主要工艺特征

工艺特征	生产类型		
	单件小批生产	成批生产	大批大量生产
毛坯的制造方法	铸件用木模手工造型，锻件用自由锻，毛坯精度低，余量大	部分铸件用金属模造型，部分锻件用模锻，毛坯精度和余量中等	铸件用金属模造型，锻件用模锻，毛坯精度高，余量小
机床设备及布局	通用机床、数控机床。按类别机群式布置	部分通用机床、数控机床和高效机床，按工件类别分工段布置	广泛用高效专用机床和自动机床。按流水线和自动线布置
工艺装备	多采用通用夹具、刀具、量具，用划线和试切法达到精度要求	广泛用夹具、部分用划线和找正达精度要求。多用专用刀具和量具	广泛用高效率夹具、刀具和量具。用调整法达到精度要求
工人技术水平	需要技术熟练工人	需技术比较熟练工人	对操作工人技术要求低，对调整工人的技术要求高
工艺文件	有加工工艺卡，关键零件工序卡，数控加工工序卡和程序单	有加工工艺卡，关键零件工序卡，数控加工详细工序卡和程序单	有加工工艺卡和工序卡，关键工序调整卡和检验卡
生产率	低	中等	高
成本	高	中等	低

4.1.2 机械加工工艺规程的制定

1. 工艺规程的定义

将零件的机械加工工艺过程和操作方法按一定的格式编写成工艺技术文件，经过审批后用于指导和组织生产，这些工艺文件称为工艺规程。

2. 工艺规程的作用

工艺规程是在总结实际经验的基础上，依据工艺理论或工艺实验和研究成果制定的工艺文件，反映了机械加工中的客观规律。合理的工艺规程具有如下的作用。

（1）工艺规程是指导生产的主要技术文件　工艺规程是制定生产计划、组织和调度产品的生产进度，保证良好的生产秩序和产品质量，提高生产效率和经济效益的技术文件。

（2）工艺规程是新产品投产前进行技术准备和生产准备的主要依据　在新产品投产前，需要准备刀具、夹具、量具的设计和制造或采购；原材料、半成品、外购件的订货；机床负荷的调整和人员的安排；生产计划的编排和生产成本的核算等，都以工艺规程为基本依据。

（3）工艺规程是新建或扩建工厂或车间的原始资料　在新建或扩建工厂或车间时，只有根据工艺规程和生产纲领才能正确地确定生产所需要的机床和辅助设备的种类、规格和数量，计算车间的面积，安排机床的布局，确定生产人员的工种和等级、数量，该项目的投资总额预算等。

3. 工艺规程制定所需的原始资料

制定工艺规程时需要以下原始资料：

① 产品的装配图和零件图；

② 产品的生产纲领；

③ 产品验收的质量标准；

④ 现有的生产条件和相关技术资料，包括生产设备、工艺装备、工人技术等级和工艺技术资料等。

4. 工艺规程的类型和格式

机械加工工艺规程的类型和格式可参照原机械工业部制定指导性技术文件 JB/T 9169.5—1998 ［工艺管理导则　工艺规程设计］ 和 JB/T 9165.2—1998 ［工艺规程格式］，但不同的工厂或企业制定的工艺规程的类型和格式不尽相同。

机械加工工艺规程的主要类型有如下几种。

① 产品工艺路线明细表。确定零件的生产过程顺序和所属车间，便于生产计划和调度。

② 机械加工工艺过程卡。对于精度不高、形状不复杂的零件，过程卡中只写工序过程（工序名称、设备代号、工时定额），没有工序的指导内容。

③ 机械加工工艺卡。用于普通机床加工精度高、形状复杂的零件，重要和大型产品的生产都采用一件一卡的工艺文件。

④ 数控加工工艺卡。用于有数控工序的零件，也包括普通工序。

⑤ 数控加工工序卡。用于数控加工工艺卡中重要而复杂的数控工序文件。

⑥ 数控加工程序单和刀具轨迹图。用于指导操作工人进行数控加工。

⑦ 数控加工刀具预调卡。用于数控加工前进行刀具预调，记录各刀具的半径和长度值。

⑧ 产品劳动工时定额表。用于考核工人完成的定额和计算报酬，以及计算产品的成本。

⑨ 产品制造的工装订货明细表。用于生产或外购产品制造所需要的刀具和工装辅具等。

⑩ 产品的装配和试车工艺文件。

4.1.3　机械加工工艺规程制定的步骤

机器产品的机械加工工艺规程制定的主要步骤如下。

1. 零件的加工工艺分析

无论是工艺员还是数控机床的技工，都要对被加工零件进行工艺分析，制定正确的加工方案，保证零件加工合格。

零件的工艺分析是工艺规程制定前的重要工作，分析的内容主要有零件轮廓形状加工的工艺性、零件结构和尺寸的正确性、形位公差和表面粗糙度的正确性和合理性，毛坯种类和热处理要求对加工工艺方案的影响等。分别说明如下。

（1）首先要了解被加工零件在产品中的功用　主要目的是了解该零件在产品中的装配位置和作用，各项技术要求制定的依据，然后确定主要技术和精度要求，为制定正确而合理的工艺规程打下基础。

（2）仔细审查零件图的正确性和工艺性　由于设计图纸的工艺性可能存在有不合理的地方，所以在编制加工工艺和加工程序前，就要审查构成零件轮廓形状的完整性和尺寸精度的合理性。如果轮廓表面的工艺性不好，尺寸精度过高，就难以达到零件的加工要求。同时要检查零件图尺寸是否有错误或遗漏或标注不合理，这些会给编程造成错误而使加工零件不合格或产生废品。

（3）分析零件的尺寸公差、几何公差和表面粗糙度要求　针对零件图纸对这些精度方面的要求，要正确选择数控加工机床、切削刀具、装夹方法。在数控加工工序的编程中，它们也是程序中确定主轴速度、刀具精度和合理的切削用量的依据。

（4）认真分析零件毛坯种类、毛坯的尺寸余量、零件材料和热处理状态　在制定工艺方案时，要合理安排热处理前后的工序和精加工余量；根据零件材料加工性能选择合适的刀具材料和刀具几何角度；毛坯种类和尺寸的实际余量也是编程时确定切削循环中有关参数的依据。

根据 ISO 9000—1 质量保证体系的规定，认真对零件进行工艺分析是工艺人员和机床操作工人应尽的职责。在工艺分析中发现图纸中有不清楚、不合理、不正确的地方，应及时向设计和工艺部门联系，在设计人员解决了所提出的问题并履行了修改手续之后，才能对零件进行程序编制和加工，绝不能对图纸中发现的问题不及时报告或自行处理，由此而引起的加工质量问题，当事者应承担相应的责任。

2. 普通加工工艺与数控加工工艺的划分

为了保证产品的制造质量，提高生产效率和降低生产成本，企业和工厂都购买了一定数量的高精度先进数控机床作为保障措施。在进行产品零件的机械加工工艺分析时，要根据数控机床的性能和加工范围，将重要零件的重要工序划分为数控加工。

（1）零件划分为数控加工的主要原则

① 零件的加工表面形状复杂，普通机床无法加工；

② 零件的精度要求很高，普通机床很难达到加工要求；

③ 虽然普通机床能够加工，但需要准备专用工装，而在数控设备上加工不需要专用工装就能够加工的零件，这就节省了成本，减少了生产准备周期；

④ 在普通机床上加工效率低，生产时间长，而劳动强度又很大的零件。

由于数控机床的价格昂贵，生产和维护的费用高，在产品加工工艺分析时，要严格掌握数控加工划分的原则，以降低生产成本，延长数控机床的使用寿命。

（2）不宜在数控机床上加工的零件

① 需要先进行粗加工的零件，不能直接安排在数控机床上进行加工，应先安排普通机床进行粗加工，减少数控机床的加工台时，以降低生产成本；

② 在数控机床上需要进行较长时间划线、调整与修配的内容，应该另行安排工序完成；

③ 能够用组合夹具在普通机床上加工的零件表面；

④ 刚性不好的焊接件，在加工中会产生强烈振动，损坏数控机床的精度；

⑤ 容易产生粉尘的零件，如铸铁件，因为加工中的粉尘会污染数控机床运动部件，加快主轴和导轨磨损；

⑥ 超负荷的零件。

（3）数控工序与普通工序之间的衔接　当零件的加工工艺较复杂，整个工艺过程中有一或二道数控工序，其余是普通工序，在编制加工工艺时必须考虑工序之间的工艺衔接。如果衔接不好，就会发生加工质量问题。

① 根据零件的工艺和技术要求，合理安排加工顺序，哪些表面先加工，哪些表面后加工；哪些表面在数控工序前加工，哪些表面在数控工序后加工；

② 根据基准先行原则，普通工序要为数控工序加工出定位基准和找正基准；

③ 当零件的数控加工余量很大时，要先安排普通工序进行粗加工，以减少数控工序的加工余量，降低数控加工的生产成本；

④ 在某些情况下，数控工序要为后面的普通工序加工出找正基准或测量基准等。

建议有数控工序加工的零件由一个工艺员编制加工工艺和程序，如果将数控工序与普通工序分别由2个工艺分别编制，就可能出现工艺不能相互衔接的问题。

3. 零件加工工艺方案的制定

在进行零件工艺分析后就要制定加工方案，然后编制工艺规程。零件的加工方案包括零件整个加工工艺过程方案和重要工序的加工方案。在制定具体零件的加工方案时，应根据零件轮廓形状的复杂程度，尺寸精度和形位精度要求，零件批量大小，结合具体的生产条件和机床精度等制定先进而合理的工艺方案。

一般情况下，简单的零件只需编写加工工艺过程，产品的重大零件的加工工艺方案要有零件的整体加工方案和各重要工序的加工方案。在重要工序的加工方案中要明确主要轮廓表面的加工方法和加工设备、所采用的刀具和工装、重要尺寸的测量方法及其技术保障措施。

零件的整体加工工艺方案制定的一般原则如下。

（1）基准先行　在安排零件的加工顺序时，首先应安排零件基准面的加工。在开始工序中先以粗基准定位加工出精基准，在后续工序中以精基准定位完成零件的精加工。在数控工序前的普通机床工序中，要考虑和加工出零件在数控工序中的定位基准，而数控工序也要为后面的普通工序准备好定位基准或测量基准，才能保证零件在各工序加工中的相互位置精度要求。

（2）先粗后精　零件表面的加工顺序是先粗加工，然后半精加工，最后进行精加工和光整加工。

① 在焊接类箱体零件的加工中，由于加工余量不大，根据结构特点和精度要求，先进行粗加工，留适当的精加工余量，待粗加工的切削热消除后再进行精加工。

② 对于铸造类复杂的箱体零件，工艺上应安排粗、精加工分开进行。在粗加工中，除了去除大部分加工余量，还可以暴露毛坯的表层是否有缺陷，或进行超声波探伤检查零件内

部的质量是否有缺陷。如果发现内部缺陷，要采取技术措施消除缺陷。如果不粗、精加工分开，直接精加工时发现了毛坯缺陷，零件就可能报废了。

③ 重要而复杂的锻造零件要先粗加工，然后安排零件的人工时效处理消除粗加工时产生的内应力，以便精加工时才不会因为内应力而引起工件变形。

④ 对于有机械性能要求的重要零件必须先粗加工，然后进行调质热处理。然后安排取样工序，将试样进行机械性能测试，看是否达到零件的机械性能要求。

⑤ 对于复杂形状和精度高的零件，在精加工前可以进行一次半精加工，以减少精加工余量和粗加工引起的内应力，能够更好地控制零件的尺寸精度和表面质量。

（3）先主后次　先安排主要表面（有配合和高精度要求的表面）的加工，后安排次要表面（精度要求不高和自由尺寸表面）的加工。但是，在主要表面精加工时，在一次装夹中能够加工的次要表面，都应该同时加工。

（4）先面后孔　对于箱体、机架类零件，它们的安装平面尺寸较大，工件定位比较可靠，所以要先加工平面，后加工孔，能够保证孔的加工精度。

（5）先内后外　加工具有内外表面的零件时，在粗加工内表面后，再粗加工外表面。先精加工出内表面后再精加工外表面。因为内孔直径限制了刀具的尺寸，使刀杆细长而刚性不足，容易引起振动；加工内孔时排屑、散热和冷却条件不好，容易引起工件热变形。这些情况使孔的加工尺寸精度和表面粗糙度难以保证，所以通常是把最难加工的内孔先加工合格，最后再精加工外圆部分。对于箱体类零件，在孔和端面粗加工后，应该先精加工孔（因孔端留有试切余量），然后精加工端面。

4. 机械加工工艺的编制方法

零件的加工工艺方案制定后，就要进行零件加工工艺的编制。在加工工艺编制时要考虑以下问题。

（1）加工工序的划分原则　在编制零件加工工艺时，要根据产品的生产纲领和生产类型划分加工工序。

① 工序集中原则——工序集中是指将零件要加工的表面尽可能集中在几道工序中完成。

当被加工零件属于单件小批生产的情况时，就要采用工序集中方法，工序中选择功能多、效率高、精度高的专用设备或数控机床，在工件一次装夹中完成能够加工的所有表面，不但提高了加工精度，还减少了工序和许多辅助时间，提高了生产率。

② 工序分散原则——工序分散是指将零件的加工表面分散在较多的工序中完成，每道工序只加工单一典型表面。当被加工零件属于大批、大量生产的情况时，就要采用工序分散的方法，它要求设备和工艺装备简单，调整和维修方便，操作简单，适合流水线作业。

（2）热处理工序的安排　在零件加工工艺方案的制定中，要合理安排零件的热处理工序，以提高零件材料的机械性能和消除加工中的残余内应力。

① 预备热处理：对某些有表面硬化的毛坯，在粗加工前安排一次时效热处理，消除毛坯的内应力，细化晶粒，使晶相组织均匀，改善材料的切削加工性。常用的热处理有退火、正火。

② 中间热处理：在毛坯粗加工后和精加工前进行的热处理叫中间热处理。主要有调质、人工时效、淬火、渗碳、渗氮等。

对于大尺寸的铸锻件毛坯，必须在粗加工后进行调质，才能保证零件需要的调质层深度，达到材料的机械性能要求。

　　对于大型箱体、机架类零件，为了消除粗加工后在内部的残余应力，在粗加工或半精加工后，应该安排人工时效热处理。

　　淬火、渗碳、渗氮等热处理是在粗加工或半精加工后对指定表面进行的热处理，以保证该表面精加工后有足够的表面硬度。

　　③ 最终热处理：最终热处理是零件机械加工全部完成后对某些表面进行的热处理，即该项热处理后不再进行加工了。主要有氮化、发蓝、镀铬等。如果零件的某一表面在淬火后不再进行加工（例如，9级精度以下的开式齿轮的齿面淬火），也是最终热处理。

　　（3）普通机加工序和数控加工工序的关系　当重要的加工零件既有普通机加工序又有数控工序时，首先安排普通工序进行粗加工，然后安排数控工序进行半精和精加工。当数控精加工工序完成后，还有非重要表面需要另一个工序加工时，也安排普通工序加工。这样就可以节省数控机床的工作时间，降低生产成本，因为数控机床的台时价格是同类型普通机床的10~20倍，所以能够在普通机床加工的表面，原则上不要安排在数控机床上加工。

　　（4）辅助工序的安排　辅助工序是指划线、钳工、特殊检测等工序。一般情况下划线工序安排在主要工序前，钳工工序安排在主要工序之后和热处理工序之前。正常的工序质量检验在本工序结束时进行，只有特殊的、需要专用检测量具的工件才安排检测工序。例如，X射线探伤在机加工之前，超声波探伤在粗加工或调质处理之后，磁粉探伤和渗透探伤在精加工之后等。

　　5.复杂零件的机械加工工艺文件

　　（1）编制零件的加工工艺卡

　　① 编制零件的全部加工工序，写明加工设备型号和每道工序的加工内容，给出定额工时；

　　② 提出零件加工中需要的刀具和工装，写明刀具代号和工装编号；

　　③ 说明重要尺寸的测量方法和所需专用量具。

　　（2）编制零件的数控工序卡　在零件的工艺卡中有数控工序时，要编写数控工序卡，其内容有：

　　① 编制数控加工工序的加工内容和要求；

　　② 提出数控加工工序中需要的刀具和工装，写明刀具代号和工装编号；

　　③ 编制零件的加工程序，采用手工编程或自动编程，绘制零件的编程坐标系、刀具轨迹和标明各刀位点，正确计算刀位点的坐标值，编制零件加工程序单。

　　（3）编写工装明细表

　　① 工装订货明细表；

　　② 刀具的预调明细表。

4.2　数控铣、镗床的加工工艺特点

　　由于数控铣、镗床及加工中心是高精度、高速度和高度自动化集于一体的加工设备，具有能够加工零件的平面、曲面、沟槽、内孔、齿形等和自动检测的多种功能，并且在一次安装中，可以连续完成铣、钻、铰、镗等多种加工，极大地减少零件在加工中的装夹次数，所以该类机床具有加工精度高、生产效力高、工序集中加工的工艺特点。

4.2.1　数控铣、镗床设备的技术性能

数控铣、镗床设备的技术性能是指它的功能特点和技术规格。在编程和操作前，先要熟悉数控机床的功能特点和技术规格，认真仔细分析该机床是否能满足所要加工零件的工艺和技术要求。

1. 数控铣、镗床的功能特点方面要考虑的问题

（1）机床的工艺性能　它包括机床的硬件功能和编程系统的软件功能，两者的结合所能实现的各种加工功能。例如，坐标轴的多轴联动功能就决定了加工复杂曲面的可能性。

（2）机床的制造精度　它包括机床主轴径向和端面跳动精度、导轨的精度、伺服系统的定位精度等。它们只有高于或等于被加工零件尺寸的精度要求，才能加工出合格的零件。例如，如果主轴径向跳动精度为 0.02，而被加工零件某一直径的径向跳动要求为 0.015，那加工的零件精度就不会合格；又如导轨的直线度误差为 0.02/1000，而零件某直径的圆柱度误差要求 0.01/1000，那么加工出的零件圆柱度就难以合格。

（3）主轴速度范围和变速方式　如果主轴变速范围大，机床加工性能好，它既能满足高速铣削，又能满足低速镗孔。在变速方式上以无级变速最好。

2. 数控机床的技术规格

在编制零件的数控加工工艺前，必须要熟悉数控机床的技术规格，使编制的工艺符合机床的加工范围和技术要求。

（1）典型数控机床的技术规格举例　见表 4-3。

表 4-3　ZXK-32 数控机床的技术参数

序　号	项　　目	单　位	规　　格
1	工作台面积	mm	320×900
2	T 型槽(槽数-槽宽-槽距)	mm	3-14-100
3	工作台承载工件最大质量	kg	300
4	工作台移动纵向行程(X)	mm	550
5	工作台移动横向行程(Y)	mm	320
6	主轴箱移动上下行程(Z)	mm	300
7	主轴端面至工作台面距离	mm	150～450
8	主轴中心线至立柱导轨面距离	mm	300
9	主轴锥孔锥度/刀柄号		ISO 407:24/BT40
10	主轴径向跳动	mm	0.02
11	主轴端面跳动	mm	0.015
12	主轴的电动机功率	kW	3.0/3.7(选配)/4.0(选配)
13	主轴转速范围	r/min	100～3000(200～6000)
14	Y、Z 坐标轴快速范围	mm/min	1～3000
15	X 坐标轴快速范围	mm/min	6000
16	定位精度(X、Y、Z)	mm	0.02
17	重复定位精度(X、Y、Z)	mm	0.012
18	气源压力	MPa	0.3～0.4
19	冷却电机最大流量	L/min	25
20	机床外形尺寸(长×宽×高)	mm	2250×2100×1950
21	机床质量	kg	1500

（2）编制数控工艺时应该注意的数控机床技术规格问题

① 加工零件的高度尺寸：表 4-3 中序号 7 "主轴端面至工作台面距离" 是决定孔加工深度的关键参数，镗孔的行程距离还应该考虑刀杆的长度。

② 加工零件的宽度尺寸：表 4-3 中序号 8 "主轴中心线至立柱导轨面距离" 是决定能加工的工件宽度尺寸（Y 方向）。

③ X、Y、Z 的坐标行程：是切削表面的有效行程，在 X、Y 坐标加工时还要包括刀具的切入和切出长度，在 Z 坐标加工时还要考虑刀具的长度补偿值。

④ 加工精度方面：工艺分析时，被加工零件的形状精度要低于主轴的径向跳动和端面跳动值，孔距、槽距等精度要求要低于主轴的定位精度和重复定位精度值之和。

⑤ 工装辅具方面：要注意主轴锥孔的型号和 T 形槽的尺寸。

4.2.2　工件的定位和装夹

在数控机床上加工零件的定位和装夹方法与普通机床上的方法基本相同，所选择的定位基准和装夹方法与零件的类型和生产批量有关。

1. 基准的概念

所谓基准就是零件图上各几何要素间的尺寸关系所依据的那些点、线、面。根据基准的功用不同可分为设计基准和工艺基准两类。

（1）设计基准　设计基准是指零件图上几何尺寸所依据的某个点、线、面，将它作为其他点、线、面的设计依据，该点就是设计基准。设计基准的举例，见主轴箱图 4-2。

在图 4-2 中，$\phi160H7$ 孔的设计基准是基准面 A 和一侧面。孔 3 的设计基准是孔 $\phi160H7$ 的圆心点，主轴箱的结合面的设计基准是底面 A 等。

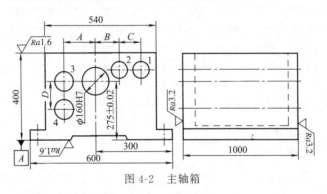

图 4-2　主轴箱

（2）工艺基准　工艺基准是指加工工艺过程中依据的零件上的点、线、面。按工艺用途的不同，工艺基准又分为工序基准、定位基准、测量基准和装配基准。

① 工序基准。工序基准是指工序加工中用来确定本工序加工的表面所依据的点、线、面。例如，图 4-2 中加工箱体结合面的工序基准是基准面 A。加工孔 3 的工序基准是孔 $\phi160H7$，尺寸 A 为加工孔 3 的工序尺寸。

② 定位基准。定位基准是指在机床上加工零件时，确定被加工表面相对于机床、刀具的位置所选择的零件上的点、线、面。例如，在图 4-2 中，加工各孔和结合面的定位基准是底面 A。

③ 测量基准。测量基准是指测量零件尺寸、形状和位置精度时所依据零件上的点、线、面。例如，图 4-2 中测量孔 $\phi160H7$ 的中心高 500 ± 0.02 时，基准面 A 为孔的测量基准。

④ 装配基准。装配基准是指装配时用来确定零件或部件在产品中的相对位置所采用的基准，举例见图4-3。

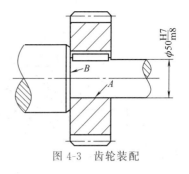

在图4-3中齿轮装配在轴上，必须与轴有同轴度和端面的位置要求，轴的外圆 A 和端面 B 就是齿轮的装配基准。

图 4-3　齿轮装配

2. 定位基准的选择

在零件的加工中，正确合理选择定位基准对保证零件的尺寸精度和位置精度是很重要的。定位基准分为粗基准和精基准。粗基准是指零件上没有加工过的毛坯表面作定位基准。精基准是指零件上已加工过的表面作定位基准。对于任何零件，无论是粗基准或精基准，应根据生产的具体条件，综合考虑加工中的质量、效率、成本和安全等问题进行选择。

(1) 粗基准选择原则

① 选择的粗基准应保证主要表面，特别是一些重要表面和内表面有均匀的加工余量。只有被加工表面余量分布均匀了，精加工时才有余量保证零件的尺寸精度和位置精度。

② 选用与加工表面有相互位置关系的非加工表面为粗基准，保证加工表面与非加工表面的厚度均匀。

③ 应选择有比较平整、光滑和足够大的表面作粗基准，使装夹稳定和可靠。

粗基准一般只在第一道工序中使用，以后工序应尽量避免重复使用，即粗基准只能使用一次。因粗基准表面形状不规则，且表面粗糙度差，下道工序再使用会影响零件的定位精度。

(2) 精基准的选择原则

① 基准不变原则。即尽可能使各工序采用同一精基准。这样能提高各被加工表面之间、被加工表面和基准面之间的相互位置精度，减少夹具的种类和数量，降低生产成本。

② 互为基准原则。当两个表面相互位置精度要求较高时，以其中一个面作基准加工另一个面，然后以加工好的一个面为基准加工前一个面，反复多次互换基准进行加工，就能提高两个表面的位置精度。

③ 基准统一的原则。也称基准重复原则。尽可能选择零件的设计基准或装配基准或测量基准作为精基准，这样能最大限度地减少定位误差和测量误差。

3. 工件的定位和装夹

零件的定位基准确定后，就要进行定位和夹紧。在不同机床上加工时，由于零件的尺寸、形状、精度等要求不同，其装夹的方法也不相同。

(1) 工件的定位　所谓工件的定位就是以工件的定位基准将零件安置在机床工作台的正确位置或专用夹具中，以保证被加工表面的正确位置。工件的定位应该遵守六点定位原理。

① 六点定位原理。工件在直角坐标的空间可以自由转动和移动，所以它有六个自由度。要使工件有确定的位置，就要限制它的六个自由度，见图4-4。

在图4-4的直角坐标系中，工件可以沿 X、Y、Z 的坐标方向移动，即 $\vec{X}$、$\vec{Y}$、$\vec{Z}$；也能够围绕 X、Y、Z 轴转动，即 $\hat{X}$、$\hat{Y}$、$\hat{Z}$。

在加工零件时，需要消除工件的六个自由度，以确定工件的正确加工位置。能用六个支承点限制工件的六个自由度的定位，叫做"六点定位原理"，见图4-5。

139

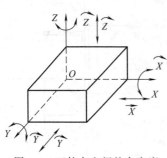

图 4-4　工件在空间的自由度

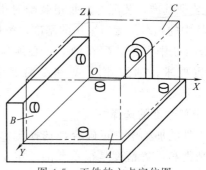

图 4-5　工件的六点定位图

将工件放置在 XYZ 直角坐标系中，XOY 平面 A 相当于三个支撑点，它能够限制工件在 Z 方向的移动和围绕 X、Y 轴的转动。ZX 平面 B 相当于两个支撑点，它限制工件在 Y 方向的移动和围绕 Z 轴的转动。YZ 平面 C 相当于一个支撑点，它只能限制工件在 X 方向的移动。这六个支撑点叫定位元件。如果在夹具中的三个空间平面上设置六个支撑点，工件在夹具中的位置就确定了。

由于工件的形状不同，定位表面不同，支撑点的布置情况也不相同。

② 完全定位与不完全定位。在工件安装时，工件的六个自由度都被定位元件所限制的定位称为完全定位。工件被限制的自由度少于六个，但不影响加工精度的定位称为不完全定位。

③ 过定位与欠定位。在工件安装时，它的一个或几个自由度被不同的定位元件重复限制的定位称为过定位。一般情况下，不允许有工件的过定位，它会引起重复限制表面的定位误差。但某种情况下，定位表面的精度很高时，对定位误差的影响非常小。

在工件安装时，根据工件的技术要求应该限制的自由度没有被完全限制的定位称为欠定位。工件加工中的欠定位是不允许的，因为欠定位不能保证工件的加工要求。

（2）工件装夹的概念　工件的装夹是工件经过定位后进行夹紧的过程，称为装夹。只有工件定位后才能夹紧，被加工表面的位置和尺寸才能正确。如果定位不正确，误差很大，加工的工件就不合格。

① 夹具的类型：通用夹具、组合夹具和专用夹具。通用夹具有螺钉和压板、平口钳、立式和卧式分度头等。组合夹具和专用夹具要根据零件的具体结构进行设计。

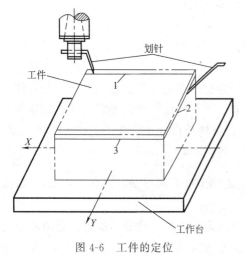

图 4-6　工件的定位

② 工件定位的方法：在单件小批生产中一般采用直接找正法，某些情况也采用组合夹具定位法。在大批和大量生产中，一般采用夹具定位法。

（3）直接找正定位　工件不是用夹具安装时，用划针或百分表对工件找正就是工件定位的过程，见图 4-6。

当工件是粗基准定位时，由操作者用划针根据被加工表面的划线进行找正，以获得正确的加工位置，然后夹紧工件。

在图 4-6 中，工件和工作台之间放上可调垫铁（图中未画出），用固定在主轴上的划针沿划线

2 和 3 找正，调整垫铁使划针在 2、3 线上，误差控制在 ±0.2mm，这表示工件完成了在 XY 平面的定位，限制了工件的 3 个自由度。再用划针沿划线 1 找正工件的 X 方向（找正时，调整工件相对 Y 方向的位置），这表示完成了 ZX 平面的定位，限制了 2 个自由度。经过用划针找正工件后，就完成了工件的定位，可以夹紧工件了。

在此种方法定位时，由于没有限制 X 方向的移动，它只消除了工件的 5 个自由度，所以这种定位叫不完全定位。

当工件底面经过加工了，要依此底面定位加工其他表面时，此为精基准定位。在工件和工作台之间放上等高垫铁（允许等高误差 0.02mm），工件放在等高垫铁上，在 XY 平面就限制了工件的 3 个自由度，然后由操作者用百分表找正 X 或 Y 方向的侧面（允许误差要安图纸的技术要求），此侧面限制了工件的 2 个自由度，工件就定位了，然后夹紧工件。

（4）夹具定位　夹具分为组合夹具和专用夹具。首先将夹具正确安装在机床的工作台上，根据工件的形状和结构，在夹具中设置有相应的定位支撑点。然后将工件定位在夹具中，再夹紧工件。

4.2.3　建立工件坐标系

零件数控加工的编程或在数控机床上加工，必须对零件被加工的表面设置工件坐标系，然后对应机床坐标系将工件定位在机床工作台上并夹紧，并在工件上确定工件零点，将零点偏移值存储，才能进行程序的自动加工（零点存储方法见单元 6 的 6.2 部分），这种确定工件零点的方法也叫零点对刀法。

1. 工件坐标系的设置

在零件被加工表面编程时，要在零件图上设置编程零点和坐标方向，即建立编程坐标系，它也是机床上加工该表面的工件坐标系，所以零件的编程坐标系要符合机床坐标系的规定。

2. 工件零点的确定方法

工件零点也就是编程零点，它是零件图上被加工轮廓的编程坐标系的原点 O。

工件零点要选择零件图上尺寸精度最高的设计基准，要易于坐标计算，便于工件对刀，程序加工中刀具空运行的路径最短等。工件零点的确定有以下方法。

（1）顶尖对刀法　对于设置工件零点的表面上没有孔和空腔的工件，需要进行程序加工时，先进行加工表面的划线工序，然后将装在主轴上的顶尖对准划出的孔中心线的交点，就得到 X、Y 轴的零点值，见图 4-7（图中的双点画线为加工前的轮廓线，以下同）。

（2）划针找正法　对于设置工件零点的表面上有孔或空腔的毛坯件，需要在数控机床进行程序加工时，先进行加工表面的划线工序，然后用划针找正孔的圆线，使主轴的中心线在孔的圆心上，就得到 X、Y 轴的零点值，见剖面图 4-8。由于被加工表面留有加工余量，虽然找正精度不高，但不影响加工精度。

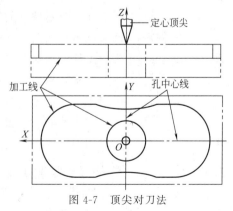

图 4-7　顶尖对刀法

（3）主轴端面的对刀　在主轴端面确定 Z 的零点，其对刀方法见图4-9。

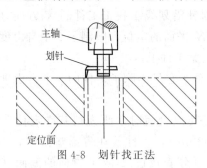

图4-8　划针找正法

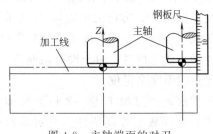

图4-9　主轴端面的对刀

当工件的顶面已经加工了，Z 的零点就设置在表面上；如果顶面是待加工面，就划有加工线，可用钢板尺测量加工线到主轴端面的距离，设置为 Z 的零点。编程时，该距离即加工线的坐标。

（4）刀具接触对刀法　直接用刀具对工件寻边以确定工件上 X、Y 和 Z 的零点，见图4-10。

将旋转的刀具分别与工件的四边刚好接触，在数控装置的屏幕上显示刀具在1、3点的 X、Y 相对坐标值为0，然后记录刀具在2和4点的 X、Y 坐标值，再让刀具返回1/2的坐标值，就是 X、Y 的零点位置。将主轴的刀具端面与顶面刚好接触，就是 Z 的零点位置。按［位置］

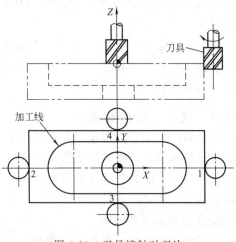

图4-10　刀具接触对刀法

键，记录 X、Y、Z 到机床零点的坐标值，然后输入到G54～G59的工件零点存储器，工件零点就建立了。

（5）寻边器对刀法　将测头安装在工具柄的弹簧夹头上，再将工具柄安装在机床主轴上，测针尖端的触头与机床主轴的基准位置（轴线）就相对固定了，见图4-11所示寻边器。

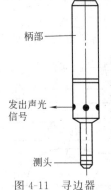

图4-11　寻边器

操作者采用手动方式移动机床主轴和工作台，当测针上的触头与被测工件（金属件）的表面接触，测头内部常开状态的电路通过机床和工件形成闭合回路，立即在测头主体上发出声光信号；操作者可以根据测头与工件精确接触时的位置关系和数控装置显示的坐标值，确定工件被测点的实际坐标值，再根据各个被测点的实际坐标值计算出测量结果，确定工件零点坐标。

寻边器的类型很多，在实际生产过程中，最常见的三维测量问题都可以用EP4B测头来解决。

4.2.4　数控铣、镗床的主要加工对象

根据数控铣、镗床的结构和工艺特点，适合加工形状复杂、工序内容多、精度要求高的零件，主要加工对象分为以下几类。

1. 盘、套及模具类零件

这类零件的特点是外形和内腔多为圆弧或曲面形状，加工部位集中，加工精度要求高。

例如，图 4-12 所示的模具零件。此类零件适合安排在立式数控铣床和立式加工中心上加工。

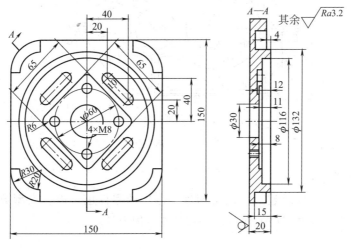

图 4-12　模具零件图

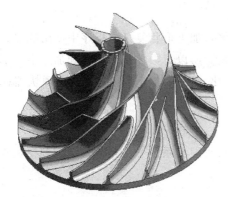

图 4-13　叶轮零件

图 4-13 所示的整体叶轮零件，必须在加工中心上 5 坐标联动才能够加工。

2. 箱体和机架类零件

这类零件的特点是有多方位的孔系及平面加工，且孔内结构复杂，尺寸精度和形状、位置要求很高。孔的加工要经过铣、钻、扩、镗、铰及螺纹加工等多种工序才能完成。加工中需要的刀具和辅具非常多，需要采取工序集中的加工方法。

箱体孔系加工要注意以下几点工艺方法。

① 先面后孔，即先加工箱体的安装平面，再以平面定位加工孔。

② 先粗后精，即先粗加工所有孔，然后再精加工。对于重大零件，在孔粗加工后，进行人工时效处理，再进行半精加工和精加工。

③ 在孔系加工中，先大后小。即先加工大孔，后加工小孔，镗孔时便于进刀和测量。

④ 对于跨距大的同轴孔，应该采用调头加工，避免从一端加工引起镗杆刚性不好，加工的孔轴心线倾斜。

例如，上模座加工见图 4-14，减速机箱体，见图 4-15。此类中、小型零件可以安排在立式加工中心上加工，大型的箱体和机架类零件应安排在龙门式和卧式镗铣加工中心进行加工。

图 4-14　上模座加工

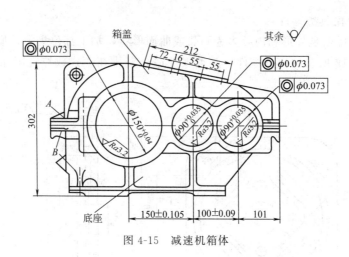

图 4-15 减速机箱体

3. 其他特殊类零件

某些特殊形状的零件或超过专门机床加工范围的零件也可以在大型数控铣、镗床上加工，加工精度和生产率都很高，还可以节省某些专用刀具。

4.3 数控铣、镗床的刀具系统

由于数控铣、镗床具有在一个工序中的加工内容多，加工形状复杂，程序中使用的刀具类型多等特点，需要有许多不同种类和不同规格的刀具。所以，数控铣、镗床和加工中心都必须配置刀具系统，使刀具及其连接件系列化、标准化，以满足加工的需要，实现快速换刀，提高生产效率。

4.3.1 刀具系统的特点

根据刀具装夹部分的结构、形式和尺寸的不同，可将刀具系统分为整体式结构和模块式结构两大类。

1. 整体式结构的刀具系统

整体式结构的刀具是将刀具的柄部和装刀的工作部分连在一起，其结构简单，使用方便，更换快捷。缺点是刀柄的规格和数量多。

当前应用的 TSG82 刀具系统是整体式结构的刀具系统，见图 4-16。

2. 模块式结构的刀具系统

模块式结构的刀具是将锥柄部分与刀杆工作部分分开，形成系统化的主锥柄模块、中间模块和刀头模块，组成不同用途、不同规格的模块式刀具。其优点是制造方便，大量减少柄部数量，也便于使用和保管。当前国内使用的有 TMG 模块式结构的刀具系统，见图 4-17。

3. 刀柄与拉钉

（1）刀柄 刀柄是刀具与主轴之间的连接工具。它的作用是保持刀具与主轴的同轴度和回转精度，满足与主轴的自动松开和拉紧定位、在刀库中的存储定位、换刀机械手的夹持和换位等。

（2）刀柄的规格和选用 刀柄的规格已经标准化和系列化，选用时必须与主轴的锥孔一致。数控铣、镗床和加工中心一般都采用 7：24 的圆锥刀柄，例如，图 4-18 所示为型号 MAS 403 BT40 的刀柄结构和尺寸。40、45 和 50 号圆锥刀柄的标准可查阅国际标准 ISO 7388/1HE 和国家标准 GB/T 10945—2006。

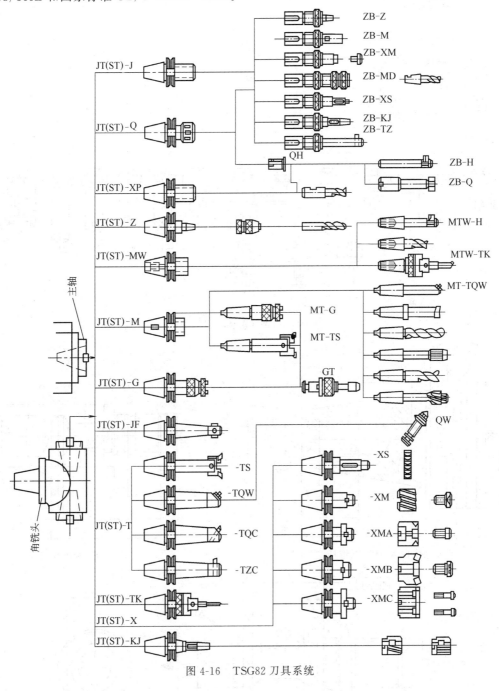

图 4-16　TSG82 刀具系统

（3）拉钉的规格和选用　在刀柄尾端拉钉的作用是在刀柄装入主轴时拉紧刀具，从主轴拔出刀具时起顶松的作用。拉钉的规格尺寸也已经标准化，当前有 A 型和 B 型两种。例如，图 4-19 所示拉钉为型号 MAS 403 PT40-1。

MASⅠ、MASⅡ拉钉的系列，见图 4-20。

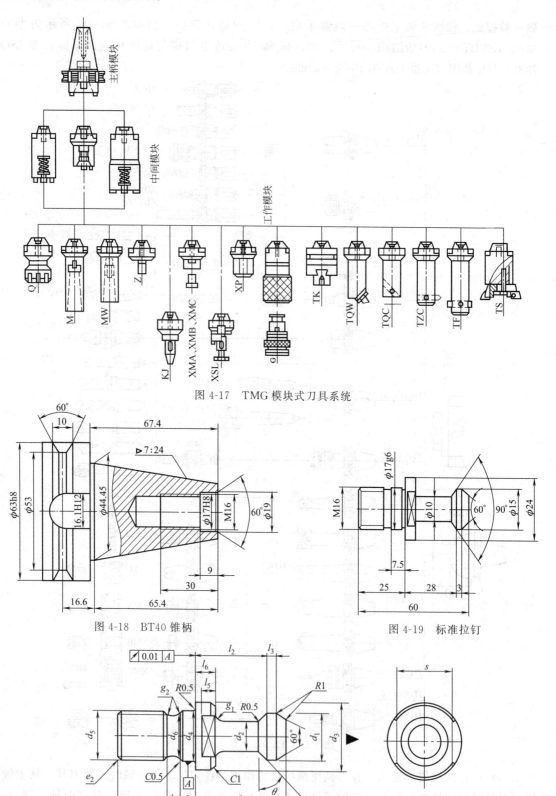

图 4-17　TMG 模块式刀具系统

图 4-18　BT40 锥柄

图 4-19　标准拉钉

型号	l_1	d_4	d_5	d_6	e_2	g_2	l_4	l_7	d_3	g_1	l_5	l_6	S	d_1	d_2	l_2	l_3	l_9	θ	用于刀柄
P30T	43	12.5	M12	9.5	1.75	1	4	3	16.5	2	5	3.5	13	11	7	23	18	2.5	30° 45° 60° 90°	BT30
P40T	60	17	M16	13	2	1	5	4	23	3	6	4	19	15	10	35	28	3		BT40
P50T	85	25	M24	20	3	15	8	5	38	5	10	8	30	23	17	45	35	5		BT50

图 4-20　MAS Ⅰ、MAS Ⅱ拉钉的系列

4.3.2　数控刀具性能的要求

数控刀具在数控加工中为保证零件的加工精度和提高生产效率起着十分重要的作用，有了先进的数控机床还必须购买先进的数控刀具才能发挥数控机床的先进性。相反，由于数控机床的功能多，主电动机功率大，主轴速度高，机床刚性好，所以对数控刀具的种类和质量有很高的要求。

1. 对数控刀具性能的要求

（1）精度高　要求刀具的几何尺寸和几何角度有很高的精度，以保证数控加工零件的高精度要求。

（2）强度高　为了提高数控机床的生产效率，在粗加工时采用较大切削深度和大走刀量，刀具承受很大的切削力和切削热，特别是对高强度、高硬度材料的加工。因此要求刀具有很高的强度和抗振性能。

（3）耐用度高　指刀具的刀刃在切削过程中抗磨损和耐高温，具有很高的耐用度。这就减少换刀和对刀次数，保证了零件加工质量，提高了生产效率。

（4）断屑和排屑性能好　在镗削中要求很好的断屑性能，不会使铁屑缠在刀头或工件上，防止铁屑划伤工件表面或伤人。所以刀片上应有断屑槽或刀片旁有断屑台，保证有好的断屑性能。

刀具的排屑性能与刀具前刀面的粗糙度有关。应降低前刀面的粗糙度值或采用涂层刀片，以降低前刀面的摩擦系数。同时可采用冷却润滑液帮助排屑，避免铁屑擦伤零件表面。

2. 对刀具材料性能的要求

刀具材料分为刀片材料和刀体材料，其性能要求各不相同。

（1）对刀片材料性能的要求

① 足够的硬度。刀片硬度必须比被加工材料的硬度高很多，它的常温硬度在 60HRC 以上。

② 足够的强度和韧性。在加工中能承受大的切削力，而且抗冲击和抗振动的能力强。

③ 良好的耐磨性。耐磨性越高，刀片的寿命越长，加工的零件尺寸精度越稳定。

④ 较好的导热性和耐热性。导热性能好，有利于降低切削温度和提高刀具耐用度；耐热性好就允许高切削速度，提高生产率。

⑤ 良好的工艺性和经济性。刀片材料工艺性好，有利于刀片的加工，降低生产成本。

（2）对刀体材料的要求

① 大多数刀具的刀体都采用 45 号调质钢制造，它具有足够的强度，又比较经济。

② 对于内孔用的镗刀、铣槽刀、螺纹刀等，由于刀杆的截面积受到限制，影响了刀杆的强度，宜采用合金钢制造，例如 32CrMo、40Cr 等。

③ 高速切削和强力切削的刀具，对刀体的强度和抗振性要求更高，故采用 35MnMo、42CrMo 等合金材料制造。

3. 刀具材料的选择

当前使用的金属切削刀具材料主要有五类：高速钢、硬质合金、陶瓷、立方氮化硼（CBN）、聚晶金刚石等，各种刀具材料的特性和用途见表4-4。

4. 机夹式可转位不重磨刀具

在数控机床上使用的加工刀具绝大多数都采用先进的硬质合金可转位不重磨刀具，以便在刀片损坏时能快速更换，提高生产效率。只有少数情况采用高性能高速钢的成形刀具。

（1）机夹式不重磨刀具的优点（与焊接刀具相比）

① 由于机夹刀片不需焊接，提高了耐磨性和抗破损能力，切削性能好。

② 刀片具有卷屑、断屑功能，刀片转位迅速，更换方便，又不需要重磨，既减轻了工人的劳动强度，又缩短了辅助时间。

③ 刀体可长期使用，节省了大量制造刀体的钢材，降低了成本。

④ 有利于刀具的标准化生产，充分保证刀具的制造质量。还有利于推广先进刀具，提高生产率。

（2）推荐的主要机夹式刀片　常用硬质合金刀具牌号、性能及用途见表4-5。

表4-4　刀具材料的特性和用途

材　料	主 要 特 性	用　途	优　点
高速钢（HSS）	比工具钢硬	低速或不连续切削	刀具寿命较长，加工的表面较平滑
高性能高速钢	强韧、抗边缘磨损性强	可粗切或精切几乎任何材料，包括铁、钢、不锈钢、高温合金、非铁和非金属材料	切削速度比高速钢高，强度和韧性较粉末冶金高速钢好
粉末冶金高速钢	良好的抗热性和抗碎片磨损	切削钢、高温合金、不锈钢、铝、碳钢及合金钢和其他不易加工的材料	切削速度可比高性能高速钢高15％
硬质合金	耐磨损、耐热	可锻铸铁、碳钢、合金钢、不锈钢、铝合金的精加工	寿命比一般传统碳钢高20倍
陶瓷	高硬度、耐热冲击性好	高速粗加工，铸铁和钢的精加工，也适合加工有色金属和非金属材料，不适合加工铝、镁、钛及其合金	高速切削速度可达5000m/s
立方氮化硼CBN	超强硬度和耐磨性好，硬度大于450HBW	材料的高速切削	刀具寿命长
聚晶金刚石	超强硬度和耐磨性好	粗切和精切铝等有色金属和非金属材料	刀具寿命长

表4-5　常用硬质合金刀具牌号、性能及用途

刀具牌号	物理机械性能			主要使用性能	主要用途	ISO标准分类
	密度/(g/cm³)	硬度HRA	抗弯强度/MPa			
YT5	12.5～13.2	89.5	1375	硬质合金中韧性最高，抗冲击和抗振性最好，不易崩刃，耐磨性较差	适于碳素钢、合金钢的锻件、铸件、冲压件表皮加工；不平整断面和不连续面的粗加工	P30
YT15	11.0～11.7	91.0	1130	硬度和耐磨性高，能承受较轻的冲击和振动	适于碳素钢及合金钢的连续切削时的精车、半精车，旋风车螺纹，连续面的精车	P10

续表

刀具牌号	物理机械性能			主要使用性能	主要用途	ISO标准分类
	密度 /(g/cm³)	硬度 HRA	抗弯强度 /MPa			
YT30	9.3～9.7	92.5	880	耐磨性高,抗冲击和抗振性能较差	适于碳素钢,合金钢的高速切削精加工	P01
YW1	12.6～13.5	91.5	1175	红硬性较好、能承受一定的冲击负荷	适于耐热钢、高锰钢、不锈钢及普通钢件和铸铁件的精加工	M10
YW2	12.4～13.5	90.5	1320	耐磨性稍低于YW1,强度高于YW1,能承受较大的冲击负荷	适于耐热钢、高锰钢、不锈钢及普通钢件和铸铁的精加工	M20
YW3	12.7～13.3	92.0	1370	耐磨性和红硬性很高,切性较好,抗冲击和抗振动性能中等	适于耐热合金钢、高强度钢、低合金超高强度钢的精加工和半精加工	M30
YG3X	15.0～15.3	91.5	1080	在钨钴合金中耐磨性最佳,但抗冲击和韧性较差	适于铸铁、有色金属及其合金的精车、精镗,可用于合金钢、淬火钢的精加工	K01
YG6	14.6～15	89.6	1420	耐磨性较高,低于YG3X,对冲击和振动不很敏感,可使用比YG8稍高的切削速度	适于铸铁、有色金属及其合金、非金属材料的连续面的粗车,不连续面半精车及精车	K10
YG8	14.5～14.9	89.0	1470	强度较高,抗冲击和抗振性能高于YG6,耐磨性和允许切削速度较低	适合于铸铁、有色金属及其合金和非金属材料的粗加工	K20

4.3.3　数控刀具的种类及选用

正确选用刀具是数控加工工艺中的重要内容。选择刀具通常要考虑工件的材料及热处理、加工表面类型、选择的切削用量、刀具的耐用度等。

编制程序时,要根据加工的要求,预先确定刀具的结构和调整尺寸,特别是带有自动换刀的数控机床,在刀具安装到机床上之前进行刀具的预调,并将获得的参数输入数控装置的刀补存储器中。

在用立铣刀铣削零件的外部轮廓时,铣刀半径应小于零件外部轮廓的最小曲率半径 $R_{\min}$,一般 $R_{刀}=(0.8\sim0.9)R_{\min}$;零件的加工高度 $H\leqslant(1/4\sim1/6)R_{刀}$。为使刀具有足够的刚性,在满足以上约束条件的前提下,应尽量增大铣刀的直径,减小刀具的长度。

1. 平面加工的刀具类型及选择

（1）端面铣刀　端面铣刀又叫面铣刀或铣刀盘,用于铣削平面。目前广泛使用的是硬质合金可转位端面铣刀,见图4-21。使用时要与相应的刀柄连接,用端面螺钉轴向紧固,端面键承受切削扭矩。

（2）圆柱铣刀　圆柱铣刀用于铣削工件的侧面、内孔、槽等,其中硬质合金玉米铣刀用于粗加工,见图4-22,高性能高速钢螺旋铣刀用于精加工。精加工用螺旋铣刀有整体式和套式两种,图4-23为套式螺旋铣刀,要与刀柄连接,端面螺钉轴向紧固。

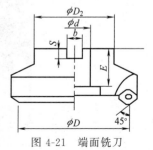

图 4-21　端面铣刀

图 4-22 硬质合金玉米铣刀

图 4-23 套式螺旋铣刀

（3）球头铣刀 球头铣刀用于粗、精加工零件的内、外球面或曲面，主要结构形式有整体高速钢球头铣刀和机夹式硬质合金球头铣刀，见图 4-24。

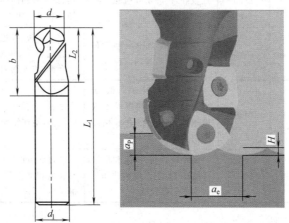

图 4-24 球头铣刀

2. 铣槽刀类型及选择

（1）键槽铣刀 键槽铣刀主要用于铣削各种形状的槽。按照它的结构分为直柄和锥柄，直柄键槽铣刀要与铣夹头配合使用。其方法是选择锥套与直柄键槽铣刀配合，装入刀柄，再将刀柄装入主轴，用勾头扳手拧紧铣刀，见图 4-25。锥柄键槽铣刀与相同锥度的主轴连接就可使用。

图 4-25 键槽铣刀与铣夹头

（2）三面刃铣刀　铣削内、外表面上的直槽和圆周槽。其种类有整体式高速钢三面刃铣刀（见图 4-26）和镶片式硬质合金三面刃铣刀（见图 4-27），它们大多数情况要与刀杆配合后进行加工。

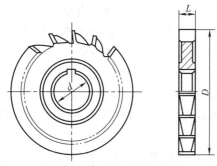

图 4-26　高速钢三面刃铣刀

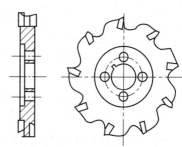

图 4-27　镶片式硬质合金三面刃铣刀

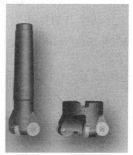

图 4-28　圆弧铣刀

有端面螺钉固定的硬质合金三面刃铣刀可以铣削盲孔底边的退刀槽，螺钉头不会碰到底边。

（3）圆弧形槽铣刀　主要用于铣削内、外表面上的环形圆弧密封槽，其结构形式见图 4-28。

3. 孔加工的刀具类型及选择

在镗孔加工中，要根据孔径的大小采用不同的刀具和加工方法。

孔系零件一般采用钻、镗、铰等加工工艺，其尺寸精度主要由刀具保证，而位置精度主要由机床或夹具导向保证，数控机床一般不采用夹具导向进行孔系加工，而是直接依靠数控机床的坐标控制功能满足孔间的位置精度要求，这类零件通常采用数控钻、镗、铣类机床或加工中心进行加工。从功能上讲，数控铣床或加工中心覆盖了数控钻、镗床。目前，对于一般简单工序的简单孔系加工，通常采用数控铣或数控镗床进行加工；而对于复合工序的复杂孔系加工，一般采用加工中心在一次装夹下，通过自动换刀依次进行加工。

孔加工的刀具种类有钻头、扩孔钻、锪钻、铰刀、镗刀等，下面主要介绍镗刀。

（1）单刃镗刀　图 4-29 为硬质合金单刃倾斜粗镗刀，一般用于钻、扩孔后的粗镗孔。

（2）单刃微调镗刀　硬质合金单刃倾斜微调镗刀见图 4-30，用于孔的精加工。在精加工时，可以停刀检测孔的尺寸，微量调整刀头，控制精加工尺寸。

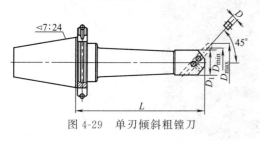

图 4-29　单刃倾斜粗镗刀

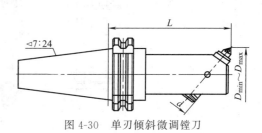

图 4-30　单刃倾斜微调镗刀

（3）双刃镗刀　硬质合金双刃镗刀用于加工大直径的孔，双刃镗刀头的结构见图 4-31。它要与锥柄或接杆连接才能进行加工，且调整方便，切削效率高。主要规格很多，镗孔尺寸

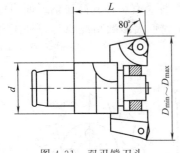

图 4-31　双刃镗刀头

在 $200\sim1000\text{mm}$ 的范围。由于双刃镗刀镗孔时，两个对称的切削刃产生的径向分力相互抵消，使切削平稳，提高了加工精度。

（4）浮动镗刀　浮动镗刀用于镗孔直径较大，精度要求高，表面粗糙度值低的孔加工。它是由两块对称的切削刃装在镗杆的配合方槽中，两切削刃能够径向滑动。在切削时，依靠切削力自动平衡刀刃的位置，对半精镗的孔进行一次精加工。浮动镗刀的结构见图 4-32。

浮动镗刀与镗杆的方槽配合间隙要小，如果间隙太大，镗孔时就会产生抖动，影响镗孔质量。

浮动镗刀镗孔应在半精镗孔后进行：半精镗孔质量的好坏，会影响浮动镗刀镗孔的质量。所以，要求半精镗孔必须达到图纸的圆柱度、同轴度要求，表面粗糙度要小于 $Ra3.2$。因为浮动镗刀镗孔只能提高尺寸精度和表面质量，不能改变原有的形位精度。

浮动镗刀的镗孔余量不能太大，加工钢件时，一般情况余量为 $0.05\sim0.1\text{mm}$，切削速度 $V_c=10\text{m/min}$，进给量 $f=0.5\sim1\text{mm/r}$。

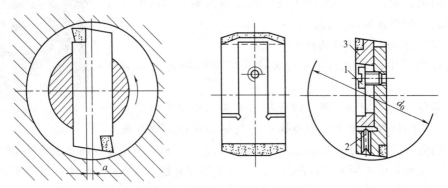

图 4-32　浮动镗刀的结构及镗孔
1—紧固螺钉；2—调节螺钉；3—镗刀块

4. 其他类型的刀具

其他类型的刀具还很多，有角度铣刀、成形铣刀、螺纹铣刀等，根据零件的轮廓形状和加工要求选择。

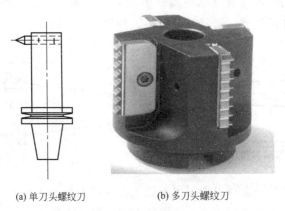

(a) 单刀头螺纹刀　　　　　(b) 多刀头螺纹刀

图 4-33　螺纹加工刀具

例如，经常用螺纹铣刀程序铣削内、外螺纹的加工，螺纹刀具的结构图见图 4-33。用程序加工螺纹时，可以由主轴装上螺纹刀用三坐标编程铣削螺纹，也可以用旋风铣头装上螺纹刀铣削螺纹。

4.3.4　调刀设备与刀具预调

为了在数控程序加工中能够进行刀具半径补偿和刀具长度补偿，使刀具在更换后不必再对刀或试切就可加工出合格的工件尺寸，在刀具装入机床刀架或刀库之前，需要将刀具半径值和长度值预先输入存储器的相应刀号中。利用刀具预调设备调整并测量刀具切削刃的实际位置参数（半径值和长度值），将测得的数据直接用于数控程序加工的刀具偏移或输入刀具信息管理系统，这一过程称为刀具预调。

1. 刀具预调的测量尺寸

刀具预调主要测量刀尖的半径 x 和刀具安装在主轴中的刀尖至主轴端面的距离 z，见图 4-34 中铣刀和钻头的预调。

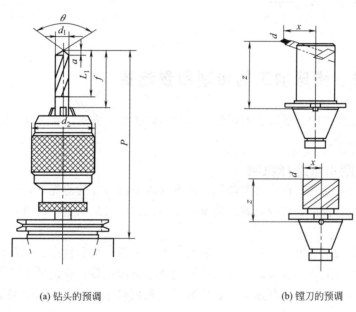

(a) 钻头的预调　　　　　　　(b) 镗刀的预调

图 4-34　刀具预调的补偿值

2. 刀具预调仪

刀具预调仪是集机、光、电于一体的精密刀具预调测量仪。用它预先调整和测量刀尖直径、装夹长度，并能检查刀尖的角度，圆角及刃口情况，还能将刀具数据输入加工中心 NC 程序的测量装置。主要适于测量数控机床、加工中心和柔性制造单元上所使用的镗铣类刀具切削刃的精确偏移值。

刀具预调仪的分类：根据刀具结构及所配用的工具系统不同，可采用不同的方法调整刀具的尺寸：按检测方法分为接触式测量和非接触式测量；按检测刀具的类别，分为数控车床刀具预调仪和数控镗铣床刀具预调仪；按检测时刀具在空间所处位置，也可分为卧式和立式刀具预调仪，见图 4-35 和图 4-36。采用卧式刀具预调仪会产生附加测量误差，所以大规格刀具采用立式刀具预调仪较多。

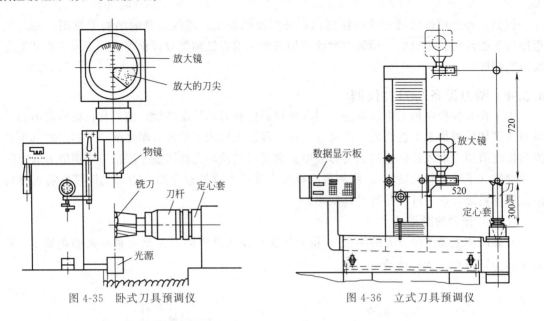

图 4-35　卧式刀具预调仪　　　　　　图 4-36　立式刀具预调仪

4.4　数控铣、镗床加工的切削用量选择

　　数控铣、镗床加工中，要根据不同的刀具和不同的加工方法，在切削不同的工件材料时选用不同的切削用量。

4.4.1　数控铣削用量选择原则

　　切削用量的选择原则：在保证零件加工精度和表面粗糙度的前提下，充分发挥机床的性能和刀具切削性能，根据合理的刀具耐用度，选择允许的切削用量，以最大限度地提高生产率和降低生产成本。

　　切削用量包括切削速度、切削深度及进给速度三要素。根据机床、刀具和工件的刚度允许的条件下，应尽可能选择较大的切削深度，以减小进给次数，提高加工效率。其次选择较大的进给量，然后适当选择切削速度。具体数值应根据机床说明书、切削用量手册并结合经验确定。

　　1. 切削深度选择

　　在机床工艺系统刚性允许的情况下，尽可能选较大的切削深度，以减少走刀次数，提高生产效率。同时要根据零件的结构形状和精度要求，留出半精加工余量或精加工余量。

　　2. 进给量 f 的选择

　　粗加工时，进给速度 f 的大小受到切削深度及产生的切削力的限制。在机床工艺系统的刚性和强度允许情况下，可选较大的进给量，反之应选小一些的进给量。

　　精加工时，根据零件加工精度和表面粗糙度要求来选定。表面粗糙度小时，应选较小的进给量。但用硬质合金刀具高速切削钢件时进给量不能过小，因为硬质合金刀具的刀尖圆弧刃使切削厚度变化，f 太小，实际表面粗糙度值反而加大。

　　3. 切削速度的选择

　　主轴转速是根据刀具的直径和允许的切削速度来选择。主轴转速与切削速度的关系如下：

$$V = \pi Dn / 1000$$

式中　V——切削速度，m/min；

　　　n——主轴转速，r/min，编程时用 S 代码表示；

　　　D——刀具直径，mm。

先根据刀具类型和被加工材料，选取切削速度 V，再根据刀具直径计算主轴转速 n。

4.4.2　典型刀具的铣削用量推荐表

由于切削用量是根据不同的刀具类型和不同的工件材料选择的，不同厂家生产的刀具质量会有差别，所以推荐的切削用量要根据刀具的具体加工情况作适时调整。

1. 平面铣刀切削用量（见表 4-6）

表 4-6　平面铣刀切削用量推荐表

工件材料		刀　具　材　料					
		高　速　钢			硬　质　合　金		
		切　削　用　量					
		v /(m/min)	u /(mm/min)	f_z /(mm/z)	v /(m/min)	u /(mm/min)	f_z /(mm/z)
钢 <500MPa	a	17～22	70～100	0.10～0.30	85～130	150～200	0.12～0.30
	b	25～30	50～70	0.10～0.20	120～190	120～150	0.07～0.15
钢 <900MPa	a	12～17	43～67	0.10～0.20	65～105	145～185	0.10～0.30
	b	17～24	38～62	0.08～0.15	80～120	100～140	0.05～0.10
钢 >900MPa	a	13～15	36～57	0.10～0.15	47～72	90～110	0.08～0.20
	b	15～20	28～38	0.05～0.10	68～92	70～95	0.06～0.10
铸钢	a	13～15	45～65	0.05～0.20	45～75	80～110	0.20～0.45
	b	14～18	38～55	0.03～0.10	65～105	60～90	0.10～0.20
铸铁 <180HB	a	15～18	74～112	0.20～0.35	67～87	150～200	0.20～0.40
	b	19～23	60～90	0.10～0.20	80～115	120～180	0.10～0.20
铸铁 >180HB	a	15～17	55～90	0.10～0.25	40～62	85～110	0.20～0.40
	b	16～18	35～65	0.06～0.15	50～85	60～100	0.08～0.20
黄铜	a	45～60	140～180	0.15～0.30	90～135	250～350	0.10～0.15
	b	52～72	100～145	0.10～0.20	120～185	200～240	0.05～0.10
赤铜	a	42～55	100～135	0.15～0.30	100～150	240～340	0.10～0.15
	b	50～70	90～140	0.10～0.20	140～200	180～220	0.04～0.10
铸青铜	a	45～60	130～190	0.15～0.30	50～80		0.10～0.20
	b	50～75	75～130	0.05～0.20	50～100		0.05～0.10
铝合金	a	220～240	170～230	0.12～0.18	280～380	220～300	0.10～0.20
	b	250～290	100～180	0.05～0.15	400～520	220～300	0.05～0.15
纯铝	a	195～240	145～250	0.10～0.20	350～480	200～320	0.10～0.50
	b	250～300	130～190	0.04～0.12	500～600	250～350	0.05～0.20
塑料	a	55～70	70～100	0.10～0.30	80～130	100～140	0.10～0.20
	b	60～90	60～90	0.05～0.20	110～180	90～130	0.05～0.15

a= $\sqrt{Ra\,25}$ ～ $\sqrt{Ra\,12.5}$（粗切）

b= $\sqrt{Ra\,6.3}$ ～ $\sqrt{Ra\,3.2}$（精切）

铣刀盘

2. 立铣刀切削用量（见表 4-7）

表 4-7　立铣刀切削用量推荐表

工件材料		刀 具 材 料					
		高 速 钢			硬 质 合 金		
		切 削 用 量					
		v /(m/min)	u /(mm/min)	f_z /(mm/z)	v /(m/min)	u /(mm/min)	f_z /(mm/z)
钢 500MPa	a	16～22	35～75	0.12～0.25	90～160	90～120	0.08～0.20
	b	22～26	40～70	0.04～0.12	150～230	240～280	0.04～0.10
钢 <900MPa	a	13～18	25～45	0.10～0.20	80～130	80～100	0.10～0.20
	b	17～22	42～56	0.04～0.10	110～175	150～200	0.40～0.10
钢 >900MPa	a	11～15	18～31	0.06～0.15	56～88	40～60	0.08～0.15
	b	15～18	35～45	0.03～0.08	75～105	150～180	0.03～0.08
铸钢	a	13～17	25～44	0.05～0.07	65～120	60～90	0.08～0.15
	b	15～20	40～55	0.02～0.06	80～180	120～170	0.04～0.10
铸铁 <180HB	a	14～21	48～87	0.14～0.25	73～108	80～115	0.10～0.25
	b	21～24	65～92	0.06～0.10	100～135	175～205	0.04～0.10
铸铁 >180HB	a	11～15	26～40	0.10～0.15	45～70	45～65	0.08～0.20
	b	17～21	32～45	0.03～0.08	65～95	140～180	0.04～0.08
黄铜	a	31～46	70～100	0.12～0.22	60～160	120～160	0.10～0.15
	b	48～70	80～110	0.05～0.10	160～240	300～400	0.03～0.06
赤铜	a	32～51	55～82	0.08～0.22	60～160	120～160	0.10～0.15
	b	45～65	100～120	0.05～0.10	170～240	300～400	0.03～0.06
铸青铜	a	30～40	78～120	0.08～0.15	80～100		～0.15
	b	40～60	60～100	0.04～0.08			
铝合金	a	160～225	82～128	0.05～0.15	550～950	160～200	0.10～0.22
	b	200～270	75～175	0.03～0.10	800～1200	240～300	0.03～0.10
纯铝	a	220～375	85～155	0.12～0.16	300～600		0.08～0.30
	b	330～430	140～160	0.06～0.10	400～800		0.04～0.14
塑料	a	50～80	～40	～0.05	160～200		～0.10
	b	～120	～55	～0.03			

$$a = \sqrt{Ra\,25} \sim \sqrt{Ra\,12.5} \text{（粗切）}$$

$$b = \sqrt{Ra\,6.3} \sim \sqrt{Ra\,3.2} \text{（精切）}$$

立铣刀

3. 西马克公司生产的圆柱铣刀的切削用量（见表 4-8）

表 4-8　圆柱铣刀切削用量推荐表

工件材料		刀 具 材 料					
		高 速 钢			硬 质 合 金		
		切 削 用 量					
		v /(m/min)	u /(mm/min)	f_z /(mm/z)	v /(m/min)	u /(mm/min)	f_z /(mm/z)
钢 <500MPa	a	15～21	60～95	0.15～0.25	80～140	115～180	0.12～0.30
	b	20～26	60～80	0.05～0.12	110～190	150～185	0.08～0.18
钢 <900MPa	a	12～17	43～65	0.12～0.17	70～115	80～135	0.16～0.35
	b	15～20	45～68	0.05～0.10	85～132	120～180	0.05～0.15
钢 >900MPa	a	10～14	32～54	0.10～0.15	42～70	60～85	0.10～0.25
	b	13～17	29～41	0.05～0.10	50～82	85～115	0.02～0.08
铸钢	a	12～16	40～63	0.10～0.15	45～85	70～105	0.20～0.60
	b	15～20	45～65	0.04～0.08	60～120	110～145	0.10～0.20
铸铁 <180HB	a	14～19	70～110	0.16～0.25	60～95	120～190	0.20～0.35
	b	18～24	55～76	0.08～0.15	80～120	120～180	0.05～0.15
铸铁 >180HB	a	11～15	45～72	0.12～0.18	37～67	36～63	0.10～0.25
	b	17～21	40～68	0.06～0.10	40～80	63～90	0.03～0.08
黄铜	a	40～54	110～165	0.16～0.25	85～150	180～315	0.15～0.20
	b	50～70	100～140	0.08～0.15	150～260	250～380	0.05～0.12
赤铜	a	40～54	90～155	0.15～0.25	85～150	180～315	0.15～0.25
	b	48～68	90～145	0.10～0.15	150～260	250～380	0.05～0.12
铸青铜	a	32～45	85～135	0.08～0.15	80～100	180～300	0.15～0.25
	b	43～60	80～110	0.05～0.08	150～220	250～350	0.05～0.12
铝合金	a	170～250	120～205	0.10～0.20	350～700	270～450	0.10～0.30
	b	220～300	90～155	0.08～0.15	600～950	385～560	0.05～0.12
纯铝	a	240～380	120～270	0.10～0.15	300～600	210～370	0.10～0.50
	b	350～450	80～210	0.04～0.10	400～800	300～450	0.05～0.20
塑料	a	30～60	50～70	0.08～0.15 ～0.12	160～200		0.10～0.40
	b	30～60	50～80				

$$a= \sqrt{Ra\ 25} \sim \sqrt{Ra\ 12.5}\ (粗切)$$

$$b= \sqrt{Ra\ 6.3} \sim \sqrt{Ra\ 3.2}\ (精切)$$

圆柱铣刀

4. 三面刃铣刀的切削用量（见表 4-9）

表 4-9　三面刃铣刀的切削用量推荐表

工件材料		刀 具 材 料					
		高 速 钢			硬 质 合 金		
		切 削 用 量					
		v /(m/min)	u /(mm/min)	f_z /(mm/z)	v /(m/min)	u /(mm/min)	f_z /(mm/z)
钢 500MPa	a	15～21	42～83	0.06～0.10	100～160	120～210	0.15～0.40
	b	20～25	25～47	0.04～0.06	130～200	75～130	0.06～0.15
钢 <900MPa	a	12～16	30～53	0.05～0.08	75～120	75～125	0.15～0.45
	b	17～21	19～28	0.03～0.05	100～150	50～75	0.05～0.12
钢 >900MPa	a	9～13	21～40	0.04～0.07	60～80	60～90	0.08～0.20
	b	13～17	12～22	0.03～0.05	80～100	30～60	0.05～0.10
铸钢	a	13～17	27～45	0.06～0.08	45～90	80～125	0.20～0.55
	b	16～20	20～26	0.03～0.05	50～110	60～75	0.16～0.35
铸铁 <180HB	a	13～18	57～88	0.08～0.14	70～95	120～180	0.20～0.40
	b	16～20	32～57	0.02～0.06	87～115	90～150	0.07～0.20
铸铁 >180HB	a	10～14	33～62	0.04～0.06	50～75	75～125	0.18～0.35
	b	15～19	25～28	0.02～0.04	70～90	50～75	0.06～0.18
黄铜	a	30～45	80～130	0.10～0.30	80～150	160～240	0.15～
	b	47～94	52～85	0.05～0.10	150～220	130～190	0.05～0.10
赤铜	a	30～55	68～120	0.10～0.30	80～150	160～240	0.15～
	b	56～72	38～60	0.05～0.10	150～220	130～190	0.05～0.10
铸青铜	a	28～40	83～125	0.05～0.10	80～100		0.07～
	b	40～60	60～100	0.04～0.06			
铝合金	a	150～225	95～165	0.10～0.20	500～900	270～360	0.10～0.30
	b	195～300	60～100	0.05～0.08	800～1200	210～300	0.06～0.20
纯铝	a	260～440	80～200	0.07～0.12	300～600		0.15～0.60
	b	330～430	60～120	0.04～0.07	400～800		0.08～0.25
塑料	a	60～80	70～100	0.08～	160～200		0.07～
	b	75～100	40～75	0.06～			

$a= \sqrt{Ra\,25} \sim \sqrt{Ra\,12.5}$（粗切）

$b= \sqrt{Ra\,6.3} \sim \sqrt{Ra\,3.2}$（精切）

片铣刀

5. 难加工材料的切削用量（见表 4-10）

表 4-10　难加工材料的切削用量推荐表

材　料		刀　具　材　料			
		高　速　钢		硬　质　合　金	
工件材料	布氏硬度　HB	f/(mm/u)	v/(m/min)	f/(mm/u)	v/(m/min)
不锈钢	170～220	0.2	25	0.25	110
淬火钢	＞400			0.20	30～45
钴基合金钢	200～300	0.2	5	0.37	10～16
蒂姆根不锈钢 A286	280～320	0.2	15	0.25	30～45
尼莫尼克镍合金 90 因科镍合金 X	280～320	0.2	6	0.25～0.37	18
铝和钼合金				0.25～0.40	30～50
钨钢				0.50	30～45
钽钢		0.2～0.3	15～18		
钛钢		0.1～0.8	8～16	0.20～0.40	30～60
钛合金钢		0.1～0.4	3～6	0.20～0.40	15～30
铀钢	200			0.30～1.50	24～45
钍钢	80			0.30～0.20	30～50
铌钢		0.1～0.3	20～40	0.10～0.40	60
钒钢		0.25	13	0.25	20
锆钢		0.3～0.4	45～55	0.30～0.40	45～55
铍钢				0.12～0.30	30～60

6. 钻孔时的钻尖尺寸计算

由于在程序加工中，钻头的长度补偿是包括钻尖的高度，但零件图中标的孔深尺寸不包括钻尖高度，所以，程序中的钻孔深度值要加钻尖高度。钻尖高度 a 参考图 4-34（a），各孔的钻尖高度见表 4-11。

表 4-11　钻尖高度尺寸计算

钻头直径 d_1	钻尖值 a	钻头直径 d_1	钻尖值 a	钻头直径 d_1	钻尖值 a	钻头直径 d_1	钻尖值 a	钻头直径 d_1	钻尖值 a
5	1.50	19	5.70	33	9.91	47	14.12	63	18.92
6	1.80	20	6.0	34	10.21	48	14.42	65	19.52
7	2.10	21	6.3	35	10.51	49	14.72	68	20.42
8	2.40	22	6.60	36	10.81	50	15.02	70	21.03
9	2.70	23	6.90	37	11.11	51	15.32	73	21.93
10	3.0	24	7.21	38	11.41	52	15.62	74	22.23
11	3.30	25	7.51	39	11.71	53	15.92	75	22.53
12	3.60	26	7.81	40	12.01	54	16.22	78	23.43
13	3.90	27	8.11	41	12.31	55	16.52	80	24.03

4.5　典型零件的数控加工工艺及编程

4.5.1　链轮

链轮是链传动的齿形零件，它的齿形是由几段圆弧组成，见图 4-37。

小型链轮是用成形铣刀在万能铣床上借助分度头进行加工，所以，不同的链轮廓要

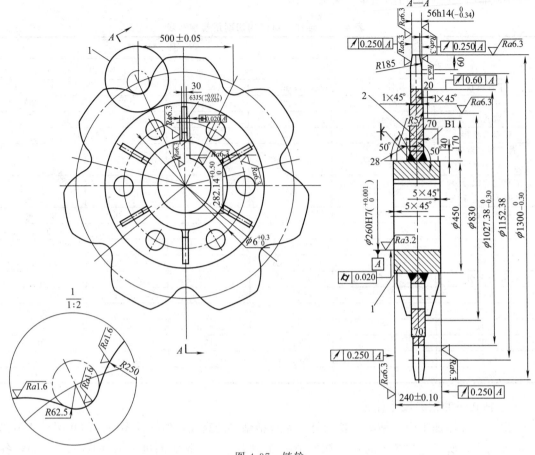

图 4-37　链轮

1—轮芯；2—轮圈；B1—筋板

设计不同的成形链轮铣刀。如果是大型链轮，就要设计大的链轮铣刀。如图 4-37 的链轮，齿形最大圆周弧长为 292mm，其设计的指状铣刀直径要 300mm，制造成本很高，不经济。

如果采用数控程序加工，就可以用普通圆柱铣刀加工链轮的齿形，节省专用刀具的设计和制造费用，还减少了生产准备周期。

零件的技术要求：链轮材料为 40Cr，调质硬度 235~256HB，齿表面淬火 40~45HRC。

1. 零件的加工工艺分析

此零件为焊接结构，轮芯为 45 钢，根据零件尺寸和调质硬度要求，要在粗加工后进行调质处理，轮齿精加工后进行表面淬火处理。

链轮的齿形是重要工序，在立式数控铣床或加工中心上分别进行粗、精加工。粗铣齿用硬质合金螺旋铣刀，精铣齿用钻高速钢螺旋铣刀，减少刀具的磨损，保证齿形的精度。

2. 零件的加工工艺过程

零件的加工工艺过程是：焊→粗车→调质→精车→钻孔→铣齿→钳工→装配。

（1）链轮的定位和装夹　先将底座装夹在工作台合适位置上，用固定螺钉 2 压紧。然后安放链轮和压盖，以外圆和端面找正，用压紧螺钉紧固工件，见图 4-38。

在链轮定位和夹紧后，要用百分表或寻边器建立工件坐标系，使主轴对准孔中心，获得 X、

Y 的机床零点偏移值；将主轴端面的零点设置在孔的端面上。

（2）程序加工的刀具轨迹　链轮齿的刀具轨迹见图 4-39。

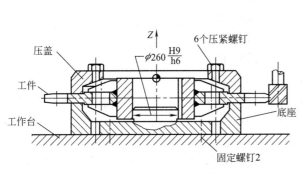

图 4-38　链轮的定位和装夹

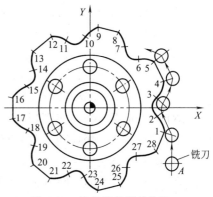

图 4-39　链轮齿的刀具轨迹

（3）链轮齿的坐标计算　见表 4-12。

表 4-12　链轮齿的坐标值

刀位点	坐标值		刀位点	坐标值		刀位点	坐标值	
	X	Y		X	Y		X	Y
1	616.49	−193.37	11	−164.38	515.77	21	−338.02	−555.2
2	534.54	−46.6	12	−338.02	555.20	22	−164.38	−510.77
3	534.54	46.6	13	−466.06	453.09	23	−73.51	−531.51
4	616.49	193.37	14	−461.39	273.92	24	63.65	−646.88
5	545.43	343.56	15	−501.83	184.52	25	223.32	−610.43
6	369.72	388.87	16	−644.82	81.89	26	296.85	−446.98
7	269.85	451.98	17	−644.82	−81.89	27	369.72	−388.87
8	223.32	610.43	18	−501.83	−184.52	28	545.44	−353.55
9	63.65	646.88	19	−461.39	−273.92	A	650	−400
10	−73.51	531.51	20	−466.06	−453.09	30		

（4）编程

① 按刀位点的顺序作精加工编程

O0875；（或％0875）

N10 G00 G90 G53 Z0；　　　　　　　　　　（主轴到机床 Z 的零点，准备换刀）

N20 M06 T2；　　　　　　　　　　　　　　（自动换刀，T2 为 ϕ50 钻高速钢螺旋铣刀）

N30 M03 S500；　　　　　　　　　　　　　（主轴正转，500r/min）

N40 G54 G43 Z50 H02；　　　　　　　　　　（进行刀具长度补偿）

N50　　　X650 Y−400；　　　　　　　　　　（快速到 A 点）

N60　　　　　　Z−150；　　　　　　　　　　（快速到轮齿的深度位置）

N70 G01 G42 X616.49 Y−193.37 D02 F80；（刀具半径补偿在右，到 1 点）

N80 G03 X534.54 Y−46.6 R185；　　　　　　（到 2 点）

N90 G02 X534.54 Y46.6 R62.5；　　　　　　（到 3 点）

N100 G03 X616.49 Y193.37 R185；　　　　　（到 4 点）

N110 G03 X545.43 Y343.56 R150；　　　　　（到 5 点）

N120 G03 X369.72 Y388.87 R185；　　　　　（到 6 点）

N130 G02 X269.85 Y451.98 R62.5；　　　　　（到 7 点）

N140 G03 X223.32 Y610.43 R185；　　　　　（到 8 点）

N150 G03 X63.65 Y646.88 R150；　　　　　（到 9 点）

N160 G03 X−73.51 Y531.51 R185；　　　　　（到 10 点）

N170 G02 X−164.38 Y 515.77 R62.5；　　　　（到 11 点）

N180 G03 X−338.02 Y555.20 R185；　　　　　（到 12 点）

N190 G03 X−466.06 Y453.09 R150；　　　　　（到 13 点）

N200 G03 X−461.39 Y273.92 R185；　　　　　（到 14 点）

N210 G02 X−501.83 Y184.52 R62.5；　　　　（到 15 点）

N220 G03 X−644.82 Y81.89 R185；　　　　　（到 16 点）

N230 G03 X−644.82 Y−81.89 R150；　　　　　（到 17 点）

N240 G03 X−501.83 Y184.52 R185；　　　　　（到 18 点）

N250 G02 X−461.39 Y−273.92 R62.5　　　　　（到 19 点）

N260 G03 X−466.06 Y−453.09 R185；　　　　　（到 20 点）

N270 G03 X−338.02 Y−555.2 R150；　　　　　（到 21 点）

N280 G03 X−164.38 Y−510.77 R185；　　　　　（到 22 点）

N290 G02 X−73.51 Y−531.51 R62.5；　　　　（到 23 点）

N300 G03 X63.65 Y−646.88 R185；　　　　　（到 24 点）

N310 G03 X223.32 Y−610.43 R150；　　　　　（到 25 点）

N320 G03 X296.85 Y−446.98 R185；　　　　　（到 26 点）

N330 G02 X369.72 Y−388.87 R62.5；　　　　（到 27 点）

N340 G03 X545.44 Y−353.55 R185；　　　　　（到 28 点）

N350 G03 X620.0 Y−195.0 R150；　　　　　（刀具离开工件）

N360 G00 G49 Z50；　　　　　（取消刀具长度补偿，离开工件端面）

N370 G40 X0 Y0 M05；　　　　　（取消刀具半径补偿，主轴停）

N380 M30；　　　　　（程序结束）

② 参数编程，见刀具轨迹图 4-40。

当数控铣床或加工中心有 NC 分度工作台的条件时，可以采用子程序和参数编程（法拉克系统）

O0876；　　N10 G00 G90 G53 Z0；

N20 M06 T2；　　　　　（自动换刀，T2 为 ϕ50 钻高速钢螺旋铣刀）

N30 M03 S500；　　　　　（主轴正转，500 r/min）

N40 G54 G43 Z50 H02；（刀具长度补偿）

N50　　X400 Y650；　　　（快速到 A 点）

N60　　　Z−150；　　　　（快速到铣齿的深度位置）

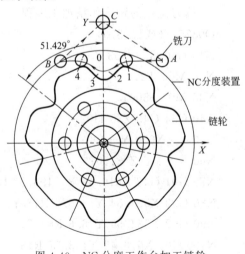

图 4-40　NC 分度工作台加工链轮

N70 #1＝0；

N80 #2＝#1＋1；

N90 #3＝51.429；

N100 #4＝#2・#3；

N110 #5＝360

N120 G00 B#4；　　　　　　　　　　（工作台回转#4的角度）

N130 G65 P0001；　　　　　　　　　　（调用子程序 O0001）

N140 IF［#4＜#5］GOTO90；　　　　　（如果#4小于#5，转移到 N90 程序段）

N150 G00 G49 Z50；　　　　　　　　　（取消刀具长度补偿，离开工件端面）

N160 G40 X0 Y0 M05；　　　　　　　　（取消刀具半径补偿，主轴停）

N170 M30；　　　　　　　　　　　　　（程序结束）

00001；（或 L0001 LF）　　　　　　　（子程序）

N5 G01 G42 X193.37 Y616.49 D02 F80；（插补到 1 点）

N10 G03 X46.6 Y534.54 R185；　　　　（铣到 2 点）

N15 G02 X－46.6 Y534.54 R62.5；　　　（铣到 3 点）

N20 G03 X－193.37 Y616.49 R185；　　（铣到 4 点）

N25 G03 X－340 Y620 R150；　　　　　（铣到 B 点）

N30 G00 X400 Y650；　　　　　　　　　（回到 A 点）

N35 M99；（M17 LF）　　　　　　　　　（子程序结束）

（说明：括号里表示西门子 840D 系统编程，半径 R 用 CR＝替换）

％0876 LF　　　　　　　　　　　　　　（西门子 840D 系统编程）

N10 G00 G90 G53 Z0 LF　　　　　　　　（主轴到机床零点）

N20 M06 T2 LF　　　　　　　　　　　　（自动换刀，T2 为 φ50 钻高速钢螺旋铣刀）

N30 M03 S500 LF　　　　　　　　　　　（主轴正转，500r/min）

N40 G54 G43 Z50 H02 LF　　　　　　　　（刀具长度补偿）

N50　　　X400 Y650 LF　　　　　　　　（快速到 A 点）

N60　　　　　Z－150 LF　　　　　　　　（快速到铣齿的深度位置）

N70 R1＝0 LF

N80 R1＝R1＋1 LF　　　　　　　　　　　（参数和）

N90 R2＝51.429 LF　　　　　　　　　　　（附值）

N100 R3＝R1・R2 LF　　　　　　　　　　（参数积）

N110 R4＝360 LF　　　　　　　　　　　　（参数附值）

N120 G00 BR3 LF　　　　　　　　　　　　（工作台回转 R3 的角度）

N130 G65 P0001 LF　　　　　　　　　　　（调用子程序 L0001）

N140 IF R3＜R4 G0T0B70 LF　　　　　　（如果 R3 小于 R4，转移到 N70 程序段）

N150 G00 G49 Z50 LF　　　　　　　　　　（取消刀具长度补偿，离开工件端面）

N160 G40 X0 Y0 M05 LF　　　　　　　　　（取消刀具半径补偿，主轴停）

N170 M30 LF　　　　　　　　　　　　　　（程序结束）

4.5.2　轴端接头

该件是大型压力设备上万向接轴的重要零件，由于在工作中需要转动不同的角度，连接部分的形状比较复杂，致使加工工艺和加工难度都比较大。

举此典型零件的目的是说明零件的加工工艺编制、数控工艺及编程、刀具及切削用量、工件的装夹及重要尺寸的测量等相互之间的关系和要考虑的问题。

1. 轴端接头零件图及技术要求（见图 4-41）。

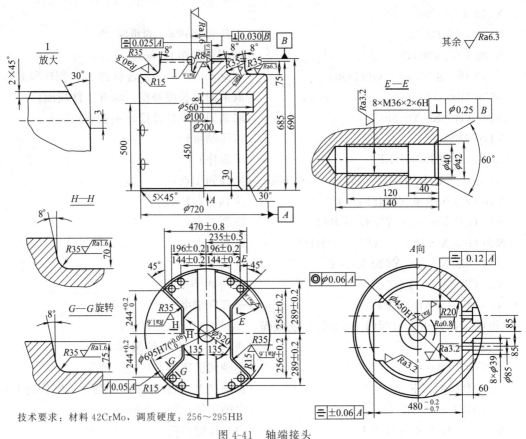

技术要求：材料 42CrMo，调质硬度：256～295HB

图 4-41　轴端接头

2. 零件加工的工艺分析

（1）确定生产类型　该零件所属产品为重型机械设备，年产量少，不超过 10 件，所以属于单件小批生产的类型。

（2）零件毛坯的粗加工　由于零件承受较大的扭矩和冲击载荷，所以，采用了合金材料 42CrMo 的锻件毛坯，调质硬度要求 256～295HB，以达到较高的力学性能。在编制机械加工工艺时，必须使粗精加工分开。所以在毛坯粗加工后必须进行超声波探伤，合格后才进行调质。为了检查调质后零件的内部质量，在半精加工后，再进行一次超声波探伤，合格后才转入精加工工序。

由于调质硬度高，必须选择高性能的切削刀具。所以在购买或设计专用刀具时，要选择好的刀具材料。

（3）零件的技术精度分析　对零件的尺寸和精度的正确性与合理性进行审查，提出修改或合理化建议。

零件图中的重要加工表面有装配定位面 $\phi695H7$（+0.08）、内孔配合面 $\phi490H7$（+0.063）、键槽配合面 100H7（+0.023），最高配合精度为 H7，形位精度最小为 0.025mm，对于 $\phi720$、长度 690mm 这种大尺寸和高精度的零件，在普通机床上加工是达不到精度要求的。

只有安排在数控机床加工才能够达到。

个别精度要求过高的，应该向设计者提出修改建议。例如，图中 $\phi695H7$（+0.08）的配合精度要求偏高。因为该配合的目的是使键槽 100H7 和 8×M36 的螺栓能够达到装配要求。但是 $\phi695H7$ 较小公差反而会影响键槽 100H7 的配合，又因为螺栓与螺栓孔之间有一定的间隙，对它们的装配影响有限，建议将 $\phi695H7$ 改为 $\phi695H8$（+0.125），以降低该尺寸的加工难度。

（4）零件加工的工艺性分析　在零件的工艺性方面，$R35$ 和 8°的曲面是难加工的，既要保证曲面的准确性，又要保证两个曲面与键槽中心的对称性，只有在数控铣、镗床上用程序加工才能实现，而且要准备专用刀具和检查对称性的样板。

在内孔中 $R20$ 的退刀槽加工工艺性不太好，因为在 $\phi480H7$ 孔底有 $\phi200×8$ 的台阶，给加工 $R20$ 的退刀槽造成困难，建议设计者能否去掉台阶，使加工 $R20$ 的退刀槽较为方便。如果不能修改，必须采取工艺措施。

3. 加工方案的制定

根据上述对零件的毛坯材质、热处理要求、配合尺寸精度等的工艺性分析，就可以制定零件的整体加工方案和重要工序的加工方案。

（1）制定零件的整体加工方案　整体加工方案制定为：粗车（粗车内、外圆及总长）→探伤→调质→半精车→探伤（检查调质中有否缺陷）→精车（内、外圆及总长）→划插扁方→数控加工→钻孔→钳工。

制定了零件的整体加工方案后，要编制零件的工艺路线，以确定零件的工艺过程和生产流程，它也是制定生产计划和调度的依据。

① 划定零件的工艺路线明细表，见表 4-13。

表 4-13　产品工艺路线明细表

订货代号	Z2008071		生　产　车　间												
图号	零件名称	材料	原材料	模型	炼钢	铸钢	钢清	热处理	锻造	焊接	机加一	机加二	齿轮	装配一	装配二
08630	轴端接头	42CrMo			1	2	3	4 7	5		6 8			9	
08631	链轮	焊接件					3 5			1	2 4			6	

② 编制零件的加工工艺卡。根据零件的工艺分析和工艺路线编制加工工艺卡，见表 4-14。

表 4-14　零件加工工艺卡

图号	08630	零件名称	轴端接头	材料	42CrMo	质量/kg		1590
序号	工序/设备		工　序　内　容				定额	检验
1	划线		划内孔中心十字线和找正圆线,划可调中心支撑 4 个爪位加工线					
2	镗/T615K		(1)按划线找正工件外圆的母线和孔中心线,粗镗 $\phi490H7$ 孔为 $\phi450$,铣孔端面见平,铣可调中心支撑的 4 个爪位 (2)工作台转 180°,钻、镗 $\phi100$ 孔为 $\phi70$				定额	检验
3	粗车/C61125		粗车内、外圆及端面,每面留余量 5mm,表面要求 $Ra3.2$				定额	检验
4	探伤		超声波探伤					

序号	工序/设备	工序内容	定额	检验
5	热处理	调质处理,256～295HB		
6	半精车/C61125	粗车内、外圆及端面,每面留余量2mm,表面要求$Ra3.2$	定额	检验
7	探伤	超声波探伤		
8	精车/C61125	(1)以$\phi720$外圆和孔的端面定位,找正后架中心架,夹紧工件,加工$\phi490H7$内孔,$\phi560$空刀槽、$30°$倒角符合图纸要求,在外圆上车50mm宽找正工艺基准 (2)卸去中心架,装上中心堵,用顶尖定位。精车$\phi720$外圆符合图纸要求,一端倒角$5×45°$(卡爪的夹持处外圆待下一工步加工) (3)以$\phi720$外圆及端面定位,架中心架,找正后夹紧工件,精车$\phi695H7$、孔$\phi100$、止口$\phi320×5$、$\phi720$及端面、总长和倒角$2×45°$等符合图纸要求		
9	划线	(1)划A向视图中$320H8×480^{-0.2}_{-0.7}$扁方加工线 (2)划$\phi720$的圆周上$8×\phi39$及$\phi85$加工线 (3)在端面上划$R35$曲面加工线	定额	检验
10	插/B5100	A端向上,另一端置于等高垫铁上定位,找正后压紧工件。分别粗、精插$320H8×480^{-0.2}_{-0.7}$扁方符合图纸要求	定额	检验
11	钻/T68	以A端面放于工作台上,用螺钉和压板压紧工件: (1)按划线铣、镗$8×\phi85$ (2)钻$8×\phi39$孔符合图 (3)工件放V形铁上找正夹紧,按划线$a_2b_2c_2d_2e_2f_2g_2h_2$和$a_4b_4c_4d_4e_4f_4g_4h_4$粗铣$R35$曲面,留余量2mm,端面铣深73mm	定额	检验
12	数控加工/Tϕ160NC	见数控工序卡	定额	检验
13	钳	(1)去毛刺,锐边倒钝 (2)用抛光轮抛光$R35$的$Ra1.6$曲面	定额	检验

③ 机床型号说明:

a. C61125-ϕ1250 卧式车床;

b. T615K-ϕ160 卧式镗床;

c. B5100-1 米插床;

d. Tϕ160NC-ϕ160 卧式数控镗铣床。

④ 主要工序的说明。

a. 工序2中,在T615K普通卧式镗床上安排$\phi490H7$和$\phi100$粗镗孔,是比在卧式车床上排屑容易,也减少在卧式车床上的工作量。更不宜安排在立式车床上粗加工,因为排屑困难。

b. 工序8中,要安排先内后外的加工原则。在C61125卧式车床上精加工,为了保证零件的形状精度和位置精度,要将工件右端外圆定位在中心架上,精加工$\phi490H7$内孔及倒角;精车$\phi560$空刀槽时,要设计专用车槽工装,见图4-42。

当内孔加工后,要用专用中心堵与内孔过渡配合定位,然后用一夹一顶方式精加工$\phi720$外圆。

工件调头装夹，架中心架，以精加工好的外圆找正，精加工 $\phi100$、$\phi695H7$ 和倒角、止口 $\phi320\times5$ 等，保证总长 690mm。

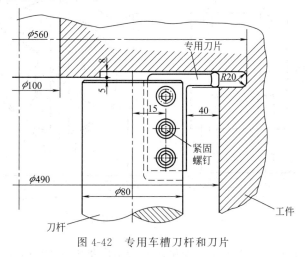

图 4-42　专用车槽刀杆和刀片

c. 工序 11 中，要按照先粗后精的加工原则。即在普通镗床上按坐标点 $a_2b_2c_2d_2e_2f_2g_2h_2$ 和 $a_4b_4c_4d_4e_4f_4g_4h_4$ 划线，用立铣刀先粗加工 $R35$ 的曲面，然后在数控镗床上用程序精加工。如果 $R35$ 的曲面在数控机床上连续进行粗、精加工，就会引起较大精度误差和变形。

（2）重要工序的加工方案制定　零件重要工序的加工方案是零件的整体加工方案中最重要的部分，它是保证零件加工精度最复杂和最重要的工序。

在轴端接头零件中，$R35$ 的 $Ra1.6$ 曲面、100H7 键槽、8-M36×2-6H 等的精度要求高，需要制定具体的加工方案。

① 加工 $R35$ 的 $Ra1.6$ 曲面必须在数控镗床上用程序加工，为了保证曲面形状准确，设计成形铣刀，见图 4-43。在加工 $R35$ 曲面之前，先在 T68 镗床上用端面铣刀按所划的曲面线和 75 深度进行粗加工，各留精加工留余量 2mm。（见工序 11）

② 为保证左、右两个 $R35$ 曲面相对于 100H7 键槽的对称性，必须设计 $R35$ 曲面的检验样板，见图 4-44。

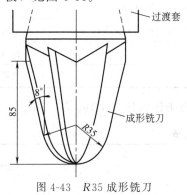

图 4-43　$R35$ 成形铣刀

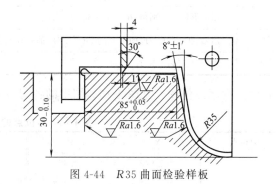

图 4-44　$R35$ 曲面检验样板

③ 为保证 8-M36×2-6H 螺孔的位置精度，必须在数控镗床上用程序钻螺纹底孔和攻螺纹，要设计 M36×2-6H 的粗、精加工丝锥。

④ 由于这些表面之间的相互位置精度要求高，最好是一次装夹能够全部加工，为此要

设计 90°V 形垫铁作为定位夹具，见图 4-45。

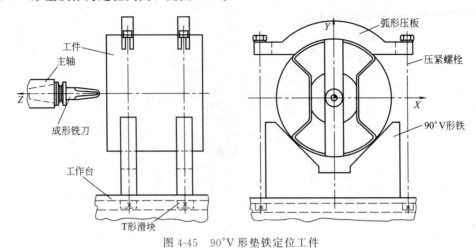

图 4-45　90°V 形垫铁定位工件

根据以上具体加工方案，需要用数控机床实行工序集中的方法加工这些重要表面，也就是表 4-14 的零件加工工艺卡中的工序 11（数控加工）。

（3）编制数控加工工序卡　见表 4-15。

表 4-15　数控加工工序卡

产品代号	零件图号	零件名称	机床型号	材料	质量/kg	工艺卡号	工序号	工装代号
Z2008071	08630	轴端接头	Tϕ160NC	42CrMo	1590	No.35	12	
工步	工 序 内 容							
1	安装两个 V 形垫铁在工作台的靠近机床的主轴一侧，并找正 V 形面的一个侧面，允差 0.02mm							V 形垫铁号
2	将有 100H7 键槽的一端向机床主轴，以 ϕ720 外圆定位在 V 形垫铁中，并用百分表在工件端面上沿上、下和左、右检查端面跳动，允差 0.02～0.025，然后夹紧工件							
3	粗、精加工 100H7 键槽符合图纸要求							
4	用程序加工							
5	用平面铣刀分别精铣 $a_2b_2c_2d_2e_2f_2g_2h_2$ 和 $a_4b_4c_4d_4e_4f_4g_4h_4$ 的端面，深 75							
6	用成形铣刀分别粗、精加工 R35 曲面 $a_1b_1c_1d_1e_1f_1g_1h_1$ 和 $a_3b_3c_3d_3e_3f_3g_3h_3$							成形铣刀号
7	用钻、扩、镗 E—E 图中 8×M36×2-6H 的底孔及倒角							样板号
8	攻螺纹 M36×2-6H							丝锥号

（4）程序刀位图　见图 4-46。图中的各刀位点的编程坐标值见表 4-16。

表 4-16　刀位点的编程坐标值

刀位点	X	Y	刀位点	X	Y
a_1	225.672	280.486	a_2	239.607	268.680
b_1	230.607	239.427	b_2	235.343	235.879
c_1	144.0	154.751	c_2	154.251	150.523
d_1	135.0	129.503	d_2	145.251	125.775
e_1	135.0	−129.503	e_2	145.251	−125.775

刀位点	X	Y	刀位点	X	Y
f_1	144.0	−154.751	f_2	154.251	−150.523
g_1	230.607	−239.427	g_2	235.343	−235.879
h_1	225.672	−280.486	h_2	239.607	−268.680
a_3	−225.672	280.486	a_4	−239.607	268.680
b_3	−230.607	239.427	b_4	−235.343	235.879
c_3	−144.0	154.751	c_4	−154.251	150.523
d_3	−135.0	129.503	d_4	−145.251	125.775
e_3	−135.0	−129.503	e_4	−145.251	−125.775
f_3	−144.0	−154.751	f_4	−154.251	−150.523
g_3	−230.607	−239.427	g_4	−235.343	−235.879
h_3	−225.672	−280.486	h_4	−239.607	−268.680

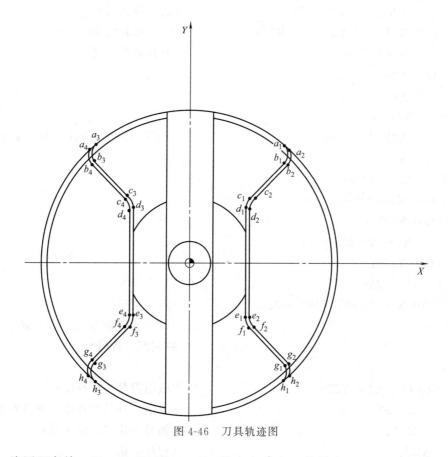

图 4-46 刀具轨迹图

（5）编写程序单　以 ϕ695H7 和 100H7 的中心建立工件零点 G54，X、Y 和 Z 坐标的方向如图所示，Z 的零点在 ϕ720 的端面上。

① 精铣 $a_2b_2c_2d_2e_2f_2g_2h_2$ 和 $a_4b_4c_4d_4e_4f_4g_4h_4$ 的端面程序。

硬质合金立铣刀 $\phi60$，刃长 100mm，在刀补存储器中输入刀具半径和长度补偿值。

编写程序：

O0877;	（法拉克系统）（或 ％0877 LF 西门子系统）
N10 G00 G90 G53 Z0.0;	（主轴回机床换刀点）
N20 M06 T1;	（自动换刀，T1 立铣刀）
N30 M03 S800;	（主轴 800r/min，正转）
N40 G54 X260 Y－400;	（刀具到工件 h_2 点的外侧）
N50 G43 Z－87 H01;	（进行刀具长度补偿，Z 进深 12＋75）
N60 G01 G42 X239.607 Y－268.680 D01 F100;	（圆弧半径插补到 h_2 点右侧）
N70 G03 X235.343 Y－235.879 R15;	（铣圆弧 $R15$ 到 g_2 点）
N80 G01 X154.251 Y－150.523;	（铣削斜线到 f_2 点）
N90 G02 X145.251 Y－125.775 R35;	（铣圆弧 $R35$ 到 e_2 点）
N100 G01 X145.251 Y125.775;	（铣削直线到 d_2 点）
N110 G02 X154.251 Y150.523 R35;	（铣圆弧 $R35$ 到 c_2 点）
N120 G01 X235.343 Y235.879;	（铣削斜线到 b_2 点）
N130 G03 X239.607 Y268.680 R15;	（铣圆弧 $R15$ 到 a_2 点）
N140 G01 X240 Y270;	（刀具离开 a_2 点）
N150 G00 X290;	
N160 G01 X195 Y0;	
N170　　X240 Y－270;	
N180 G00 X290 Y－250;	（N150～N230 为铣余下的端面部分）
N190 G01 X245 Y0;	
N200　　X290 Y250;	
N210 G00 X340 Y230;	
N220 G01 X295 Y0;	
N230　　X340 Y－230;	
N240 G00 Y370;	
N250　　X－235;	
N260 G01 X－239.607 Y268.680;	（到 a_4 点）
N270 ……	（以下为铣削左边 $a_4b_4c_4d_4e_4f_4g_4h_4$ 的端面，省略）
……	
N… G00 G40 X280 Y370;	（取消刀具半径补偿）
N…　G53 G49 Z0.0;	（取消刀具长度补偿，准备换刀）
N…　　M05;	（如果不换刀，停主轴）
N…　　M30;	（程序结束）

② $R35$ 曲面的编程。

分别用粗、精加工成形铣刀加工 $a_1b_1c_1d_1e_1f_1g_1h_1$ 和 $a_3b_3c_3d_3e_3f_3g_3h_3$ 曲面。

O0878；（或％0878）

N10 G00 G90 G53 Z0.0；   （主轴回机床换刀点）

N20 M06 T2；   （自动换刀，T2 粗铣成形刀，刀补留余量）

N30 M03 S800；   （主轴 800r/min，正转）

N40 G54 X260 Y−400；   （刀具到工件 h_2 点的外侧）

N50 G43 Z−87 H02；   （进行刀具长度补偿，Z 进深 12＋75）

N60 G01 G42 X225.672 Y−280.486 D02 F100；   （圆弧半径插补到 h_1 点右侧）

N70 G03 X 230.607 Y−239.427 R15；   （铣圆弧 $R15$ 到 g_1 点）

N80 G01 X144.0 Y−154.751；   （铣削斜线到 f_1 点）

N90 G02 X145.251 Y−125.775 R35；   （铣圆弧 $R35$ 到 e_1 点）

N100 G01 X135.0 Y129.503；   （铣削直线到 d_1 点）

N110 G02 X144.0 Y154.751 R35；   （铣圆弧 $R35$ 到 c_1 点）

N120 G01 X230.607 Y239.427；   （铣削斜线到 b_1 点）

N130 G03 X225.672 Y280.486 R15；   （铣圆弧 $R15$ 到 a_1 点）

N140 G01 X224 Y285；   （刀具离开 a_1 点）

N150 G00 Y385；

N160   X−220；

N170 G01 X−225.672 Y280.486；   （插补到 a_3 点）

N180 G03 X−230.607 Y239.427 R15；   （铣圆弧 $R15$ 到 b_3 点）

N190 G01 X−144.0 Y154.751；   （铣削斜线到 c_3 点）

N200 G02 X−135.0 Y129.503 R35；   （铣圆弧 $R35$ 到 d_3 点）

N210 G01 X −135.0 Y−129.503；   （铣削直线到 e_3 点）

N220 G02 X−144.0 Y−154.751 R35；   （铣圆弧 $R35$ 到 f_3 点）

N230 G01 X−230.607 Y−239.427；   （铣削斜线到 g_3 点）

N240 G03 X−225.672 Y−280.486 R15；   （铣圆弧 $R15$ 到 h_3 点）

N250 G01 X−224 Y−285；   （刀具离开 h_3 点）

N260 G00 Z50；   （刀具离开端面到安全位置）

N270 G40 X0 Y0 M05；   （取消刀具半径补偿）

N280 G53 G49 Z0；   （取消刀具长度补偿，回换刀位置）

N290 M06 T3；   （调用 T3 精加工成形铣刀）

N300 M03 S1000；   （主轴 800r/min，正转）

N310 G00 G90 G54 X260 Y−400   （刀具到工件 h_1 点的外侧）

N320 G43 Z−87 H02；   （进行刀具长度补偿，Z 进深 12＋75）

N330 G01 G42 X225.672 Y−280.486 D02 F100；   （圆弧半径插补到 h_1 点右侧）

N340 ……   （以下与粗铣程序相同，省略）

N…

N… G00 Z50；   （刀具离开端面到安全位置）

N… G40 X0 Y0；   （取消刀具半径补偿）

N… G53 G49 Z0.0；   （取消刀具长度补偿，准备换刀）

N… M05;　　　　　　　　　　　　　　　（如果不换刀，停主轴）

N… M30;　　　　　　　　　　　　　　　（程序结束）

③ 8×M36×2-6H 螺纹孔的编程

该螺纹孔的编程首先用中心钻 A3 定孔的中心，然后用 ϕ34 的钻头钻螺纹小径，用镗刀加工 ϕ40，用 60°的角铣刀倒角，最后用 M36×2-6H 丝锥攻螺纹。

程序：

O0879；（或％0879 LF）

N10 G00 G90 G53 Z0.0;　　　　　　　　（主轴回机床零点，准备换刀）

N20 M06 T4;　　　　　　　　　　　　　（自动换刀，T4 中心钻 A3）

N30 M03 S800;　　　　　　　　　　　　（主轴 600r/min，正转）

N40 G54 G43 Z3 H04;　　　　　　　　　（刀具离工件端面 3mm）

N50 G81 G98 X196 Y256 Z－18 R－10 F50;　（G81 固定循环钻孔）

N60　X144 Y289;

N70　X－144 Y289;

N80　X－196 Y256;

N90　X－196 Y－256;

N100　X－144 Y－289;

N110　X144 Y－289;

N120　X196 Y－256;

N130 G00 G80 G49 Z50 M05;　　　　　　（取消固定循环和刀具长度补偿，主轴停）

N140 G53 Z0.0;　　　　　　　　　　　　（主轴回机床零点，准备换刀）

N150 M06 T5;　　　　　　　　　　　　　（自动换刀，T5 钻头 ϕ34）

N160 M03 S500;　　　　　　　　　　　　（主轴 500r/min，正转）

N170 G54 G43 Z3 H05;　　　　　　　　　（刀具离工件端面 3mm）

N180 G83 G98 X196 Y256 Z－162.21 R－10 Q15 F50;（G83 固定钻孔循环）

N190　X144 Y289;

N200　X－144 Y289;

N210　X－196 Y256;

N220　X－196 Y－256;

N230　X－144 Y－289;

N240　X144 Y－289;

N250　X196 Y－256;

N260 G00 G80 G49 Z50 M05;　　　　　　（取消固定循环和刀具长度补偿，主轴停）

N270 G53 Z0.0;　　　　　　　　　　　　（主轴回机床零点，准备换刀）

N280 M06 T6;　　　　　　　　　　　　　（自动换刀，T6 镗刀 ϕ40）

N290 M03 S500;　　　　　　　　　　　　（主轴 500r/min，正转）

N300 G54 G43 Z3 H06;　　　　　　　　　（刀具离工件端面 3mm）

N310 G85 G98 X196 Y256 Z－40 R－10 F50;　（G85 固定镗孔循环）

N320　X144 Y289；

N330　X−144 Y289；

N340　X−196 Y256；

N350　X−196 Y−256；

N360　X−144 Y−289；

N370　X144 Y−289；

N380　X196 Y−256；

N390 G00 G80 G49 Z50 M05；　　　　　　　（取消固定循环和刀具长度补
　　　　　　　　　　　　　　　　　　　　　偿，主轴停）

N400 G53 Z0.0；　　　　　　　　　　　　（主轴回机床零点，准备换刀）

N410 M06 T7；　　　　　　　　　　　　　（自动换刀，T7 角度铣刀 ϕ42）

N420 M03 S500；　　　　　　　　　　　　（主轴 500r/min，正转）

N430 G54 G43 Z3 H07；　　　　　　　　　（刀具离工件端面 3mm）

N440 G85 G98 X196 Y256 Z−2.5 R−10 F50；（G85 固定镗孔循环）

N450　X144 Y289；

N460　X−144 Y289；

N470　X−196 Y256；

N480　X−196 Y−256；

N490　X−144 Y−289；

N500　X144 Y−289；

N510　X196 Y−256；

N520 G00 G80 G49 Z50 M05；　　　　　　　（取消固定循环和刀具长度补
　　　　　　　　　　　　　　　　　　　　　偿，主轴停）

N530 G53 Z0.0；　　　　　　　　　　　　（主轴回机床零点，准备换刀）

N540 M06 T8；　　　　　　　　　　　　　（自动换刀，T8 丝锥 M36×2，
　　　　　　　　　　　　　　　　　　　　　专用攻丝夹头）

N550 M03　；　　　　　　　　　　　　　（主轴 500r/min，正转）

N560 G54 G43 Z3 H08；　　　　　　　　　（刀具离工件端面 3mm）

N570 G84 G98 X196 Y256 Z−120 R−45 P2000 F2；（G84 固定攻丝循环）

N580　X144 Y289；

N590　X−144 Y289；

N600　X−196 Y256；

N600　X−196 Y−256；

N620　X−144 Y−289；

N630　X144 Y−289；

N640　X196 Y−256；

N650 G00 G80 G49 Z50 M05；　　　　　　　（取消固定循环和刀具长度补
　　　　　　　　　　　　　　　　　　　　　偿，主轴停）

N660　M30；　　　　　　　　　　　　　　（程序结束）

（6）程序刀具预调表　见表 4-17。

表 4-17　刀具预调表

产品代号	零件图号	零件名称	机床型号	材料	质量/kg	工艺卡号	工序号
Z2008071	08630	轴端接头	Tϕ160NC	42CrMo	1590	No. 35	12

刀具号	刀具名称	编程代号	半径值 D	长度值 P
	硬质合金立铣刀	T1		
	粗加工成形铣刀	T2		
	精加工成形铣刀	T3		
	中心钻 A3	T4		
	钻头 ϕ34	T5		
	镗刀 ϕ40	T6		
	60°角铣刀 ϕ42	T7		
	丝锥和攻丝夹头	T8		
		T9		

复　习　题

一、名词解释

1. 机械加工工艺过程——

2. 工序——

3. 工艺规程——

4. 工艺基准——

5. 定位基准——

6. 测量基准——

7. 精基准——

8. 工件的定位——

9. 六点定位原理——

二、选择题 （将正确的答案代号写在括号内）

1. 铣床上用的平口钳属于 （　　）。

　　A. 通用夹具　　　　　　　　B. 专用夹具　　　　　　　　C. 组合夹具

2. 轴类零件的调质热处理工序应安排在 （　　）。

  A. 粗加工前　　　　　　　　　　　B. 粗加工后，精加工前

  C. 精加工后　　　　　　　　　　　D. 渗碳后

3. 零件加工中选择的粗基准可以使用（　　）。

  A. 一次　　　　B. 二次　　　　C. 三次　　　　D. 多次

4. 数控程序在加工零件之前要进行对刀的主要目之一是确定（　　）。

  A. 工件的零点　　B. 编程零点　　C. 机床零点　　D. 换刀点

5. 刀具半径补偿指令在返回零点状态时，其补偿值应该（　　）。

  A. 模态保持　　B. 暂时抹消　　C. 取消　　　　D. 初始状态

6. 数控机床使用的刀具中，具有较高强度和高耐用度特性的刀具材料是（　　）。

  A. 硬质合金　　B. 高速钢　　　C. 工具钢　　　D. 陶瓷刀片

7. 通常用球头铣刀加工曲面时，表面粗糙度不理想是因为（　　）而造成的。

  A. 行距不够密　　　　　　　　　　B. 步距太小

  C. 刀刃不太锋利　　　　　　　　　D. 球头中心的切削速度几乎为零

三、问答题

1. 零件加工工艺方案制定要遵循哪些一般原则？

2. 零件划分为数控加工的主要原则有哪些？

3. 零件精加工工序中怎样选择定位精基准？

4. 什么叫完全定位和不完全定位？

5. 什么叫过定位和欠定位？

6. 对数控刀具的刀片材料性能有哪些要求？

7. 为什么数控铣、镗床的程序加工前要进行刀具预调？

四、编程题

1. 根据题图 4-1 球形轴零件，进行以下练习：

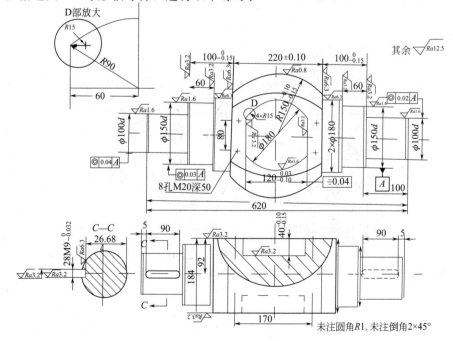

题图 4-1　球形轴

（1）简要的零件加工的工艺路线和机械加工工艺分析；

（2）编写零件的加工工艺，包括工序的设备和主要刀具；

（3）数控加工的编程，包括建立编程坐标系和刀位点的坐标计算。

工件材质 42CrMo，调质硬度 255～285HB，机械性能 σ_b＝700～1100MPa，伸长率 δ＝8%～10%，冲击值 α_k＝60～100J/cm^2。

2. 根据题图 4-2 手轮凸模，工件材料 45 号钢，调质 225～255HB，要求进行工艺分析和制定加工方案，编写数控工序。计算各刀位点的坐标和编写加工程序。

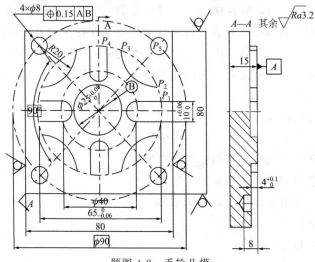

题图 4-2 手轮凸模

3. 根据题图 4-3 油泵盖，工件材料 45 号钢，毛坯调质 225～255HB，要求进行工艺分析、制定加工方案，确定数控工序和编程。在图上建立工件坐标系，计算椭圆形盖各刀位点的坐标和编写轮廓和孔的加工程序。

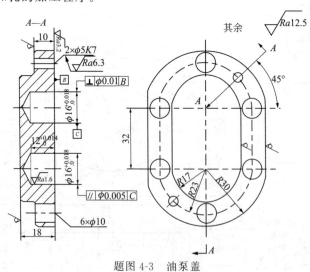

题图 4-3 油泵盖

单元 *5*

参数编程及其应用

教学目标：通过学习参数编程，掌握特殊零件表面加工的参数编程方法。

参数编程也称为自由编程（Free Programming），它是编程系统允许使用变量对程序指令进行算术和逻辑运算及条件转移的编程功能。利用参数编程方法能够使形状复杂或相同形状而不同尺寸的零件编程简化，提高了编程效率，是手工编程中一项重要的编程技术。

在参数编程中，不同的编程系统使用不同的变量。GSK990M 系统和 FANUC 0i-MB 系统的编程参数是使用 # 号及其后的数字作为变量（Variable），用它编写的程序称为宏程序（Macro programming），它类似于子程序。

西门子（SIEMENS）编程系统的编程参数是使用参数 R（Parameter）及其后的数字作为变量，用它编写的程序称为参数子程序。SINUMERIK 840D 是西门子编程系统，用 R 字母为变量代码编写参数子程序。

5.1 法拉克（FANUC）0i-MB 系统宏指令编程

5.1.1 用户宏程序

宏程序的定义：由用户使用变量编写的具有算术和逻辑运算功能并能应用条件转移和循环语句的一种子程序。

在零件编程时，将需要用参数编程的轮廓加工部分编写成子程序，将主轴启动、刀具调用、确定编程零点及程序结束等内容编写成主程序，在主程序中间的正确位置用宏指令语句调用宏程序。在执行宏程序加工时，宏程序中的实际变量值可用 MDI 方式从操作面板上输入或由宏程序指令赋给变量。

1. 应用参数编程的优点

① 由于使用变量进行编程，程序能够用变量对零件的加工轮廓的编程坐标进行算术和逻辑运算，使编程坐标值的计算快速、准确。

② 在参数编程中，可用程序语句和 NC 语句进行条件转移和循环语句的编程，这就能将同样的加工轮廓编程大为缩短和简化。

③ 有利于典型零件加工表面编程的标准化。在应用变量编程时，对于表面轮廓相同而尺寸不同的零件，只需编写一个通用程序。当要加工该类零件时，将不同零件的尺寸输入到相应的变量中（西门子编程系统为修改参数的赋值），就能够实现程序加工。

④ 简化工人的编程和操作，提高生产现场的编程效率。将典型零件加工表面的通用程序存储到数控机床的存储器中，当生产中遇到同类型轮廓的零件，只需将相应尺寸输入到对应的变量中（西门子编程系统为修改参数的赋值），然后执行程序加工。既减少了数控装置

存储程序占用的容量，又节省了编程和辅助生产时间。

⑤ 对于某些曲线轮廓的加工表面，在没有计算机辅助编程的情况下，也可用变量编程方法，既简便又快捷。

2. 宏程序的调用格式

宏程序的调用是指在主程序中，宏程序可以被单个程序段单次调用。

(1) 非模态指令调用格式

G65　P（宏程序号）　　L（重复次数）（变量分配）

其中：G65——宏程序调用指令

P（宏程序号）——被调用的宏程序代号；

L（重复次数）——宏程序重复运行的次数，重复次数为 1 时，可省略不写；

（变量分配）——为宏程序中使用的变量赋值。

宏程序与子程序相同的是，一个宏程序可被另一个宏程序调用，最多可调用 4 重。

(2) 宏程序模态调用指令：G66

(3) 宏程序模态取消指令：G67

3. 宏程序的编写格式

宏程序的编写格式与子程序相同。其格式为：

加工程序（主程序）	用户宏程序（子程序）
O0001;	O9010;
N…	#1＝#18/2;　　（给变量赋值）
…	G01 G42 X#1 Y#1 F300;
…	G02 X#1 Y－#1 R#1;
…	…
…	…
…	…
G65 P9010 R50.0 L2;（调用宏程序）	…
…	…
…	…
N…　M30　;	M99;

上述宏程序内容中，除通常使用的编程指令外，还可使用变量、算术运算指令及其他控制指令，变量可在宏程序调用指令中赋值。

5.1.2 变量的种类

普通加工程序直接用数字指定 G 代码和移动坐标的距离，例如 G01 X100.0。使用用户宏程序时，数字可以直接指定或用变量指定。例如 #1＝#2＋100；G01 X#1 F300；所以，变量就是程序段中某些地址的参数值在程序循环运动中逐一变动，称该参数为变量。

1. 变量的表示

变量用 # 和后面的变量号指定，例如：#1。

表达式可以用于指定变量号，但表达式必须封闭在括号中，例如：$\#[\#1+\#2-12]$。

2. 变量的类型

按变量号分成四种类型，见表 5-1。

表 5-1　变量的类型

变 量 号	变量类型	功　　能
#0	空变量	该变量总是空的,没有值能赋给该变量
#1～#33	局部变量	局部变量只能用在宏程序中存储数据,例如,运算结果。断电时,局部变量被初始化为空。调用宏程序时,自变量给局部变量赋值
#100～#199 #500～#999	公共变量	公共变量在不同的宏程序中的意义相同。当断电时,#100～#199 被初始化为空。变量 #500～#999 的数据保存,即使断电也不丢失
#1000～	系统变量	系统变量用于读和写 CNC 的各种数据,例如,刀具的当前位置和补偿值

3. 变量值的范围

局部变量和公共变量可以是 0,或下面范围中的值:10^{-29} 到 10^{47}。如果变量值超出有效范围,则系统发出 P/S 报警 No.111。

被引用变量的值根据地址的最小设定单位自动地舍入。例如,G00 X#1,将 12.5686 赋值给 #1,则 G00 X#1 的实际指令值为 G00 X12.568。

4. 小数点的省略

当在程序中定义变量值时,整数的小数点可以省略。例如,#1=123;变量 #1 的实际值是 123.000。

5. 变量的引用

在地址后指定变量号即可引用其变量值。当用表达式指定变量时,表达式要用括号。

例如:G01 X[#1+#2]F#3;

变量值为负时,要将负号放在 # 号的前面。例如:G00 X-#1;

(1) 未定义的变量　当变量值未定义时,该变量为"空"变量,例如:#0 总是空变量。它不能写,只能读。

引用未定义的变量时,变量及地址字都被忽略。例如:当 #1=0,#2 的值是空时,执行 G00 X#1 Y#2;结果是 G00 X0。

(2) 引用　当引用一个未定义的变量时,地址本身也被忽略。

(3) 运算　见表 5-2。

除了用〈空〉赋值外,其余情况下〈空〉与 0 相同。

(4) 条件表达式　见表 5-3。

<table>
<tr><td colspan="4">表 5-2　变量运算</td></tr>
<tr><td>当 #1=〈空〉时</td><td>当 #1=0 时</td><td>当 #1=〈空〉时</td><td>当 #1=0 时</td></tr>
<tr><td>#2=#1
↓
#2=〈空〉</td><td>#2=#1
↓
#2=0</td><td>#2=#1+#1
↓
#2=0</td><td>#2=#1+#1
↓
#2=0</td></tr>
<tr><td>#2=#1*5
↓
#2=0</td><td>#2=#1*5
↓
#2=0</td><td></td><td></td></tr>
</table>

<table>
<tr><td colspan="4">表 5-3　变量条件表达式</td></tr>
<tr><td>当 #1=〈空〉时</td><td>当 #1=0 时</td><td>当 #1=〈空〉时</td><td>当 #1=0 时</td></tr>
<tr><td>#1EQ #0
↓
成立</td><td>#1EQ #
↓
不成立</td><td>#1GE #0
↓
成立</td><td>#1GE #0
↓
不成立</td></tr>
<tr><td>#1NE #0
↓
成立</td><td>#1NE #0
↓
不成立</td><td>#1GT #0
↓
不成立</td><td>#1GT #0
↓
不成立</td></tr>
</table>

EQ 和 NE 中的〈空〉不同于 0。

当变量值是空白时,变量是空。

符号 * * * * * * * * 表示溢出(当变量的绝对值大于 99999999 时)或下溢出(当变量的绝对值小于 0.0000001 时)。

6. 限制

程序号、顺序号和任选程序段跳转号不能使用变量。

例如，下面情况不能使用变量：

O #1;

/ #2 G00 X100.0;

N #3 Y200.0;

5.1.3 变量的使用与运算

1. 变量的运算和转移宏指令

根据变量的类型，在零件的宏程序编程中，常用的变量是局部变量和公共变量。因为系统变量用于读和写 CNC 的各种数据，在宏程序中不用（可参阅编程说明书）。

2. 变量的算术和逻辑运算法则（见表 5-4）

表 5-4　算术和逻辑运算法则

运 算 功 能	运 算 形 式	备 注
变量的定义和替换	# i= # j	
加法	# i= # j+ # k	
减法	# i= # j− # k	
乘法	# i= # j * # k	
除法	# i= # j/ # k	
正弦	# i=SIN[# j]	
反正弦	# i=ASIN[# j]	
余弦	# i=COS[# j]	角度以度指定
反余弦	# i=ACOS[# j]	90°30′表 示 为 90.5°
正切	# i=TAN[# j]	
发正切	# i=ATAN[# j]	
平方根	# i=SQRT[# j]	
绝对值	# i=ABS[# j]	
舍入	# i=ROUND[# j]	
上取整	# i=FIX[# j]	
下取整	# i=FUP[# j]	
自然对数	# i=LN[# j]	
指数函数	# i=EXP[# j]	
或	# i= # j OR # k	
异或	# i= # j XOR # k	逻辑运算一位一位地 接二进制数执行
与	# i= # j AND # k	
从 BCD 转为 BIN	# i=BIN[# j]	用于与 PMC 的信号交换
从 BIN 转为 BCD	# i=BCD[# j]	

运算形式的说明如下。

（1）ARCSIN # i ＝ASIN[# j] 取值范围：当参数（No. 6004，#0）NAT 位设为 0时，270°～90°；NAT 位设为 1 时，−90°～90°。当 # j 超出 −1～1 的范围时，发出 P/S 报警 No. 111；常数可替代变量 # j。

（2）ARCCOS # i ＝ACOS[# j] 取值范围从 180°～ 0°。当 # j 超出 −1～1 的范围时，发出 P/S 报警 No. 111；常数可替代变量 # j。

（3）ARCTAN 指定两个边的长度，并用斜杠（/）分开。

i=ATAN[# j]/[# k]；取值范围如下：当参数（No. 6004，#0）NAT 位设为 0

时，0°～360°。例如，当指定 #1＝ATAN［－1］/［－1］时，#1＝225°；当参数（No.6004，#0）NAT 位设为 1 时，#1＝－180°到 180°；例如，当指定 #1＝ATAN［－1］/［－1］时，#1＝－135°；常数可替代变量 # j。

（4）自然对数 # I＝LN［# j］ 注意，相对误差可能大于 10^{-8}，当反对数（# j）为 0 或小于 0 时，发出 P/S 报警 No.111，常数可替代变量 # j。

（5）指数函数 # i＝EXP［# j］ 注意，相对误差可能大于 10^{-8}，当运算结果超过 3.65×10^{47}（j 大约是 110）时，出现溢出并发出 P/S 报警 No.111，常数可替代变量 # j。

（6）ROUND（舍入）函数 当算术运算或逻辑运算指令 IF 或 WHILE 中包含 ROUND 函数时，则 ROUND 函数在第 1 个小数位置 4 舍 5 入。例如，当执行 #1＝ROUND［#2］时，此处 #2＝1.2345，变量 1 的值是 1.0；当在 NC 语句中使用 ROUND 函数时，ROUND 函数根据地址的最小设定单位将指定值 4 舍 5 入。例如，编制钻削加工程序，按变量 #1 和 #2 的值切削，然后返回到初始位置。假定最小设定单位是 1/1000mm，变量 #1 是 1.2345，变量 #2 是 2.3456，则 G00 G91 X－ #1；移动 1.235mm；G01 X- #2 F300；移动 2.345；G00 X［#1＋ #2］；由于 1.2345＋2.3456＝3.5801，移动距离为 3.580，刀具不会返回到初始位置。该误差来自舍入之前还是舍入之后相加。必须指定 G00 X-［ ROUND［#1］＋ ROUND［#2］］以使刀具返回到初始位置。

（7）上取整和下取整 CNC 处理数值运算时，若操作后产生的整数绝对值大于原数的绝对值时为上取整；若小于原数的绝对值时为下取整，对于负数的处理应该小心。例如，假设 #1＝1.2，#2＝－1.2，当执行 #3＝FUP［#1］时，2.0 赋给 #3。当执行 #3＝FIX［#1］时，1.0 赋给 #3；当执行 #3＝FUP［#2］时，－2.0 赋给 #3。当执行 #3＝FIX［#2］时，－1.0 赋给 #3。

（8）算术与逻辑运算指令的缩写 见表 5-5。

表 5-5 算术与逻辑运算指令的缩写

宏程序指令	缩写	宏程序指令	缩写	宏程序指令	缩写
WHILE	WH	TAN	TA	ROUND	RO
GOTO	GO	ATAN	AT	END	EN
XOR	XO	SQRT	SQ	EXP	EX
AND	AN	ABS	AB	THEN	TH
SIN	SI	BCD	BC	POPEN	PO
ASIN	AS	BIN	BI	BPRINT	BP
COS	CO	FIX	FI	DPRINT	DP
ACOS	AC	FUP	FU	PCLOS	PC

举例：

WH［AB［#2］LE RO［#3］］语句与 WHEILE［ABS［#2］LE ROUND［#3］］语句具有相同的效果。

（9）运算次序 函数；乘和除运算（＊、/）；加和减运算（＋、－、OR、XOR）。

（10）运算举例 #1＝#2＋#3＊SIN #4；

运算次序：运算 SIN #4；运算 #3＊SIN #4；运算 #2＋#3＊SIN #4。

（11）括号嵌套 括号用于改变运算次序，可以使用 5 级括号，包括函数内部使用的括号。当超过 5 级时会出现 P/S 报警 No. 111。

（12）括号嵌套举例 #1＝SIN[[[#2＋ #3] * #4＋ #5] * #6]。

括号嵌套运算次序：运算 #2＋ #3；运算 [#2＋ #3] * #4；运算 [[#2＋ #3] * #4＋ #5]；运算 SIN [[[#2＋ #3] * #4＋ #5] * #6]。

3. 宏程序语句和 NC 语句

下面的程序段为宏程序语句：

包含算术或逻辑运算的程序段；（有符号"＝"）

包含控制语句（例如，GOTO、DO、END）的程序段；

包含宏程序调用指令（例如，G65、G66、G67 或其他 G 代码、M 代码调用宏程序）；

除了宏程序语句以外的任何程序段都为 NC 语句。

有关宏程序语句与 NC 语句的不同点请参阅编程说明书。

4. 转移和循环

在程序中，使用 GOTO 语句和 IF 语句可以改变程序控制的流向。有三种方式：

转移和循环—GOTO 语句（无条件转移方式）

IF 语句（条件转移方式：IF …… THEN ……）

WHILE 语句（当 …… 时循环方式）

（1）无条件转移（GOTO 语句） 当程序运行需要转移到标有顺序号 n 的程序段时，应用该语句。n 的范围 1 到 99999。

指定顺序号的表达式：GOTOn；

例如，GOTO1；表示程序运行转移到程序段 N1 再运行其后的程序。

（2）条件转移（IF 语句） 程序中的某一个程序段中，是在 IF 之后，指定条件表达式〈条件表达式〉，程序运行才能转移到指定的程序段号 n 再运行。

① 编程格式：IF〈条件表达式〉GOTOn

如果指定的条件表达式满足时，转移到标有顺序号 n 的程序段。如果指定的条件表达式不满足时，执行下一个程序段。

例如， ↓N… IF[#1 GT 10]GOTO 2；

…　…

…　…　　　　　　（如果条件不满足，执行下个程序段）

N2 G00 G91 X10.0；　　←（如果变量 #1 的值大于 10，转移到顺序号 N2）

② IF＜条件表达式＞THEN

如果指定的条件表达式满足，就执行预先决定的宏程序语句，且只执行一个宏程序语句。

例如，IF[#1 EQ #2]THEN #3＝0；（如果 #1 和 #2 的值相同，0 赋给 #3）

在条件表达式中必须包括运算符，运算符插在两个变量中间或变量和常数中间，并且用括号（[ ]）封闭，表达式可以代替变量。

③ 运算符：运算符由 2 个字母组成，用于两个值的比较，以决定它们是相等还是一个值小于或大于另一个值（注意：不能使用不等号），运算符及含义见表 5-6。

程序计算举例：（下面的程序计算数值 1～10 的总和）

O9500；

　#1＝0；　　　　　　　　　　　　（存储和的变量初值）

#2＝1；   （被加数的变量初值）

N1 IF［#2 GT 10］GOTO2；   （当被加数大于 10 时转移到 N2）

#1＝#1＋#2；   （计算和）

#2＝#2＋#1；   （下一个被加数）

GOTO 1；   （转移到 N1）

N2 M30；   （程序结束）

表 5-6 运算符及含义

运　算　符	含　　　义	运　算　符	含　　　义
EQ	等于（=）	GE	大于或等于（≥）
NE	不等于（≠）	LT	小于（<）
GT	大于（>）	LE	小于或等于（≤）

（3）循环（WHILE）语句　在 WHILE 后指定一个条件表达式。当指定条件满足时，执行从 DO 到 END 之间的程序段。

编程格式：　WHILE［条件表达式］DOm；（m＝1，2，3）

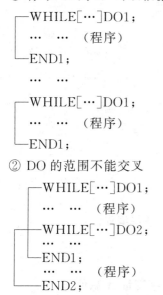

当条件满足时，执行从 DO 到 END 之间的程序；当条件不满足时，转到执行 END 之后的程序（与 IF 语句的指令格式相同）。DO 后的数和 END 后的数为指定程序执行范围的程序段顺序号，号为 1、2、3，若用 1、2、3 以外的数会产生 P/S 报警 No.126。

（4）嵌套　在 DO—END 循环中的顺序号（1、2、3）可根据需要多次使用。但是，当程序有交叉重复循环（DO 范围重叠）时，会出现 P/S 报警。

举例：

① 标号（1 到 3）可以根据要求多次使用。

```
┌WHILE［…］DO1；
│  …  …  （程序）
└END1；
   …  …
┌WHILE［…］DO1；
│  …  …  （程序）
└END1；
```

② DO 的范围不能交叉

```
  ┌WHILE［…］DO1；
  │  …  …  （程序）
 ┌┤WHILE［…］DO2；
 ││  …  …
 │└END1；
 │   …  …  （程序）
 └END2；
```

③ DO 循环可以嵌套 3 级

```
┌──WHILE[…]DO1；
│     … …
│  ┌──WHILE[…]DO2；
│  │     … …
│  │  ┌──WHILE[…]DO3；
│  │  │     … …    （程序）
│  │  └──END3；
│  │     … …
│  └──END2；
│     … …
└──END1；
```

④ 控制可以转到循环的外边

```
┌──WHILE[…]DO1；
│┌─IF[…]GOTOn；
│└─END1；
└─▶Nn……
```

⑤ 转移不能进入循环区内

```
┌─▶IF[…]GOTOn；
│     … …
│┌─WHILE[…]DO1；
│├─Nn…
│└─END1；
```

嵌套循环说明如下。

① 无限循环：当指定 DO 而没有指点 WHILE 语句时，产生从 DO 到 END 的无限循环。

② 处理时间：在处理有标号的 GOTO 语句时，进行顺序号检索。反向检索的时间要比正向检索的时间长。用 WHILE 语句实现循可以减少处理时间。

③ 未定义的变量：在使用 EQ 或 NE 的条件表达式中，〈空〉和零有不同的效果。在其他形式的条件表达式中，〈空〉被当作零。

程序举例：O0001；

    #1＝0；

    #2＝1；

    WHILE[#2LE10]DO1；

    #1＝ #1＋ #2；

    #2＝ #2＋1；

    END1；

    M30；

5.1.4　宏指令编程举例

如图 5-1 所示的圆环点阵孔群中各孔的加工，采用宏程序进行编程。

1. 圆环点阵孔群编程

（1）宏程序中将用到的变量

#1——第一个孔的起始角度 A，在主程序中用对应的文字变量 A 赋值；

#3——孔加工固定循环中 R 平面值 C，在主程序中用对应的文字变量 C 赋值；

#9——孔加工的进给量值 F，在主程序中用对应的文字变量 F 赋值；

#11——要加工孔的孔数 H，在主程序中用对应的
文字变量 H 赋值；

#18——加工孔所处的圆环半径值 R，在主程序中
用对应的文字变量 R 赋值；

#26——孔深坐标值 Z，在主程序中用对应的文字
变量 Z 赋值；

#30——基准点，即孔所在圆的中心 X 坐标值 X_O；

#31——基准点，即孔所在圆的中心 Y 坐标值 Y_O；

#32——当前加工孔的序号 i；

#33——当前加工第 i 孔的角度；

#100——已加工孔的数量；

图 5-1　圆环点阵孔群

#101——当前加工孔的 X 坐标值，初值设置为圆中心的 X 坐标值 X_O；

#102——当前加工孔的 Y 坐标值，初值设置为圆中心的 Y 坐标值 Y_O。

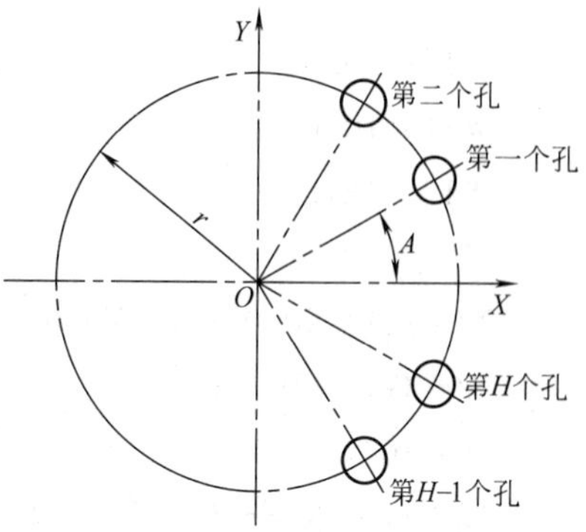

（2）用户宏程序编写

```
O8000 ;
N8010　#30＝#101 ;                              （基准点保存）
N8020　#31＝#102 ;                              （基准点保存）
N8030　#32＝1 ;                                 （计数值置 1）
N8040　WHILE［#32 LE ABS［#11］］DO1 ;          （进入孔加工循环体）
N8050　#33＝#1＋360×［#32−1］/ #11 ;           （计算第 i 孔的角度）
N8060　#101＝#30＋#18×COS［#33］ ;             （计算第 i 孔的 X 坐标值）
N8070　#102＝#31＋#18×SIN［#33］ ;             （计算第 i 孔的 Y 坐标值）
N8080　G90 G81 G98 X#101 Y#102 Z#26 R#3 F#9 ; （钻削第 i 孔）
N8090　#32＝#32＋1 ;                            （计数器对孔序号 i 计数累加）
N8100　#100＝#100＋1 ;                          （计算已加工孔数）
N8110　END1 ;                                   （孔加工循环体结束）
N8120　#101＝#30 ;                             （返回 X 坐标初值 $X_O$）
N8130　#102＝#31 ;                             （返回 Y 坐标初值 $Y_O$）
M99 ;                                           （宏程序结束）
```

（3）在主程序中调用上述宏程序的调用格式

```
O0831 ;                                         （主程序）
N5　G00 G90 G54 X _ Y _ ;                      （刀具到编程零点）
N10　M03 S1000 ;                               （主轴启动）
N15　G65 P8000　A... C... F... H... R... Z... ; （调用宏程序）
……
N… M30 ;                                        （主程序结束）
```

上述程序段中各文字变量后的值（…）均应按零件图样中给定值来赋值。

2. 铣削圆台与斜方台编程

将圆台与斜方台各自加工 3 个循环，要求倾斜 10°的斜方台与圆台相切，圆台在方台之上，见图 5-2 俯视图。

%8002；

#10＝10.0；　　　　　　　　　　　　　　　　　　　　　　（圆台阶高度）

#11＝10.0；　　　　　　　　　　　　　　　　　　　　　　（方台阶高度）

#12＝124.0；　　　　　　　　　　　　　　　　　　　（圆外定点的 X 坐标值）

#13＝124.0；　　　　　　　　　　　　　　　　　　　（圆外定点的 Y 坐标值）

N01 G92 X0.0 Y0.0 Z0.0；

N05 G00 Z10.0；

#0＝0；

N06 G00 X[－#12]Y[－#13]；

N07 Z[－#10] M03 S600；

WHILE #0 LT 3；　　　　　　　　　　　　　　　　　（加工圆台）

N[08＋#0＊6]G01 G42 X[－#12/2]Y[－175/2]F280.0 D[#0＋1]；

N[09＋#0＊6]X[0]Y[－175/2]；

N[10＋#0＊6]G03 J[175/2]；

N[11＋#0＊6]G01 X[#12/2]Y[－175/2]；

N[12＋#0＊6]G40 X[#12]Y[－#13]；

N[13＋#0＊6]G00 X[－#12]Y[－#13]；

#0＝#0＋1；

ENDW；

N100 Z[－#10－#11]；

#2＝175/SQRT[2]＊COS[55＊PI/180]；

#3＝175/SQRT[2]＊SIN[55＊PI/180]；

#4＝175＊COS[10＊PI/180]；

#5＝175＊SIN[10＊PI/180]；

#0＝0；

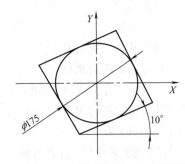

图 5-2　宏程序铣圆、方台例题

WHILE #0 LT 3；　　　　　（加工斜方台）

N[101＋#0＊6]G01 G90 G42 X[－#2]Y[－#3]F280.0 D[#0＋1]；

N[102＋#0＊6]G91 X[＋#4]Y[＋#5]；

N[103＋#0＊6]X[－#5]Y[＋#4]；

N[104＋#0＊6]X[－#4]Y[－#5]；

N[105＋#0＊6]X[＋#5]Y[－#4]；

N[106＋#0＊6]G00 G90 G40 X[－#12]Y[－#13]；

#0＝#0＋1；

ENDW；

G00 X0 Y0 M05；

M30；

5.2　西门子（SINUMERIK）840D 参数编程及应用

SINUMERIK 数控系统是目前比较先进的一种，广泛应用于大中型数控机床上，很多工厂都在使用这一数控系统，其中的一个很重要的特点就是 R 参数方便应用，它可以通过改变某些参数 R 的赋值，就可以实现同类零件共用一个程序，从而极大地提高编程效率，同时只要通过改变 R 参数，就能够实现产品形状及尺寸的变化，从而实现柔性制造。

5.2.1　R 参数及子程序概述

1. R 参数

R 参数的定义、特点等在前面已经做了详细的阐述，SINUMERIK 840D 允许用户编程使用的是 R0～R99，其余参数为其内部或其他使用，用户编程不能使用。

（1）R 参数运算

N10 R1＝R1＋1　　　　　　　　　　　（R1＋1 赋值给 R1（计数））

N20 R1＝R2＋R3

N25 R4＝R5－R6 R7＝R8＊R9 R10＝R11/R12

N30 R13＝SIN(75)

N40 R14＝R1＊R2＋R3　　　　　　　　（先乘除运算，后加减运算）

N50 R14＝R3＋R2＊R1；

N60 R15＝SQRT(R1＊R1＋R2＊R2)　　（求平方根）

（2）R 参数轴值的分配

N10 G01 G91 X＝R1 Z＝R2 F300

N20 Z＝R3

N30 X＝－R4

N40 Z＝－R5

2. 子程序

（1）SINUMERIK 840D 子程序格式

××××.SPF

……

……

M17/M02/M30/RET

××××是子程序号，与主程序一样，只是子程序的类型为 SPF。

（2）SINUMERIK 840D 子程序调用

××××　P～

或 L×××× P～

××××或 L××××表示调用的子程序号，P～表示调用的次数，范围是 1～9999，当次数位 1 次时，可以省略。

5.2.2　参数类型及运算

变量可以用来代替固定数值，以增加程序的灵活性。如对于同类型零件的加工，可以使用同一程序，只需改变程序中的参数值即可加工出不同尺寸的零件，从而减少编程的工作量。

1. 参数的分类

用户自定义参数：参数的名称和类型均由用户定义，并可将数值分配给它们。

① 算术参数：特殊的预先定义的运算参数，如其地址 R 之后的数字。预先定义的运算参数是 REAL 型。

② 系统参数：系统在所有现有程序中可用且可以处理的参数，如零点偏置、刀具补偿、实际位置值、轴的实测值、控制状态等。

③ 参数的类型，见表 5-7。

表 5-7　参数分类表

类　型	名　称	说　明	取值范围
INT	整型	定义计数器、整数等	$\pm(2^{31}-1)$
REAL	实型	含小数点的小数	$\pm(10^{-300} \sim 10^{+300})$
BOOL	布尔	逻辑判断 0 为假(FALSE),1 为真(TRUE)	1,0
CHAR	字符型	如以代码 0 至 255 规定的 ASCII 字符	0 ~255
STRING	字符串型	用〔…〕表示字符串包含的个数,最大 200 个字符	一系列的数值:0 ~255
AXIS	轴型	仅用于轴名(轴地址)	所有轴识别符号和通道主轴
FRAME	FRAME 型	用于平移、转动、比例、镜像几何参数	

2. 参数的运算

在 100 个 REAL 型运算变量中，如无进一步的定义，则在地址 R 之下作为标准使用。运算变量实际数目（最多 1000 个）定义于机床数据中。算术运算及函数运算，见表 5-8。

表 5-8　参数的算术运算符及函数运算表

+	加	SIN( )	正弦	ASIN( )	反正弦	POT( )	二次方
—	减	COS( )	余弦	ACOS( )	反余弦	TRUNC( )	舍位整数
*	乘	TAN( )	正切	ATAN2( )	反正切	ROUND( )	进位整数
/	除	注:(Type INT)/(Type INT)=(Type REAL)如:3/4=0.75					
EXP( )	指数	SQRT( )	平放根	ABS( )	绝对值	LN( )	自然对数
DIV	取整	对整型和实型有效;注:(Type INT)DIV(Type INT)=(Type INT),如 3DIV4=0					

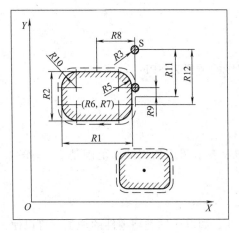

图 5-3　R 参数及子程序举例

5.2.3　R 参数及子程序应用实例

1. 铣削矩形外轮廓

如图 5-3 所示，要加工两个形状相似，大小不同的矩形，铣削矩形外轮廓，虚线表示刀具的中心轨迹，加工起点为 S 点，对应的 R 参数如下。

R1：矩形长。

R2：矩形宽。

R3：刀具半径。

R4：刀具的 Z 向进给深度（绝对值）。

例如，设零件上表面为 Z0。

R5：矩形圆角半径。

R6，R7：分别为矩形中心的 X、Y 坐标。

R10：刀具中心轨迹半径。

其余参数为中间变量。

程序如下。

子程序：JUXING2.SPF

N10 R10＝R3＋R5 LF　　　　　　　　　　（计算刀具中心轨迹的圆角半径）（产生刀补）

N20 R8＝R1/2＋R3 LF　　　　　　　　　　（计算矩形中心到起点 S 在 X 向的距离）

N30 R9＝R2/2－R5 LF　　　　　　　　　　（中间变量）

N40 R11＝R2/2＋2＊R5 LF　　　　　　　　（矩形中心到起点 S 在 Y 向的距离）

N50 R12＝R9＋R11 LF　　　　　　　　　　（计算第一次直线插补位移量）（增量）

N60 R18＝R6＋R8 R19＝R7＋R11 LF　　　　（计算起点 S 的 X、Y 的坐标）

N70 R1＝R1－2＊R5　R2＝R2－2＊R5 LF　（计算矩形水平和垂直方向的直线长度）

N80 G00 X＝R18 Y＝R19 LF

N90 G01 Z＝－R4 F100 LF

N100 G91 G01 Y＝－R12 LF

N110 G02 X＝－R10 Y＝－R10 CR＝R10 LF

N120 G01 X＝－R1 LF

N130 G02 X＝－R10 Y＝R10 CR＝R10 LF

N140 G01 Y＝R2 LF

N150 G02 X＝R10 Y＝R10 CR＝R10 LF

N160 G01 X＝R1 LF

N170 G02 X＝R10 Y＝－R10 CR＝R10 LF

N180 G90 G00 Z＝R4 LF

N190 M17 LF

主程序：JUXING1.MPF

N10 G53 G00 G90 Z0 D0 M5 LF

N20 T1　LF

N30 G54 G00 X0 Y0 S800 M03 LF

N40 G00 Z5 D1 M08 LF

N50 R1＝40 R2＝30 R3＝2.5 R4＝6 R5＝10 R6＝50 R7＝90 LF　　　（赋初值）

N60 JUXING2 LF　　　　　　　　　　　　　　　　　　　　（加工大轮廓）

N70 R1＝30 R2＝15 R3＝2 R4＝5 R5＝5 R6＝100 R7＝25 LF　　　（赋初值）

N80 JUXING2 LF　　　　　　　　　　　　　　　　　　　　（加工小轮廓）

N90 G00 X0 Y0 LF

N100 G00 G53 Z0 D0 LF

N110 M30 LF

2. 铣内圆周的子程序（X-Y）

见图 5-4，铣内圆周尺寸图，其中

R1—加工圆直径

R3—刀具半径（精确数据）

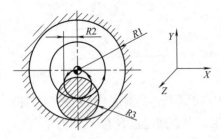

图 5-4　铣内圆周尺寸图

子程序：401.SPF

N5 R1=R1/2−R3

N10 R2=R1/2

N15 G91 G64 G03 X=0 Y=−R1 CR=R2

N20 X0 Y0 I0 J=R1

N25 X0 Y=R1 CR=R2

N30 G90 M17

调用格式：ｘｘｘ.MPF

...

N40 G00 X_Y_S_F_　　　　　（在_上填写具体数据）

N45 G01 Z_ M03

N50 L40101 R1=_R3=_

N55 G01 Z_

...

3. 铣外圆周的子程序（X-Y）

各参数见图 5-5，其中：

$R1$—加工圆直径；$R2$—过度圆半径；$R3$—刀具半径（精确数据）；

$R5$—刀具轴向进深，在坐标轴负向 $R5$ 为"−"

子程序：404.SPF

N5　 R1=R1/2−R3

N10 R51=R1+R2

N15 G91 G60 G00 X=−R51 Y=−R2

N20 Z=−R5

N25 G64 G03 X=R2 Y=R2 CR=R2

N30 G02 X0 Y0 I=R1 J0

N35 G03 X=−R2 Y=R2 CR=R2

N40 G00 G60 Z=R5

N45 X=R51 Y=−R2

N50 G01 M17

调用格式：ｘｘｘ.MPF

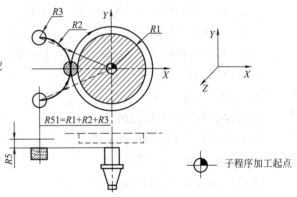

图 5-5　铣外圆周尺寸图

...

N40 G00 X_Y_S_F_

N45 G01 Z_ M03

N50 L40401 R1=_R2=_R3_R5=_　　（输入每个 R 参数的数值）

N55 G01 Z_　　　　　　　　　　　（铣刀轴向移动值）

...

4. 铣内螺纹的子程序

参数见图 5-6，其中

R1—内螺纹公称直径，R3—刀具理论半径

R5—螺纹深度和空行程（取螺距整倍数）

R9—螺距，R6—内螺纹中径公差值

子程序：407. SPF

N5　R9＝R9＊0.866/8

N10 R6＝R6/4

N15 R1＝R1/2＋R6＋R9－R3

N20 R2＝R1/2

N25 R30＝0

N30 G64 G91 G01 Z＝－R5

N35 G03 X＝－R2 Y0 CR＝R2（圆弧切
入螺纹大径）

N40 MAR1：G03 X0 Y0 I＝R1 J0 Z＝R9
（螺纹加工）

N45 R30＝R30＋R9（每加工一扣螺纹之
后的深度变化）

N50 IF R30＜R5 GOTOB MAR1（根据
螺纹深度变化判断螺纹加工是否结束）

N55 G00 X＝R1

N60 G60 G90 M17

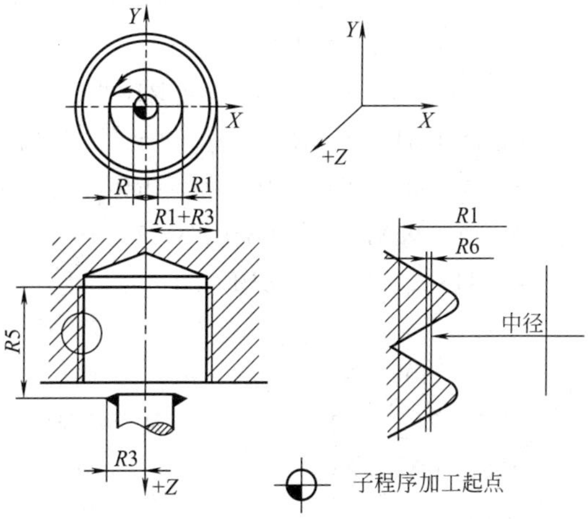

调用格式：ｘｘｘ．MPF

…

N50 G01 X＿ Y＿ S＿ F＿

N55 Z＿ R1＝ R3＝ R5＝ R6＝ R9＝ M03

…

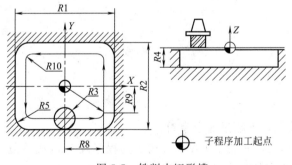

图 5-6　铣内螺纹尺寸图

5. 铣削内矩形槽的子程序（见图 5-7）

R1—槽长；R2—槽宽；R3—刀具半径；R5—槽内圆角半径

R4—刀具进深，在坐标轴负向 R4 为"－"

图 5-7　铣削内矩形槽

子程序：412. SPF

N5　R6＝R5＊2

N10　R10＝R5－R3

N15　R8＝R1/2－R3

N20　R9＝R2/2－R5

N25　R1＝R1－R6

N30　R2＝R2－R6

N35　IF　R3＞R5　GOTOF　MAR1

N40　G91 G60　G01　Z＝－R4

N45　G64　G01　X＝R8　Y＝－R9

N50　Y＝R2

N55　G03　X＝－R10　Y＝－R10　CR＝R10

N60　G01　X＝－R1

N65 G03　X＝－R10　Y＝－R10 CR＝R10

N70　G01　　Y＝－R2

N75　G03　　X＝R10　Y＝－R10　CR＝R10

N80　　G01　X＝R1

N85　　G03　　X＝R10　　Y＝R10　　CR＝R10

G90　　G01　　Z＝R4

N95　　G00　　X＝－R8　　Y＝R9

N100　　MAR1：　G90　M17

调用格式：x x x. MPF

……

N50　　G01　　X＿Y＿X＿F＿

N55　　Z＿　R1＝　R2＝　R3＝　R4＝　R5＝

N60　　G60 L412　01

……

5.2.4　程序跳转及程序段重复功能

1. 程序跳转及程序段重复功能概述

对于加工形状不复杂的零件，计算比较简单，程序不多，采用手工编程较容易完成。但对于形状复杂的零件，用一般的手工编程就有一定的困难，且出错概率大，有的甚至无法编出程序，除了采用自动编程外，采用程序跳转及程序段重复功能和"R"参数配合编程也可很好地解决这一问题。

程序跳转功能在第 3 章介绍 SINUMERIK 802S 数控系统中，采用 GOTOB、GOTOF 的方式来实现，在 SINUMERIK 840D 数控系统也适用。本节主要介绍程序段重复方式，即采用 REPEAT/REPEATB 编程，其中 REPEAT 为区域内段程序重复，REPEATB 为某一程序段重复。

2. 程序段重复（REPEAT/REPEATB）

程序段重复需要重复的程序段利用标号识别。

（1）单段重复

① 编程格式

LABEL：N35 …… LF

N40 …… LF

REPEATB LABEL P＝n LF

N80 …… LF

② 功能说明

"LABEL："为标号，字母开头，冒号结尾，不超过 8 个字符。

执行 REPEATB LABEL P＝n 程序段时，P＝n 表示 LABEL 指定的程序段 N35 被重复执行 n 次，如果 P 未被指定，那么 LABEL 指定的程序段只执行一次。

REPEATB LABEL P＝n 程序段执行之后，执行 N80 程序段。

用标号指定的程序段可以位于 REPEATB LABEL P＝n 程序段的前、后。

③ 程序举例

……

N10 ABC1：X10 Y20 LF

N20 … … LF

N30 REPEATB ABC1 P＝3 LF　　　（执行程序段 N10 三次）

N40 … … LF

（2）区间重复

区间重复也叫多段重复，又分两种情况。

RAPEAT 与标号区间重复

① 编程格式

LABEL：

N35 … … LF

N40 … … LF

……

N70 … … LF

N75 REPEAT LABEL P＝n LF

N80 … … LF

② 功能说明

REPEAT LABEL P＝n 表示 RAPEAT 语句和"LABEL："标号之间的程序段重复执行 n 次。REPEAT LABEL P＝n 程序段执行之后，执行 N80 程序段。

标号必须出现在 REPEAT 语句之前。

③ 程序举例

……

N10 LOOP1：R6＝R6－1 LF

……

N40 … … LF

N50 REPEAT LOOP1 P＝4 LF　　执行 N10 到 N40 之间程序段 4 次

N60 … … LF

两标号区间重复

① 编程格式

START ＿ LABEL：aaa　　　　（aaa，bbb，ccc，ddd，eee 都表示程序段）

bbb

END ＿ LABEL：ccc

ddd

REPEAT START ＿ LABEL END ＿ LABEL P＝n

eee

② 功能说明

START ＿ LABEL 和 END ＿ LABEL 两标号之间的程序段重复执行 n 次。最后一次重复之后，REPEAT START ＿ LABEL END ＿ LABEL P＝n 程序段执行之后，执行 eee 程序段。

需要重复的程序段可以出现在 REPEAT 语句前后。

③ 程序举例

N10 LOOP1：R5＝R5＋20 LF

N20 … … LF

N30 LOOP2：X＝R5＊SIN（38）LF

N40 …… LF

N50 REPEAT LOOP1 LOOP2 P＝5 LF　　（N10 到 N30 之间程序段执行 5 次）

N60 …… LF

（3）标号与结束标号间的重复

① 编程格式

LABEL：aaa

bbb

ENDLABEL：ccc

……

REAPEAT LABEL P＝n

ddd

② 功能说明

ENDLABEL 是带有固定名字的标号，ENDLABEL 表示程序段结束并且在程序中可以多次使用。

③ 程序举例

N10 LOOP1：R8＝R8－1 LF

N20 …… LF

N30 LOOP2：X＝R5＋10 LF

N40 …… LF

N50 ENDLABEL：G00 Z100 LF

N60 …… LF

N70 LOOP3：X50 LF

N80 …… LF

N50 REPEAT LOOP3 P＝2 LF　　（N70 到 N80 之间程序段执行 2 次）

N60 REPEAT LOOP2 P＝4 LF　　（N30 到 N50 之间程序段执行 4 次）

N60 REPEAT LOOP1 P＝3 LF　　（N10 到 N50 之间程序段执行 3 次）

N70 …… LF

3. 程序跳转及程序段重复应用实例

（1）例 1　铣削整圆的外轮廓，刀具直径为 ϕ8mm，如图 5-8 所示。

分析：若不用圆弧插补，比如将圆细分成若干份，然后用直线插补逼近加工。细分数目越多，加工出的零件轮廓误差越小。

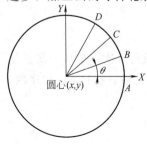

图 5-8　整圆加工

R 参数进行设定：

R30——圆半径；

R31——当前角度 θ，起始角度为 $\theta=0$，角度增量为 1；

R32——细分数量。

① 采用程序跳转功能编程。

程序如下：

YUANHU.MPF

N10　G54　G90 S800　M03　T1　LF

N20　G00　Z20　D1　LF

N30　R30＝100　R31＝0　R32＝360 LF

N40　R10＝R30＋10　LF

N50　G00　X＝R10　Y-10　LF

N60 G01 Z-10 F60　LF

N70 G42 G00 X＝R30 Y-10　LF

N75 LOOP：R34＝R30＊COS（R31）R35＝R30＊SIN（R31）LF

N80　G01 X＝R34 Y＝R35　LF

N90　R31＝R31＋1　LF

N100　IF R31＜＝360　GOTOB　LOOP　LF

N110　G00　X＝R30　Y10　LF

N120　G40 G00　X＝R30＋100　Y100　LF

N130　G00　Z50　D0　LF

N140　M30　LF

② 采用程序段重复功能编程。

将上面 N100 程序段改写成如下程序段：

N100 REPEAT LOOP P＝R32 LF　　（执行 N75 到 N90 之间程序段 360 次）

（2）例 2　铣削正多边形外轮廓，刀具直径为 $\phi8mm$，S 点作为程序起点，加工结束后回到 E 点，如图 5-9 所示。

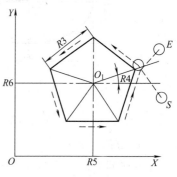

R 参数设定：

正多边形的边数：R2。

正多边形的边长：R3。

起始位置的角度：R4。

正多边形中心点坐标 O_1：（R5，R6）。

根据上述已知条件可以计算出正多边形中心点到各顶点的距离（即正多边形外接圆半径）：

R7＝R3/2＊SIN（180/R2）；

图 5-9　正多边形加工

① 采用程序跳转功能编程。

程序如下：

DBX. MPF

N10　G54　G90 S800　M03　T1　LF

N20　G00　XS　YS　LF

N30　G00　Z20　D1　LF

N40　G01　Z-10 F60　LF

N50 R2＝5 R3＝80 R4＝20 R5＝100 R6＝60 LF　　　R 参数赋值

N60　R7＝R3/2＊SIN（180/R2）LF

N65 R10＝R5＋R7＊COS（R4）R20＝R6＋R7＊SIN（R4）

N70　G01 G42 X＝R10　Y＝R20 LF　　　建立半径补偿

N80　LOOP：R4＝R4＋360/R2 LF　　　调整 R4，计算下一个顶点的角度

N85　R10＝R5＋R7＊COS（R4）R20＝R6＋R7＊SIN（R4）

N90　G01 X＝R10　Y＝R20 LF

N100　　IF R4＜360 GOTOB　LOOP LF　　　　　　（未加工完，跳转到 N80 程序段）

N110　G00 G40 XE YE LF

N120　G00　Z50　D0　LF

N130　M30　LF

② 采用程序段重复功能编程。

将上面 N80 到 N100 之间程序段改写成如下程序段：

N80　LOOP：R4＝R4＋360/R2 LF　　　　　　（计算下一个顶点的角度）

N85　R10＝R5＋R7＊COS（R4）R20＝R6＋R7＊SIN（R4）

N90　G01 X＝R10　Y＝R20 LF

N100　REPEAT LOOP P＝R2－1 LF　　　　　（执行 N90 到 N100 之间程序段 R2－1 次，

　　　　　　　　　　　　　　　　　　　　　　　　R2 已在 N50 的程序段有了指定）

（3）例 3　用 R 参数、条件跳转编辑椭圆程序，见图 5-10。

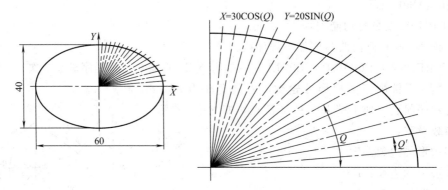

图 5-10　椭圆 R 参数编程图

① 方法 1。

程序如下：

G54　G64　F150　S800　M03　T1

G00　X60 Y0

Z－5

G00　G42　X45　Y－15

G02　X30　Y0　CR＝15

```
R1＝0
MM：R1＝R1＋1
G01 X＝30＊COS（R1）Y＝20＊SIN（R1）
IF R1＜360 GOTO B MM
G02　X45　Y15　CR＝15
```

G00　G40　X60 Y0

G00　Z200

M02

上边方框中的程序可以替换为如下：

R1＝1

MM：G1 X＝30＊COS（R1）Y＝20＊SIN（R1）

R1＝R1＋1

IF R1≤360 GOTOB MM

② 方法 2。

用参数编程及程序跳转完成图 5-11 中椭圆程序

椭圆的参数方程：

$$X = \begin{cases} a * \cos\alpha \\ \end{cases}$$
$$Y = \begin{cases} b * \sin\alpha \\ \end{cases}$$

用多边形逼近的方法编写多边形的边数用 R10。

程序：

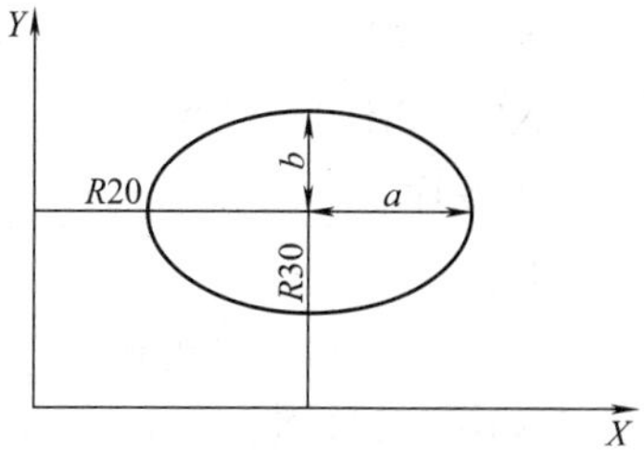

N5   DEF REAL   a＝60（自定义长轴）

N10   DEF REAL   b＝30（自定义短轴）

N15   R20＝160   R30＝100   R10＝40   R5＝0（用 40

条直线拟合椭圆）

N20   R15＝360/R10   （R15 每走一直线段转过的角度）

N25   G0 G90 G40 G54 X260 Y200 S300 F200 M03

N30   TRANS   X＝R20   Y＝R30（工件零点移至椭圆中心）

N40   Mark1：G64   G1 X＝a＊cosR5   Y＝b＊sinR5（直线逼近）

N45   R10＝R10-1（定义循环变量，每循环一次变量值减 1）

N50   R5＝R5＋R15（每循环一次转过一个角度）

N55   IF R10＞＝0 GOTO Mark1（如果循环变量大于等于零，则程序跳转，否则执行

下面的程序段。此处可用角度或边数控制循环）

N60   G0   X260   Y200

N65   M05

N70   M30

图 5-11   坐标图椭圆

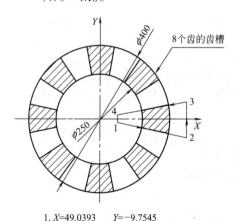

1. X＝49.0393 Y＝-9.7545
2. X＝245.1963 Y＝-48.7726
3. X＝245.1963 Y＝48.7726
4. X＝49.0393 Y＝9.7545

图 5-12   端面齿零件尺寸图

注意：椭圆计算公式：$X = a * \cos\theta$，$Y = b * \sin\theta$

（其中 a 为长轴半径，b 为短轴半径）。

G64 为连续路径加工，适于用小直线段逼近非圆

曲线。

（4）例 4   精加工离合器端面齿端面齿零件图，

尺寸见图 5-12。（图中 45°细线部分表示凹下去的 8 个

齿槽）

主程序：

％1000

N5   R10＝8（定义齿数）

R15＝360/R10（定义两齿间的夹角）

N10   G90 G00 G54 Z0 S200 F50   M03   T1

N15   R01＝1   R02＝8（定义循环变量）

N20   MARK1：L0001（调用子程序）

N25　AROT　Z＝R15

（坐标系绕 Z 轴旋转两齿间的夹角）

N30　R01＝R01＋1

N35　IF R01＜＝R02 GOTO MARK1

（如果 R01 小于或等于 R02，跳转到 MARK1 程序段）

N40　G00 G40 X0 Y0 Z0（取消刀补）

N45　M05

N50　M30

子程序：

L0001

N5　Z－50　　（齿槽深 50mm）

N10　G41 X49.0393　Y－9.7545　　（刀具左补偿）

N15　G01 X245.1963　Y－48.7726（1 点——2 点）

N20　　　　X245.1963　Y48.7726（2 点——3 点）

N25　　　　X49.0393　Y9.7545　　（3 点——4 点）

N30　　　　Z50

N35　　　　M17

复 习 题

一、名词解释

1. 参数编程——

2. 宏程序——

3. 变量——

二、填空题

1. 法拉克系统的变量的类型有 _____、_____、_____、_____。

2. 法拉克系统的变量符号是 _____，西门子系统参数编程的代号是 _____。

3. 在零件的宏程序编程中，法拉克系统常用的变量是 _____ 变量和 _____ 变量。

4. 宏程序条件语句的编程格式是 _____。

5. 西门子 840D 允许用户编程使用的参数范围是 _____，其余参数用户不能使用。

三、判断题（认为正确的题画"√"，错误的题画"×"）

1. 宏程序是一种子程序，当主程序运行到适当位置时调用。（　　）

2. 宏程序指令 G65 可进行变量的运算。（　　）

3. 宏程序的特点是可以使用变量，变量之间不能进行运算。（　　）

4. 现在 CAD/CAM 得到广泛应用，宏程序逐渐失去了应用价值。（　　）

5. 在程序段 G65 H01 P #100 Q1 中，H01 是指 01 号偏移量。（　　）

6. 宏程序中的 #110 属于系统变量。（　　）

7. G65 指令的含义是精镗孔循环指令。（　　）

四、问答题

1. 应用参数编程有哪些优点？

2. 西门子 840D 的参数的类型有几种？

3. 什么叫条件转移和无条件转移？

4. 西门子参数编程中程序跳转及程序段重复有何功用？

五、编程题

1. 试编写一个"宝塔"加工程序，宝塔是一个顶层为边长 $R01$ 的正五边形，宝塔共 $R01$ 层，每层边长增加 2，每层高为 3，试用程序跳转指令编写该程序。（每个学生根据 $R01=$ 自己的学号后两位数＋100 编程），见题图 5-1。

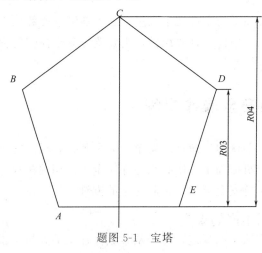

题图 5-1　宝塔

2. 利用 REPEAT 指令编写加工环形分布孔的程序，加工环形分布的孔，见题图 5-2。

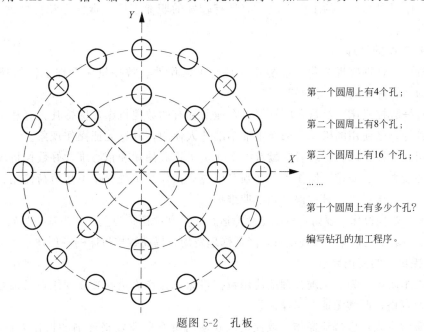

第一个圆周上有4个孔；

第二个圆周上有8个孔；

第三个圆周上有16 个孔；

……

第十个圆周上有多少个孔？

编写钻孔的加工程序。

题图 5-2　孔板

单元 6
数控铣镗床的操作及日常维护

教学目标： 通过本单元教学，使学生掌握典型数控铣床的程序加工的操作方法和日常维护知识，提高数控加工实操技能。

作为从事数控编程及加工的专业技术人员，除了熟练掌握数控机床的操作技能外，还要熟悉机床的使用环境、加工条件、日常维护，更要遵守安全操作规程。本单元主要介绍数控铣镗床的日常维护和安全操作规程。

6.1 安全生产和安全操作规程

安全生产关系到人民群众的生命财产安全，关系到社会经济的发展。作为高技能和高难度的生产领域，从事数控机械加工工作必须遵守安全生产相关法规，在工作中做到工艺规程安全和机床操作安全，坚持安全第一，预防为主的方针。

6.1.1 有关安全文明生产的规定

根据国家《安全生产法》的规定，对于从事数控加工的人员来说，除了掌握好数控机床的性能、精心操作外，一方面要管好、用好和维护好数控机床；另一方面还必须养成文明生产的良好工作习惯和严谨的工作作风，应具有较好的职业素质、责任心和良好的合作精神。应注意以下几点。

1. 数控机床的管理

数控机床的管理要规范化、系统化并具有可操作性。数控机床管理工作的任务概括为"三好"，即"管好、用好、修好"。

（1）管好数控机床　经营者应管好本企业所拥有的数控机床，保持其完好和价值。操作人员必须管好自己使用的机床，未经批准不准他人使用，杜绝无证操作现象。

（2）用好数控机床　管理者应教育本企业员工正确使用和精心维护好数控机床，生产应依据机床的能力合理安排。操作人员必须严格遵守操作维护规程，不超负荷使用，要采用文明的操作方法，认真进行日常保养和定期维护。

（3）修好数控机床　要防止机床带故障运行，贯彻"预防为主，养为基础"的原则，广泛采用新技术、新工艺，保证修理质量，降低修理费用，提高数控机床的各项技术经济指标。

2. 数控机床的使用要求

（1）技术培训。为了正确合理地使用数控机床，操作人员在独立使用设备前，必须取得相应的职业资格，严禁无证上岗操作。

（2）实行定人定机持证操作。数控机床必须由持有职业资格证书的操作人员担任操作，严格实行定人定机和岗位责任制，以确保正确使用数控机床和落实日常维护工作。

（3）建立使用数控机床的岗位责任制。

（4）建立交接班制度。连续生产和多班制生产的设备必须实行交接班制度，交接班时应将设备运行情况和发现的问题详细记录住"交接班薄"上，并主动向接班人介绍清楚。

3. 数控机床安全生产规程

（1）数控机床操作工应具备"四会"基本功，即会使用、会维护、会检查、会排除故障。

（2）维护使用数控机床的"四项要求"，即整齐、清洁、润滑、安全。

6.1.2　数控铣镗床基本操作规程

数控铣镗床作为一种功能强、用途广的数控机床，其操作技能要求高，设备保养维护难度大，必须严格遵守相关的操作规程，才能实现安全生产，充分发挥这类机床的优异性能。数控铣镗床的操作应遵循以下规程：

（1）工作时，请穿好工作服、安全鞋，并戴上安全帽及防护镜，不允许戴手套操作数控机床，也不允许扎领带；

（2）不要移动或损坏安装在机床上的警告牌；

（3）不要在数控机床周围放置障碍物，工作空间应足够大；

（4）更换保险丝之前应关掉机床电源，千万不要用手去接触电动机、变压器、控制板等有高压电源的场合；

（5）一般不允许两人同时操作机床，但某项工作如需要两个人或多人共同完成时，应注意相互将动作协调一致；

（6）数控车床的开机、关机顺序，一定要按照机床说明书的规定操作；

（7）主轴启动及开始切削之前一定要关好防护门，程序正常运行中严禁开启防护门；

（8）在每次电源接通后，必须先完成各轴的返回参考点操作，然后再进入其他运行方式，以确保各轴坐标的正确性；

（9）机床在正常运行时不允许打开电气柜的门；

（10）加工程序必须经过严格检验方可进行操作运行；

（11）手动对刀时，应注意选择合适的进给速度；手动换刀时，刀架距工件要有足够的转位距离不至于发生碰撞；

（12）程序检验时，应注意光标所指位置是否正确，并观察刀具对机床的运动方向是否正确；

（13）程序修改后，对修改部分一定要仔细计算和核对；

（14）手摇进给和手动连续进给操作时，必须检查所选择的坐标位置是否正确，认清正、负方向，然后再进行操作；

（15）应核对程序中的刀具号和刀补值；

（16）加工完成后从刀库中卸下刀具，按调整卡或程序清理编号入库；

（17）卸下夹具，某些夹具应记录安装位置及方位，并做出记录、存档；

（18）清扫机床并将各坐标轴停在中间位置；

（19）加工过程中，如出现异常危机情况可按下"急停"按钮，以确保人身和设备的安全；

（20）要认真填写数控机床的工作日志，做好交接工作，消除事故隐患；

（21）不得随意更改数控系统内制造厂设定的参数。

6.2 数控铣镗床的操作

数控铣镗床的数控系统复杂而先进，多轴控制功能和自动化程度高，使其操作面板和操作指令也较复杂。本书将通过 2 种典型编程系统的操作面板来进行介绍。

6.2.1 典型数控铣床 GSK 990M 的操作

1. 操作面板及操作键的说明

GSK 990M 是由广州数控设备厂研制的数控系统，安装在机床制造厂生产的数控设备上。GSK 990M 操作面板如图 6-1 所示。

图 6-1 GSK 990M 操作面板

整个操作面板分为 3 个区域，第一个区域为显示屏，（也叫显示器 CRT）；第二个区域为程序编辑区，由数控系统制造厂生产，同型号系统的这两个区域都是相同的；第三个区域为机床控制部分，由机床制造厂生产，不同品牌、型号的机床有一定区别。

（1）GSK 990M 操作面板上的代号及键盘说明

① 代号：GSK 为广州数控设备厂汉语拼音的简称，990M 是该厂生产的 990 系列铣床编程系统。

② 程序编辑区：该部分包括字母键、数字键、程序的编辑键、换页和光标键、功能键等。

③ 数字键和字母键见图 6-2 和图 6-3。

在编辑方式输入程序时，要使用字母和数字键。

④ 编辑键。编辑在输入、修改程序时使用下列键。

插入
INS ：插入键，输入程序时用于程序号及各指令的插入。

图 6-2   数字键

图 6-3   字母键

修改 ALT：对程序中的指令进行修改。

删除 DEL：用于删除程序号、指令、字符等。

取消 CAN：用于取消前一步的输入。

输入 IN：用于参数、补偿量及程序的输入。

输出 OUT：用于启动从机床接口输出数据。

//：复位键，解除报警，CNC 复位。

⑤ 换页和光标键。

目 目：分别使 LCD 画面顺向、逆向翻页。

↑ ↓：让光标分别向上、下、左、右移动一个分区单位。

⑥ 显示机能键。

刀补 OFT：显示刀具半径补偿及长度补偿页面；

参数 PAR：显示参数设置页面，如坐标系等；

位置 POS：显示当前坐标值；

程序 PRG：显示当前加工程序以及程序列表；

诊断 DGN：显示各种诊断信息；

报警 ALM：显示各种报警信息；

图形 GRA：显示刀具路径轨迹；

设置 SET：显示机床系统参数设置页面；

索引 INDEX：显示各种操作、编程信息。

选择了上述显示机能键后，可直接进入相应的页面，要进入其子菜单，需要用到下面的机能软体键。

⑦ 机能软体键。

◀ F1 F2 F3 F4 F5 ▶ 机能软体键是用于选择各种画面的子菜单键，每一主菜单下又细分为一些子菜单，显示的内容显示在 LCD 的最下端。

◀：最左端的键，其功能是从子菜单返回主菜单。

▶ ：最右端的键，其功能是选择同级的其他菜单。

（2）机床的控制部分操作键说明　机床控制部分的操作键及功能，见表 6-1。

表 6-1　机床控制部分的操作键及功能

序号	操作键图标	键的名称	键的功能
1		循环启动/循环停止	自动运行的启动和停止,运行过程中,自动运行指示灯亮
2	编辑 自动 录入 回零 单步 手动	操作方式选择开关	选择相应的操作方式
3	回零	返回参考点	手动方式下执行回机床零点
4	+Z +Y -4 +X -X +4 -Y -Z	轴选择键及快速移动键	选择手动方式移动的坐标轴及方向。空运行时,按下快速键,快速键的指示灯亮,再按一次,灯灭,取消空运行
5	- 100% +	进给速度倍率调节键	选择进给倍率
6	润滑 冷却 换刀	润滑控制/开冷切液/手动换刀	按一次润滑键开,再按一次关 按一次冷却键开,再按一次关 按一次换刀键,换一次刀
7	0.001 F0 0.01 25% 0.1 50% 1 100%	快速进给倍率选择键	选择快速进给倍率或手摇脉冲发生器的每格移动单位
8	DNC X	直接数控/手轮方式 X 轴移动	按此键,使计算机编程后直接程序加工/手轮方式时 X 轴进给
9	跳段 Y	跳段执行/手轮方式 Y 轴移动	按此键,程序自动跳过标有"/"的程序段/手轮方式 Y 轴进给
10	单段 Z	单段执行/手轮方式 Z 轴移动	按此键,每按一次 键执行一个程序段/手轮方式 Z 轴进给
11	空转 4th	空运行/手轮方式 4th 轴移动	程序空运行,进给 F 无效,机床快速移动/手轮方式 4th 轴进给
12	MST 锁	辅助功能锁住	按此键,M、S、T 指令不执行。常与机床锁住键同用,校验程序

序号	操作键图标	键的名称	键的功能
13	轴锁	机床锁住	按此键，机床不移动，但位置坐标的显示和机床运动时一样
14	反转 停止 正转	主轴正转/停止/反转	控制主轴正/反转动及停止
15	点动	主轴点动	按住该按键不放手，主轴转动，松开，主轴停止

2. 手动操作

（1）手动返回参考点　机床开机后，首先要使各轴回参考点，即回机床零点。操作步骤如下：

① 按下参考点返回键，其上的指示灯亮。

② 为降低轴的移动速度，选择调低快速移动倍率键。

③ 分别按下 +X 、 +Y 、 +Z 键，各轴向机床零点移动，到达零点时，回零指示等亮。

④ 当各轴的回零指示灯都亮之后，按手动方式键和快速键，键上指示灯亮。分别按 -X 、 -Y 、 -Z 键，各轴以负方向离开机床零点，回零指示灯灭。然后，进行其他操作。

（2）手动连续进给（JOG 方式）　按手动方式键，键上的指示灯亮。再按带（＋）或（－）方向的 X、或 Y、或 Z 键，会使轴以指定的进给速度沿着所选的轴及方向连续移动。当释放所按的轴键时，进给停止。手动连续进给时，可以通过面板上的进给倍率按钮进行进给速度调节。

如果按下快速移动键，该指示灯亮，再按带（＋）或（－）方向的 X、或 Y、或 Z 键时，该轴就沿着所选的方向作快速移动。在快速移动中，可以通过面板上的快速倍率按钮调节移动的速度。如果开机后，没有回机床零点，快速移动不执行。

（3）手轮进给方式或增量进给方式　数控装置设定，如果选择手轮进给方式时，增量进给方式无效。如果选择增量进给方式时，手轮进给方式无效。增量进给方式又称单步方式。

按下手轮进给方式，键上的指示灯亮。再分别按 DNC 、 、 键，然后手动旋转手摇脉冲发生器，使所选择的轴作进给运动。手轮顺时针方向旋转时，轴作正方向移动，手轮逆时针方向旋转时，轴作负方向移动。手摇脉冲发生器上刻度的一格表示移动量，可选择操作面板上的增量键，按一下其中一个键，其指示灯亮，就是脉冲发生器上的刻度值。

3. 程序编辑方式

（1）程序编辑和存储前的准备　把程序保护开关置于 ON，先按键，显示各操作提示画面，在程序开关行显示有"开、关"，如果是"关"，则按数字键"4"，就改为"开"，可进行程序输入和编辑了。

（2）程序编辑方式选择与显示　按编辑方式键，选择编辑操作方式。再按程序软体键后，显示程序。

（3）把程序存入存储器中

① 从操作面板上输入程序

按编辑方式键；按 程序 PRG 键；按地址 O 键；按程序号数字；按 插入 INS ，按 EOB 键，程序号就存储了。

其后，将程序段每个指令依次输入，分别按插入键，最后按 EOB 键，完成一个程序段的输入。当所有程序段输完，整个程序就存储了。

② 从通用 PC 计算机传输

a. 选择编辑方式或自动方式；

b. 把 CNC 程序盘装在编程器上；

c. 按程序键，显示程序画面；

d. 键入所要的程序地址 O 和程序号。

③ 运行通讯软件，使之处于输出状态，按 输入 IN 键，程序即输入存储器。

（4）程序检索　即通过检索方法调出已存储的程序，对其编辑或执行自动加工。

① 检索方法。选择编辑方式或自动方式：

a. 按程序键，显示程序；

b. 按地址 O 键；

c. 键入所要的程序号；

d. 按向下的光标键 ⇩ ，结束时检索到的程序号在画面右上部显示。

② 扫描法。选择编辑方式或自动方式：

a. 按程序键，显示程序；

b. 按地址 O 键；

c. 按向下光标键。

在编辑方式时，反复按地址 O 和向下的光标键，可逐个显示存入的程序。

（5）程序的删除　此操作是删除存储器中的程序：

a. 选择编辑方式；

b. 程序键，显示程序；

c. 按地址 O 键；

d. 用键输入要删除存的程序；

e. 按 删除 DEL 键，则该程序号被删除。

（6）删除全部程序

a. 选择编辑方式；

b. 按程序键，显示程序；

c. 按地址 O 键；

d. 输入－9999，按删除键，存储器中的程序全部被删除。

（7）程序的输出　将存储器中的程序输出给计算机：

a. 连接好 PC 计算机，用设置参数设定输出 ISO 代码；

b. 按编辑方式键；

c. 按程序键，显示程序画面；

d. 运行通信软件并使其处于输入等待状态；

e. 按地址 O 键，输入程序号；

f. 按 ![输出 OUT] 键，该程序就输出给计算机了。

（8）全部程序的输出　将存储器中的全部程序输出给计算机：

a. 连接好 PC 计算机，并运行通信软件；

b. 用设置参数设定输出 ISO 代码；

c. 按编辑方式键；

d. 按程序键，显示程序画面；

e. 按地址 O 键，输入－9999，然后按 ![输出 OUT] 键，全部程序就输出给计算机了。

4. 自动运行

（1）自动运行方式

① 存储器运转。

a. 首先把程序输入存储器中；

b. 选择要执行的程序号；

c. 按自动方式键 ![自动]；

d. 按循环启动键 ![□]，循环启动指示灯亮，立即程序运行。

② MDI 方式运转。从 LCD/MDI 面板上输入一个程序段指令，并没有存入系统存储器，可执行该程序段运行。例如 G01　X10.5　Y60.5　；步骤如下：

a. 选择 MDI 方式；

b. 按程序键，显示程序段；

c. 按换页键 ![≡]，显示［程序段值］的画面；键入 G01，按 ![输入 IN] 键；

d. 键入 X10.5，按 ![输入 IN] 键，键入 Y60.5，按 ![输入 IN] 键；G01 和两个坐标值在画面上显示出来；

e. 按循环启动键 ![□]，该程序段就被执行。

（2）DNC 运转　直接数控 DNC 运转是选择机能，如果购机时没有选择，则无此功能。

① 方式设定：

在自动方式下，按 ![DNC X] 键，指示灯亮时，则为 DNC 方式。再按 ![DNC X] 键，指示灯灭，DNC 方式关闭。

② 操作顺序：

a. 选择自动方式；

b. 按 DNC 键，选择 DNC 方式；

c. 启动通信软件［DNC］，使之处于输出状态；

d. 按循环启动键 ![□]，则系统一边从 PC 计算机读入数据，一边进行加工。

（3）自动运转的停止

① 程序停指令 M00：在编程时，需要程序停止的某程序段后编写有 M00 指令，程序执行到此指令就自动停止进给。

② 程序结束 M30：在主程序的末尾编写 M30，表示主程序结束；当程序运行到 M30，停止自动运转，机床停止，光标返回程序起点。

③ 按进给停止键 ：在程序运行中，按进给停止键 ，各坐标运动停止，但主轴不停；如果需要继续执行程序，按循环启动键 ，程序又继续运行了。

5. 程序试运转

（1）程序空运行：

① 先调出要运行的程序，按程序空运行键 ；

② 按全轴机床锁住 键，机床的运动坐标不动，但位置坐标的显示和程序自动执行时一样，且 M、S、T 都能执行；

③ 按辅助功能锁住 键，M、S、T 不执行；

④ 按循环启动键 ，程序空运行，检查程序是否有错误，以便及时改正。

（2）程序模拟运行

① 存储或调出要模拟运行的程序；

② 按 键，选择自动方式；

③ 按程序空运 键；

④ 按全轴机床锁住键 ；

⑤ 按辅助功能锁住键 ；

⑥ 按图形键 ，按翻页键，显示 X、Y 的画面，按 S 键，按快速键 ，以上键的指示灯亮，然后按循环启动键，开始运行程序并作出刀具轨迹图形，根据被加工零件图检查轨迹图形的正确性。

6. 其他操作

（1）G54～G59 工件零点存储　在开机后，首先让各轴回机床零点。当被加工的零件在工作台上定位和夹紧后，在手动或手轮方式对刀，使刀具对准工件的编程零点。然后，按位置键 ，在绝对坐标画面记录 X、Y、Z 的机床零点数据，此数据就是工件零点到机床零点的坐标值。接着按设置键 ，在编程软键 对应的屏幕上看见［G54～G59］，按 ，画面中显示出 G54、G55、…、G59 指令及 X、Y、Z 轴，按录入方式键 ，在选定的 G 指令及坐标下，输入记录的机床零点值，工件零点的存储就完成了。

（2）超程限位解除　按手动方式键，再按快速键，其指示灯亮。同时按 限位解除 键和超程坐标反方向键，该轴沿反方向移动，直到离开压住的限位，LCD 画面上的报警［准备未绪］消失。

（3）LCD 画面亮度调整　在 LCD 画面显示相对位置坐标的情况下，按机床回零键，按 X 或 Y 或 Z 键的一个，让该键闪烁，然后按 键，或按 键，使画面得到合适的亮度为止。

6.2.2　典型数控镗床 SINUMERIK 840D 的操作

1. 操作面板及按键说明

德国西门子公司的 SINUMERIK 840D 系统操作面板如图 6-4 所示。

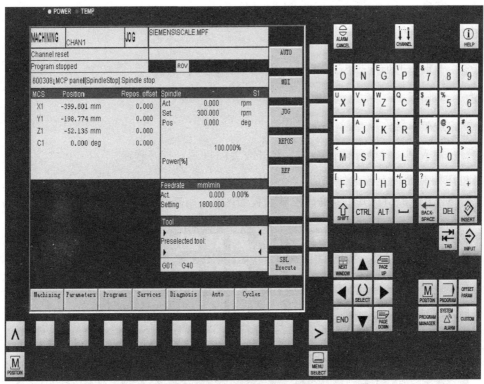

图 6-4　SINUMERIK 840D 操作面板

操作面板上各键的含义如下。

◻ : 软键, 可进入相应的子菜单和选择菜单。

Parameter : 水平、垂直方向的软键, 操作区域主菜单。

M : 加工区域键, 与 **Machine** 功能相同。

∧ : 返回键, 返回到上一级菜单。

> : 扩展键, 水平方向软键的功能扩展。

MENU SELECT : 区域转换键, 不管进入到何级子菜单, 按此键可直接返回主菜单; 再按此键又可回到原来的子菜单。

CHANNEL : 通道切换键。

ALARM CANCEL : 报警应答键。

HELP : 帮助信息键。

NEXT WINDOW : 选择窗口键, 在几个窗口之间切换。

▲ 、 ◀ 、 ▶ 、 ▼ : 光标移动键。

⬆️ 、⬇️ ：向上、向下翻页键。

⬅️ ：字符删除键，可删除位于光标左边的字符。

␣ ：空格键。

○ ：选择键、触发键。

◇ ：编辑、取消编辑键。

⬆ ：上挡键。

END ：行结束键。

◇ ：输入键，确认输入的数值、打开或关闭目录、打开程序。

2. 机床控制面板上各键的说明

SINUMERIK840D OP031 机床控制面板如图 6-5 所示。

图 6-5　SINUMERIK 840D OP031 机床控制面板

控制面板上各键的功能如下：

（1）急停按钮

◎ ：当加工过程中出现紧急情况时，可按下此按钮。

（2）工作方式和加工功能

🔲 ：手动方式。用于手动连续进给或手动快速移动

🔲 ：示教方式。

🔲 ：MDA 方式。

🔲 ：自动方式。

🔲 ：返回断点。

🔲 ：回参考点。

（3）步进方式移动

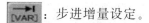：步进增量设定。

：步 长 选 择——$1\mu m$，$10\mu m$，$100\mu m$，$1000\mu m$，$10000\mu m$。

（4）程序控制

：NC 启动键。

：NC 停止键。

：程序单段运行方式。

：复位键。

（5）坐标轴键

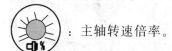：轴选择键。

、：轴的方向键。

：快速移动键。

（6）主轴控制

：主轴转速倍率。

：主轴启动。

：主轴停止。

、：主轴反转或正转。

（7）进给控制

：进给/快速移动倍率。

：进给停止。

：进给启动。

（8）钥匙开关

：钥匙开关。

3. 机床控制面板按键说明

图形用户界面如图 6-6 所示。

4. 操作区域显示

各区域说明如下：

1—操作区域显示；2—通道状态；3—程序状态；4—通道名称；5—报警和信息行；6—

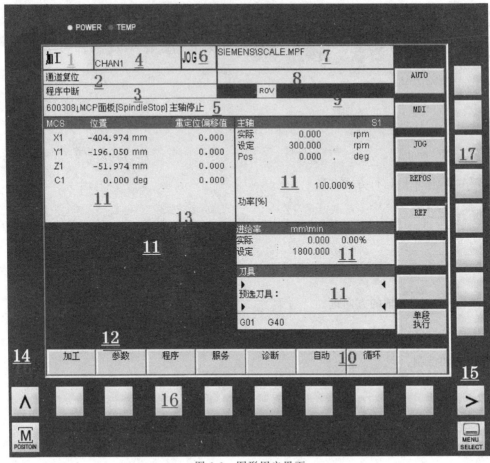

图 6-6　图形用户界面

工作方式；7—所选程序的程序名称/路径；8—通道运行信息；9—程序影响；10—可调用的附加注释（帮助）；11—工作窗口，NC 显示；12—带有操作员提示的对话框行；13—聚焦框；14—返回键；15—扩展键；16—水平方向软键菜单栏；17—垂直方向软键菜单栏

5. 操作区域功能划分

数控系统的操作区域见图 6-7。主菜单界面见图 6-8。

　　　　　　：水平方向软键：将每个操作区域进一步划分为下一级菜单，每一个水平菜单有一个垂直菜单栏。

　　　　　　：垂直方向软键：在当前选定的水平菜单项之下确定功能。

：改变菜单窗口，将聚焦框切换到所选择的菜单窗口。

、：向前或向后翻页。

、、、：光标移动，在菜单窗口中把光标移动到所需的位置。

、：选目录、文件：移动光标到所要的目录或文件上。

：打开、关闭目录，打开或关闭选择的目录或文件。

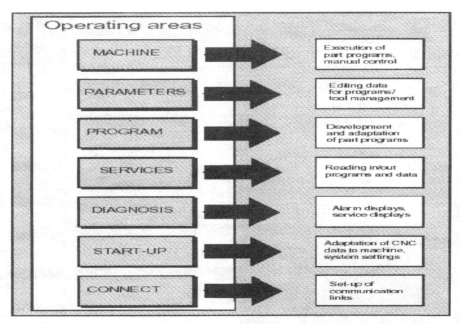

图 6-7 操作区域

MACHINE—加工程序控制及手动控制；PARAMETERS—加工程序的数据管理；

PROGRAM—程序管理；SERVICES—程序和数据的输入、输出；

DIAGNOSIS—报警、服务显示；START-UP—调整机床及系统的数据设置；

CONNECT—通信设置

：选择所要的文件。

：注销所有的选择。

若要对输入量/数值进行编辑，在输入区的右边常自动地显示出相应的键，下面是常用的输入区。

：选择区，激活、不激活选择区。

：输入区，进入输入方式。用数字键输入数值或字。

：每次都要用"输入"键确认输入的数值。

：选择清单，显示已选择的可能数值。

、：移动光标。

：每次都要用"输入"键确认输入的数值。

：不显示出全部清单而转入清单中的下一个数值。

Ok ：确认输入，保存输入并退出当前菜单。

Abort ：取消。

∧ ：返回键，返回到上一级菜单。

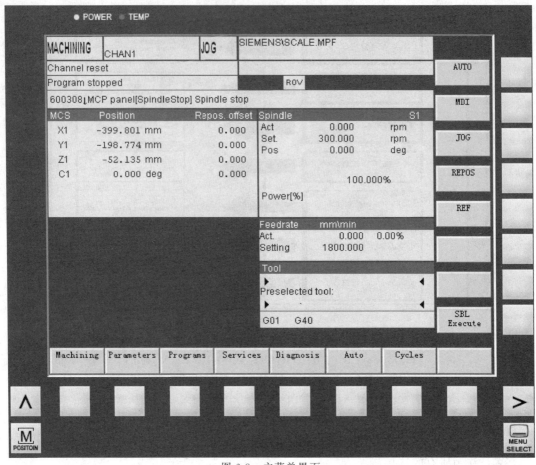

图 6-8　主菜单界面

：清除当前的输入值并保持当前菜单。

6.2.3　加工准备及手动操作

1. 开机、回参考点

接通加工中心电源 1~2min 左右，进入数控系统图形用户界面，如出现报警"急停"，可按箭头方向旋转急停按钮，此时，数控系统接通电源。

系统上电后，必须进行回参考点操作，机床参考点又称机床零点。回机床参考点的目的是确认机床坐标系的零点。进行回参考点操作之前，在 Jog 手动方式下，使机床移动部件到达安全的位置。操作步骤如下：

 或 ：选择"加工"操作区。

：选择"手动"方式。

：选择"回参考点"方式。

：按主轴启动键。

：按进给启动键。

：进给速度修调倍率旋钮调至 100%。

X　Y　Z：选择轴键和"＋"方向键移动轴，一般 Z 轴应优先回参考点。

－、＋：选择 Z 轴，按"＋"方向键，待显示屏参考点窗口出现 Z，表示 Z 轴已经回到参考点。然后，X、Y 可同时进行回参考点操作，方法同 Z 轴。

注意：如果坐标轴尚未处在安全位置上，则将它们移动到安全位置。当坐标轴未进行"回参考点"操作时，其坐标值是随机动态值，显示无效。系统上电后，必须回参考点，这样零件加工程序才能被执行。一般情况下，系统上电后只需回一次参考点。如果由于意外而按下"紧急停止"按钮或硬限位超程等报警，则必须重回参考点。

2. 输入刀具补偿

对于立铣刀，刀具补偿值是刀具长度补偿值 L1 和刀具半径补偿值 R。刀具补偿值可通过机外对刀仪测量获得，也可以通过机内试切对刀测量获得。通过对刀仪测量可得到每把刀具的长度补偿值和半径补偿值。这里介绍如何将刀具的长度补偿值和半径补偿值输入到刀具参数存储器中。

（1）水平方向软件介绍：

Parameter：选择"参数"进入参数菜单界面，如图 6-9 所示。

Tool Offset：刀具补偿子菜单。

R paramete：R 参数子菜单。

Seting data：设定数据子菜单。

Zero offset：零点偏置子菜单。

User data：用户数据子菜单。

Determine compens.：刀具补偿测量。

（2）垂直方向软键介绍

T no +、T no -：刀具（刀号 T）选择。

D no +、D no -：刀具补偿参数存储器（D 号）选择。

Delete：删除刀具号或刀具补偿存储器号。

Search：寻找刀具。

New edge：建立新刀具。

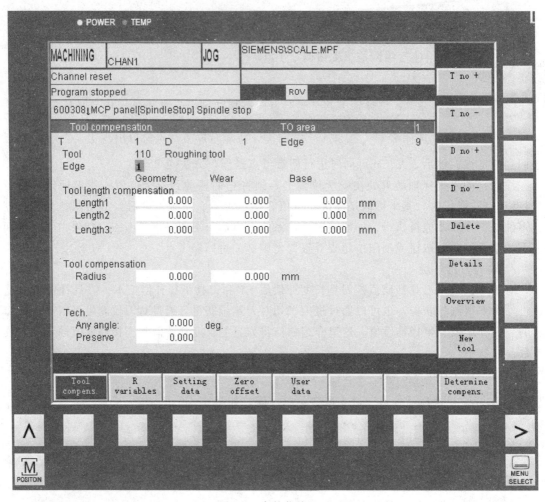

图 6-9　参数菜单界面

：建立新刀具并输入刀具补偿值。

（3）建立刀具补偿操作步骤

Tool Offset：选择刀具补偿菜单。

New tool：选择此软键，出现对话窗口，输入刀号并定义刀具类型，此时刀具补偿参数存储器号默认值为 D1。

New edge：如有必要也可建立新的刀具补偿参数存储器号，如 D2、D3 等，此时可输入刀具长度值 L1 和刀具半径值 R1。

Abort：取消建立新刀具。

OK：确认建立新刀具并退出对话窗口。

（4）寻找刀具补偿操作步骤

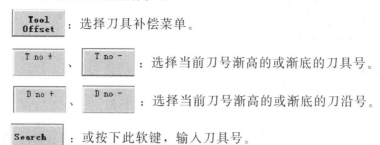

Tool Offset：选择刀具补偿菜单。

T no +、**T no -**：选择当前刀号渐高的或渐底的刀具号。

D no +、**D no -**：选择当前刀号渐高的或渐底的刀沿号。

Search：或按下此软键，输入刀具号。

OK：确认刀具的输入，显示此刀具补偿对话窗口，此时可输入新的刀具长度值和刀具半径值。

（5）删除刀具补偿操作步骤

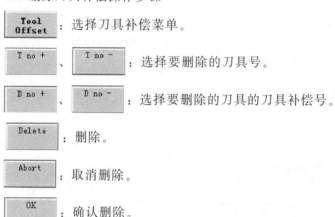

Tool Offset：选择刀具补偿菜单。

T no +、**T no -**：选择要删除的刀具号。

D no +、**D no -**：选择要删除的刀具的刀具补偿号。

Delete：删除。

Abort：取消删除。

OK：确认删除。

3. 计算刀具补偿值

本内容将介绍如何通过机内试切对刀方法获得刀具参数补偿值。数控机床采用多把刀具自动加工时，刀具调用后，刀具长度补偿自动生效，数控系统自动进行刀具长度补偿。刀具的长度补偿值不一定是刀具的实际长度，但必须是相对于"基准刀具"的相对长度值。所以采用机内试切对刀时，为了对刀和计算的方便，常把其中一把刀的长度补偿值 L1 设定为 0，这把刀具称为基准刀具。

刀具的长度补偿值是该刀具与基准刀具的长度之差。如果当前刀具的长度大于基准刀的长度，则其长度补偿值为正值；反之，则其长度补偿值为负值。

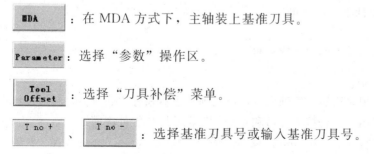

MDA：在 MDA 方式下，主轴装上基准刀具。

Parameter：选择"参数"操作区。

Tool Offset：选择"刀具补偿"菜单。

T no +、**T no -**：选择基准刀具号或输入基准刀具号。

查找基准刀具，并输入长度补偿值为 0。在手动方式下，使基准刀具轻微碰到工件上表面，记录下 Z 轴的机床坐标值。主轴换成当前刀具，在手动方式下，使当前刀具轻微碰到工件上表面。将光标置与所要的刀具参数 L1 上。选择刀具补偿测量进入测量页面。选择坐标轴 Z 并输入偏移值：基准刀具 Z 轴的机床坐标值。数控系统根据当前坐标轴的位置和偏移值，自动计算出当前的长度补偿值 L1。取消并退出刀具测量页面。

Determine compens. ：确认刀具长度补偿值，并退出刀具测量界面。

SELECT ：选择坐标轴 Z 并输入偏移值：基准刀具 Z 轴的机床坐标值。

Calculate ：系统根据当前坐标轴的位置和偏移值，自动计算出当前的长度补偿值 L1。

Abort ：取消并退出刀具测量界面。

OK ：确认刀具长度补偿值，并退出刀具测量界面。

4. 输入/变更零点偏置值

零点偏置值是回机床参考点后，工件零点相对于机床零点的偏移量。当工件装夹到机床工作台上后求出偏移量，可输入到规定的数据区（G54、G55、…）。

Parameter ：选择"参数"操作区。

Zero offset ：选择零点偏置。

Setable ZO ：选择可设定零点偏置菜单。

INPUT ：按"确认"键，进入可设定零点偏置界面。

、 ：将光标定位到所要的位置上。

INSERT ：输入、变更新数值。

INPUT ：确认。

Save ：必须保存零点偏移数值，否则输入值无效。

Abort ：取消并返回上一级菜单。

OK ：接受输入值并返回上一级菜单。

5. 确定/计算零点偏置值

零点偏置值通常是使用寻边器、Z 轴设定器或三轴设定器来寻边和对高，并通过计算获得。精度要求不高时也可用刀具直接来寻边和对高，但容易擦伤工件表面。

基本原理：寻边器的直径为 10.00mm，Z 轴设定器的高度为 50.00mm。X、Y 轴方向的寻边如图 6-10 所示。

假定工件零点 W 设定在工件的左下角，则：

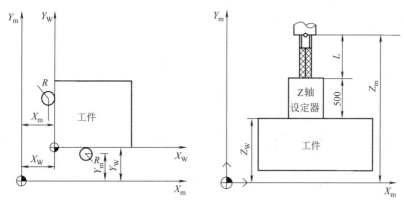

图 6-10　水平方向对刀及垂直方向对刀

X 轴方向的零点偏移值 $X_\mathrm{w}=X_\mathrm{m}+R$

Y 轴方向的零点偏移值 $Y_\mathrm{w}=Y_\mathrm{m}+R$

Z 轴方向设定：假定 Z 轴方向的工件零点设定在工件的上表面，则 Z 轴方向的零点偏移值 $Z_\mathrm{w}=Z_\mathrm{m}-L1-50$。

前提条件：刀具长度值 $L1$ 和半径值 R 已经测量并输入到相应的刀具参数存储器中。

Parameter：选择"参数"操作区。

Zero offset：选择零点偏置值。

Setable ZO：选择可设定零点偏置。

Detrmine ZO：选择零点偏置。

NEXT WINDOW：将光标定位于所要的位置后，按此键切换到"测量单元"窗口，并输入：

刀具号（T 号），相应的长度参数（1，2，3）和偏移方向（＋，－，无）；

刀沿号（D 号），半径值和偏移方向（＋，－，无）。

Calculate：根据坐标轴位置和"测量单元"窗口内输入的偏移值，计算出所选定的零点偏置参数值。

Abort：取消并返回上一级菜单。

Save：必须保存零点偏置值，否则输入值无效。

OK：接受零点偏移值并返回上一级菜单。

6. 手动操作

（1）手动、点动方式　可使用手动、点动来移动坐标轴，也可以用电子手轮来移动坐标轴。操作步骤如下。

Machine ：选择"加工"操作区。

JOG ：选择"手动"方式或按机床操作面板上的 **JOG** 键。

X 、 **Y** 、 **Z** ：选择要移动的坐标轴。

→1 、 **→10** 、 **→100** 、 **→1000** 、 **→10000** ：选择步长值。

－ 或 **＋** ：选择要移动的方向。按照确定的步长值移动坐标轴。

：可使用进给倍率旋钮改变移动速度。

Rapid ：同时按下坐标轴移动方向键和此"快进"键，可快速移动坐标轴。

注意：进给倍率旋钮开关置于零时，不能移动坐标轴。

（2）MDA 方式　可使用 MDA 方式来换刀，也可以执行一个小程序。操作步骤如下。

Machine ：选择"加工"操作区。

MDA ：选择"MDA"方式。

INPUT ：确认输入。

Save ：保存到 MDA 缓冲器。如果没有输入程序名，则该程序以 OSTOREI. MPF 的程序名自动存入 MDA 缓冲器中。

Delete ：可删除 MDA 缓冲器的程序。

Cycle Start ：执行 NC 程序段。

Cycle Stop ：NC 停止键。

Single Block ：单程序段运行。

Reset ：复位键。

（3）手动主轴控制　可在手动方式下控制主轴的运行和停止。操作步骤如下。

Machine ：选择"加工"操作区。

JOG ：选"手动"方式或按机床操作面板上的 **JOG** 键。

Spindle Start ：按机床操作面板上的主轴启动键。

: 主轴正转。

: 主轴反转。

: 主轴停止。

注意：手动主轴的转速依据以前的 S 指令值，也可以在 MDA 方式下设定主轴的转速值 S，此时可利用机床操作面板上的"主轴速度倍率"旋钮选择主轴转速的 50%～120%。

（4）手动换刀　可在手动方式下取刀和装刀。操作步骤如下。

: 选择"加工"操作区。

: 选"MDA"方式，输入所换的刀号。

: 确认输入。

: 执行换刀。

: 复位键。

: 选"手动"方式。

: 手动取刀，左手握住主轴内的刀柄，右手压住位于主轴头上方的松刀按钮不放，待左手把刀柄取下后可松开右手。

: 手动装刀，左手握住刀柄到主轴孔内，右手压住位于主轴头上方的松刀按钮不放，待左手把刀柄插入后可松开右手。

6.2.4　程序存储和编辑

1. 程序菜单页面

程序管理菜单界面见图 6-11。

: 选择"程序"操作区。

: 选择工件程序。

: 选择工件的主程序。

: 选择工件的子程序。

: 选择标准循环。

: 选择用户循环。

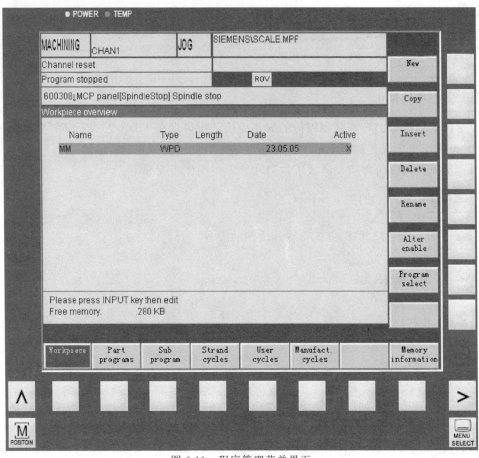

图 6-11　程序管理菜单界面

Clipboard：选择剪切板。

Change enable：在目录树中所期望的程序名上的设置（×）或取消（O）程序的功能。

Selection：选择要加工的零件程序。

2. 打开/关闭程序

Program：选择"程序"操作区。打开零件程序，将光标定位在要打开的程序名上。

INPUT：打开该程序进行编辑。

Close：关闭程序编辑界面。

No：取消。

Abort：不保存编辑的程序并返回程序目录管理界面。

Yes：保存编辑的程序并返回程序目录管理界面。

3. 建立新的工件/零件程序

（1）建立工件名

`Program` ：选择"程序"操作区。

`Workpiece` ：选择工件子菜单。

`New` ：输入工件名称。

`▲`、`▼` ：移动光标选择工件类型：－WPD。

`Abort` ：取消建立工件名。

`OK` ：建立工件名。

（2）建立主程序

`Program` ：选择"程序"操作区。

`Workpiece` ：选择工件子菜单，移动光标到工件名上。

`INPUT` ：打开该工件的程序目录。

`New` ：输入主程序名。

`▲`、`▼` ：移动光标选择程序类型：主程序－MPF。

`Abort` ：取消建立主程序。

`OK` ：确认建立主程序并进入程序编辑窗口。

（3）建立子程序

`Program` ：选择"程序"操作。

`Part programs` ：选择零件主程序。

`Sub program` ：选择子程序。

`New` ：输入子程序的名称。

`▲`、`▼` ：移动光标选择程序类型：子程序－SPF。

`Abort` ：取消建立子程序。

`OK` ：确认建立子程序并进入程序编辑窗口。

4. 编辑、修改程序

`Program` ：选择"程序"操作区。

`Workpiece` ：进入工件目录菜单。

`Part programs` ：移动光标到期望的工件上，按 ⬙ INPUT 键打开工件程序目录。

`Sub program` ：进入子程序目录。

`▲`、`▼` ：移动光标定位在所要编辑或修改的程序名上。

⬙ INPUT ：打开程序，同时程序编辑器被激活。

`Position` ：定位。

`Overwrite` ：插入和覆盖方式切换。

`Semart` ：选择程序段。

`Search` ：搜索程序段。

`Copy` ：保存程序段到剪切板中。

`Paste` ：粘贴剪切板中的程序段。

`Delete` ：删除程序段。

`Close` ：关闭程序。

`Abort` ：取消关闭。

`No` ：不保存编辑的程序并返回程序目录管理界面。

`Yes` ：保存编辑的程序并返回程序目录管理界面。

5. 程序的复制、改名、删除

（1）程序的复制

`Program` ：选择"程序"操作区。

`Manage programs` ：选择"程序管理"软键。

▲、▼：定位光标到期望的程序名上。

Copy ：复制源程序。

Insert ：将源程序存到目标目录中，可重新命名程序名和程序类型。

Abort ：取消程序复制。

OK ：确认程序复制。

（2）程序的改名

Program ：选择"程序"操作区域。

选择"程序管理"软键。

▲、▼：定位光标到所期望的程序名上。

Rename ：重新命名程序名。

▲、▼：用光标键选择程序类型。（版面太空，需要调整）

Abort ：取消程序改名。

OK ：确认零件程序的改名。

（3）删除程序

Program ：选择"程序"操作区。

Program ：选择"程序管理"软键。

▲、▼：定位光标到所期望的程序名上。

Delete ：删除程序。

Abort ：取消程序的删除。

Yes ：确认程序的删除。

6.2.5　程序自动运行

Program ：选择"程序"操作区。

Workpiece selcetion ：把光标定位在所要的工件上，选择要加工的工件名。

▲ 、 ▼ ：把光标定位在所要的程序上。

Selection ：选择要加工的零件程序。

→ AUTO ：选择自动方式。

Cycle Start ：启动零件加工程序。

6.3 数控机床的日常维护

数控机床体现了当前世界机床技术进步的主流，是衡量机械制造工艺水平的重要指标，在柔性生产和计算机集成制造等先进制造技术中起着重要的基础核心作用。但是数控机床是一种价格昂贵的精密设备，因此，其维护更是不容忽视。

使用数控机床不仅要严格遵守操作规程，而且必须重视数控机床的维护工作，要不断提高数控机床操作人员和维修人员的业务素质。这不仅有助于正确使用数控机床，保证加工零件的质量，而且能提高数控机床的使用寿命。

6.3.1 数控机床的工作环境要求

数控机床是机电一体化的高新技术设备，要使机床长期可靠地运行，一定程度上取决于的工作环境的好坏。具体来说，数控机床对环境有如下要求。

（1）防尘 要求场地清洁，无污物、无灰尘。

（2）防潮 场地应通风，干燥，相对湿度低于 75％（25℃时）。

（3）防振 在数控机床附近不能安装有砂轮机、冲床、锻压、电焊等，远离强磁场和电压波动大的设备，如高频淬火设备、变电设备等。

（4）室内要求恒温 保持 20～24℃，最好有恒温车间。

（5）对电源电压的要求 电压保持 380V±10％，频率 50Hz±2Hz。

6.3.2 数控机床的维护

设备的维护，是保持设备处于良好工作状态，减少停工损失和维修费用，降低生产成本。这是保证生产质量，延长使用寿命，提高生产效率的重要工作。

1. 数控机床维护的基本要求

（1）完整性 数控机床的零部件齐全，工具、附件、工件放置整齐，线路、管道完整。

（2）洁净性 数控机床内外清洁，无黄斑、无油污、无锈蚀；各滑动面、丝杠、齿条、齿轮等处无油垢、无碰伤；各部位不漏油、不漏水、不漏气、不漏电；切削垃圾清扫干净。

（3）灵敏性 为保证部件灵敏，必须使用数控机床标准的润滑油，定时定量加油、换油；油壶、油枪、油杯、油嘴齐全；油毡、油线清洁，油标明亮，油路畅通。

（4）安全性 严格实行定人定机和交接班制度；操作者必须熟悉数控机床结构，遵守操作维护规程，合理使用，精心维护，监测异常，不出事故；各种安全防护装置齐全可靠，控制系统正常，地线接地良好，无事故隐患。

2. 具体维护要求

概括起来，要注意以下几个方面。

（1）制定数控系统日常维护的规章制度　根据各种部件特点，确定各自保养条例。如明文规定哪些地方需要天天清理（如 CNC 系统的输入/输出单元——光电阅读机的清洁，检查机械结构部分是否润滑良好等），哪些部件要定期检查或更换（如直流伺服电动机电刷和换向器应每月检查一次）。

（2）应尽量少开数控柜和强电柜的门　因为在机加工车间的空气中一般都含有油雾、灰尘甚至金属粉末。一旦它们落在数控系统内的印制线路或电器件上，容易引起元器件间绝缘电阻下降，甚至导致元器件及印制线路的损坏。有的用户在夏天为了使数控系统超负荷长期工作，打开数控柜的门来散热，这是种绝不可取的方法，最终会导致数控系统的加速损坏。

正确的方法是降低数控系统的外部环境温度。因此，应该有一种严格的规定，除非进行必要的调整和维修，不允许随便开启柜门，更不允许在使用时敞开柜门。

（3）定时清扫数控柜的散热通风系统　应每天检查数控系统柜上各个冷却风扇工作是否正常，应视工作环境状况，每半年或每季度检查一次风道过滤器是否有堵塞现象。如果过滤网上灰尘积聚过多，需及时清理，否则将会引起数控系统柜内温度高（一般不允许超过 55℃），造成过热报警或数控系统工作不可靠。

（4）经常监视数控系统用的电网电压　FANUC 公司生产的数控系统，允许电网电压在额定值的 85%～110% 的范围内波动。如果超出此范围，就会造成系统不能正常工作，甚至会引起数控系统内部电子部件损坏。

（5）定期更换存储器用电池　FANUC 公司所生产的数控系统内的存储器有两种：不需电池保持的磁泡存储器和需要用电池保持的 CMOSRAM 器件，为了在数控系统不通电期间能保持存储的内容，内部设有可充电电池维持电路，在数控系统通电时，由 +5V 电源经一个二极管向 CMOSRAM 供电，并对可充电电池进行充电；当数控系统切断电源时，则改为由电池供电来维持 CMOSRAM 内的信息，在一般情况下，即使电池尚未失效，也应每年更换一次电池，以便确保系统能正常工作。另外，一定要注意，电池的更换应在数控系统供电状态下进行。

（6）数控系统长期不用时的维护　为提高数控系统的利用率和减少数控系统的故障，数控机床应满负荷使用，而不要长期闲置不用，由于某种原因，造成数控系统长期闲置不用时，为了避免数控系统损坏，需注意以下两点。

① 要经常给数控系统通电，特别是在环境湿度较大的梅雨季节更应如此，在机床锁住不动的情况下（即伺服电动机不转时），让数控系统空运行。利用电器元件本身的发热来驱散数控系统内的潮气，保证电子器件性能稳定可靠，实践证明，在空气湿度较大的地区，经常通电是降低故障率的一个有效措施。

② 数控机床采用直流进给伺服驱动和直流主轴伺服驱动的，应将电刷从直流电动机取出来，以避免由于化学腐蚀作用而导致换向器表面的腐蚀，确保换向性能。

6.3.3　数控机床的常见故障与排除

由于数控机床故障比较复杂，同时数控系统自诊断能力还不能对系统的所有部件进行测试，往往是一个报警号指示出众多的故障原因，使人难以入手。下面介绍维修人员在生产实践中常用的排除故障方法。

1. 直观检查法

直观检查法是维修人员根据对故障发生时的各种光、声、味等异常现象的观察，确定故障范围，可将故障范围缩小到一个模块或一块电路板上，然后再进行排除。一般包括以下几种方法。

（1）询问　向故障现场人员仔细询问故障产生的过程、故障表象及故障后果等。

（2）目视　总体查看机床各部分工作状态是否处于正常状态，各电控装置有无报警指示，局部查看有无保险烧断，元器件烧焦、开裂、电线电缆脱落，各操作元件位置正确与否等等。

（3）触摸　在整机断电条件下可以通过触摸各主要电路板的安装状况、各插头座的插接状况、各功率及信号导线的连接状况以及用手摸并轻摇元器件，尤其是大体积的阻容、半导体器件有无松动之感，以此可检查出一些断脚、虚焊、接触不良等故障。

（4）通电　是指为了检查有无冒烟、打火，有无异常声音、气味以及触摸有无过热电动机和元件存在而通电，一旦发现立即断电分析。如果存在破坏性故障，必须排除后方可通电。

实例：一台数控加工中心在运行一段时间后，CRT 显示器突然出现无显示故障，而机床还可继续运转。停机后再开又一切正常。观察发现，设备运转过程中，每当发生振动时故障就可能发生。初步判断是元件接触不良。当检查显示板时，CRT 显示突然消失。检查发现有一晶振的两个引脚均虚焊松动。重新焊接后，故障消除。

2. 初始化复位法

一般情况下，由于瞬时故障引起的系统报警，可用硬件复位或开关系统电源依次来清除故障。若系统工作存储区由于掉电、拔插线路板或电池欠压造成混乱，则必须对系统进行初始化清除，清除前应注意作好数据拷贝记录，若初始化后故障仍无法排除，则进行硬件诊断。

实例：一台数控车床当按下自动运行键，微机拒不执行加工程序，也不显示故障自检提示，显示屏幕处于复位状态（只显示菜单）。有时手动、编辑功能正常，检查用户程序、各种参数完全正确；有时因记忆电池失效，更换记忆电池等，系统显示某一方向尺寸超量或各方向的尺寸都超量（显示尺寸超过机床实际能加工的最大尺寸或超过系统能够认可的最大尺寸）。排除方法：采用初始化复位法使系统清零复位（一般要用特殊组合健或密码）。

3. 自诊断法

数控系统已具备了较强的自诊断功能，并能随时监视数控系统的硬件和软件的工作状态。利用自诊断功能，能显示出系统与主机之间的接口信息的状态，从而判断出故障发生在机械部分还是数控部分，并显示出故障的大体部位（故障代码）。

4. 功能程序测试法

功能程序测试法是将数控系统的 G、M、S、T、F 功能用编程法编成一个功能试验程序，并存储在相应的介质上，如纸带和磁带等。在故障诊断时运行这个程序，可快速判定故障发生的可能起因。

功能程序测试法常应用于以下场合：

（1）机床加工造成废品而一时无法确定是编程操作不当，还是数控系统故障引起；

（2）数控系统出现随机性故障，一时难以区别是外来干扰，还是系统稳定性不好；

（3）闲置时间较长的数控机床在投入使用前或对数控机床进行定期检修时。

实例：一台 FANUC9 系统的立式铣床在自动加工某一曲线零件时出现爬行现象，表面粗糙度极差。在运行测试程序时，直线、圆弧插补时皆无爬行，由此确定原因在编程方面。对加工程序仔细检查后发现该曲线由很多小段圆弧组成，而编程时又使用了正确定位外检查 C61 指令。将程序中的 G61 取消，改用 G64 后，爬行现象消除。

5. 备件替换法

用好的备件替换诊断出坏的线路板，即在分析出故障大致起因的情况下，维修人员可以利用备用的印刷电路板、集成电路芯片或元器件替换有疑点的部分，从而把故障范围缩小到印刷线路板或芯片一级。并做相应的初始化启动，使机床迅速投入正常运转。

对于现代数控的维修，越来越多的情况采用这种方法进行诊断，然后用备件替换损坏模块，使系统正常工作。尽最大可能缩短故障停机时间，使用这种方法在操作时注意一定要在停电状态下进行，还要仔细检查线路板的版本、型号、各种标记、跨接是否相同，若不一致则不能更换。拆线时应做好标志和记录。

一般不要轻易更换 CPU 板、存储器板及电地，否则有可能造成程序和机床参数的丢失，使故障扩大。

实例：一台采用西门子 SINUMERIK SYSTEM 3 系统的数控机床，其 PLC 采用 S5-130W/B，一次发生故障时，通过 NC 系统 PC 功能输入的 R 参数，在加工中不起作用，不能更改加上程序中 R 参数的数值。通过对 NC 系统工作原理及故障现象的分析，认为 PLC 的主板有问题，与另一台机床的主板对换后，进一步确定为 PLC 主板的问题。经专业厂家维修，故障被排除。

6. 交叉换位法

当发现故障板或者能确定是否是故障板而又没有备件的情况下，可以将系统中相同或相兼容的两个板互换检查，例如两个坐标的指令板或伺服板的交换，从中判断故障板或故障部位。这种交叉换位法应特别注意，不仅要硬件接线的正确交换，还要将一系列相应的参数交换，否则不仅达不到目的，反而会产生新的故障造成思维混乱，一定要事先考虑周全，设计好软、硬件交换方案，准确无误再行交换检查。

实例：一台数控车床出现 X 向进给正常，Z 向进给出现振动、噪声大、精度差，采用手动和手摇脉冲进给时也如此。观察各驱动板指示灯亮度及其变化基本正常，疑是 Z 轴步进电动机及其引线开路或 Z 轴机械故障。遂将 Z 轴电动机引线换到 X 轴电动机上，X 轴电动机运行正常，说明 Z 轴电动机引线正常；又将 X 轴电机引线换到 Z 轴电机上，故障依旧；可以断定是 Z 轴电动机故障或 Z 轴机械故障。测量电动机引线，发现一相开路。修复步进电动机，故障排除。

7. 参数检查法

系统参数是确定系统功能的依据，参数设定错误就可能造成系统的故障或某功能无效。发生故障时应及时核对系统参数，参数一般存放在磁泡存储器或存放在需由电池保持的 CMOS RAM 中，一旦电池电量不足或由于外界的干扰等因素，使个别参数丢失或变化，发生混乱，使机床无法正常工作。此时，可通过核对、修正参数，将故障排除。

实例：一台数控铣床上采用了测量循环系统，这一功能要求有一个背景存储器，调试时发现这一功能无法实现。检查发现确定背景存储器存在的数据位没有设定，经设定后该功能正常。

又如：一台数控车床数控刀架换对突然出现故障，系统无法自动运行，在手动换刀时，总要过一段时间才能再次换刀。遂对刀补等参数进行检查，发现一个手册上没有说明的参数 P20 变为 20，经查有关资料 P20 是刀架换刀时间参数，将其清零，故障排除。

有时由于用户程序和参数错误亦可造成故障停机，对此可以采用系统的程序自诊断功能进行检查，改正所有错误，以确保其正常运行。

8. 测量比较法

CNC 系统生产厂在设计印刷线路板时，为了调整和维修方便，在印刷线路板上设计了一些检测端子。维修人员通过测量这些检测端子的电压或波形，可检查有关电路的工作状态是否正常。但利用检测端子进行测量之前，应先熟悉这些检测端子的作用及有关部分的电路或逻辑关系。

9. 敲击法

当系统故障表现为有时正常有时不正常时，基本可以断定为元器件接触不良或焊点开焊，利用轻微敲击法检查电路板时，遇到虚焊或接触不良的故障部位时，故障就会出现。

10. 局部升温法

数控系统经过长期运行后元器件均要老化，性能变坏。当它们尚未完全损坏时，出现的故障就会时有时无。这时用电烙铁或电吹风对被怀疑的元器件进行局部加温，会使故障快速出现。操作时，要注意元器件的温度参数等，注意不要损坏好的元器件。

11. 原理分析法

根据数控系统的组成原理，可从逻辑上分析各点的逻辑电平和特性参数，如电压值和波形，使用仪器仪表进行测量、分析、比较，从而确定故障部位。

除以上常用的故障检测方法之外，还可以采用拔插板法、电压拉偏法、开环检测法等。总之，根据不同的故障现象，可以同时选用几个方法灵活应用、综合分析，才能逐步缩小故障范围，较快地排除故障。

复 习 题

一、填空题

1. 数控机床的管理要做到"三好"的内容是_____、_____、_____。

2. 数控机床操作者应具备"四会"基本功的内容是_____、_____、_____、_____。

3. 维护和使用数控机床的"四项要求"是_____、_____、_____、_____。

4. 数控机床的操作面板通常由_____、_____、_____三部分组成。

5. 机床接通电源后的回零操作是使刀具或工作台退回到_____。

二、选择题（将正确的答案代号写在括号内）

1. 数控系统的报警大体可以分为操作报警、程序错误报警、驱动报警及系统错误报警，某个程序在运行过程中出现"圆弧端点错误"，这属于（　　）。

　　A. 程序错误报警　　　　　　　　B. 操作报警

　　C. 驱动报警　　　　　　　　　　D. 系统错误报警

2. 数控机床系统参数通常由（　　）设置完成的。

　　A. 编程系统厂家　　　　　　　　B. 机床制造厂家

　　C. 用户　　　　　　　　　　　　D. 设计人员

3. CNC 铣床超行程产生报警信息，解决的方法为：（   ）。

   A. 重新开机　　　　　　　　　　　B. 在自动方式操作

   C. 回机床零点　　　　　　　　　　D. 用手动方式操作

4. CNC 铣床用程序执行自动加工中，如果发现主轴转速偏高，应该（   ）。

   A. 立即停机，修改程序中的 S 值　　B. 调整操作面板上的进给倍率开关

   C. 调整操作面板上的主轴倍率开关　D. 继续加工

三、问答题

1. 简述数控机床的使用要求。

2. 操作数控铣镗床应遵循哪些规程？

3. 简述数控机床控制部分有几种操作方式及主要用途。

4. 怎样在操作面板上设置 G54、G55…的零点偏移值？

5. 数控机床对环境有哪些要求？

附　　录

1. 数控编程系统国家标准 G 代码（JB/T 3208—1999）

国家标准 G 代码（JB/T 3208—1999）

代　码	组　别	功　能	G50	*(D)	刀具偏置 0/－
G00	A	点定位	G51	*(D)	刀具偏置＋/0
G01	A	直线插补	G52	*(D)	刀具偏置－/0
G02	A	顺时针方向圆弧插补	G53	F	直线偏移,注销
G03	A	逆时针方向圆弧插补	G54	F	直线偏移 x
G04	*	暂停	G55	F	直线偏移 y
G05	*	不指定	G56	F	直线偏移 z
G06	A	抛物线插补	G57	F	直线偏移 xy
G07	*	不指定	G58	F	直线偏移 xz
G08		加速	G59	F	直线偏移 yz
G09		减速	G60	H	准确定位 1(精)
G10～G16	*	不指定	G61	H	准确定位 2(中)
G17	C	XY 平面选择	G62	H	快速定位(粗)
G18	C	ZX 平面选择	G63		攻丝
G19	C	YZ 平面选择	G64～G67	*	不指定
G20～G32	*	不指定	G68	*(D)	刀具偏置,内角
G33	A	螺纹切削,等螺距	G69	*(D)	刀具偏置,外角
G34	A	螺纹切削,增螺距	G70～G79	*	不指定
G35	A	螺纹切削,减螺距	G80	E	固定循环注销
G36～G39	*	永不指定	G81～G89	E	固定循环
G40	D	取消刀具补偿/偏置	G90	I	绝对尺寸
G41	D	刀具补偿－左	G91	I	增量尺寸
G42	D	刀具补偿－右	G92		预置寄存
G43	*(D)	刀具偏置－正	G93	K	时间倒数,进给率
G44	*(D)	刀具偏置－负	G94	K	每分钟进给
G45	*(D)	刀具偏置＋/＋	G95	K	主轴每转进给
G46	*(D)	刀具偏置＋/－	G96	I	恒线速度
G47	*(D)	刀具偏置－/－	G97	I	每分钟转数
G48	*(D)	刀具偏置－/＋	G98～G99	*	不指定
G49	*(D)	刀具偏置 0/＋			

注：1. ＊号，如选作特殊用途，必须在程序格式中说明。

2. 如在直线切削控制中没有刀具补偿，则 G43 到 G52 可指定作其他用途。

3. 在表中左栏括号中的字母（D）表示，可以被同栏中没有括号的字母 D 所注销或代替，也可被有括号的字母（D）所注销或代替。

4. G45 到 G52 的功能可用于机床上任意两个预定的坐标。

5. 控制机上没有 G53 到 G59、G63 功能时，可以指定作其他用途。

2. 数控常用英语缩略词

缩写词	全　文	译　注
AC	Adaptive Control	实用性控制
AC	AC Servomotor	交流伺服电动机
ACT	Actual	实际值
ALM	Alarm	报警
ALT	Atter	变更、改变、修改
ATC	Automatic Tool Changer	自动换刀机构
APC	Automatic Part Changer	零件自动更换装置
APT	Automatic Programming Tool	自动编程工具(语音系统)
AUT	Automatic	自动
AWC	Automatic Workpiece Changer	自动更换工件
BCD	Binary Coded Decimal	二进制编译十进制编码
CAD	Computer Aided Design	计算机辅助设计
CAM	Computer Aided Manufacturing	计算机辅助制造
CAN	Cancel	清除,取消
CAP	Computer Aided Programming	计算机辅助编程
CAPP	Computer Aided Process Planning	计算机辅助工艺规程设计
CAQC	Computer Aided Quality Control	计算机辅助质量管理
CHG	Change	更换、切换、改变
CH	Character	字符
COM	Commissioning Data	机床数据
CIMS	Computer Integrated Manufacturing System	计算机集成制造系统
CNC	Computer Numerical Control	计算机数控
CPU	Central Processing Unit	中央处理器
CRT	Cathode Ray Tube	显示器
CW	Clockwise	顺时针
CCW	Counter-Clockwise	逆时针
DNC	Direct Numerical Control	直接数控
DCN	Diagnosis	诊断
DEL	Delete	删除、删去
DC	DC Servomoptor	直流伺服
D-C	Direct Current	直流电
DPL	Digital Private Line	通用数字显示
EOB	End of Block	程序段结束,换行
EIA	Electronic Industries Association	美国电子工业协会规定标准
FMC	Flexibl Machining Center	柔性加工中心
	Flexibl Manufacturing Cell	柔性制造单元
FMS	Flexibl Manufacturing System	柔性制造系统

缩写词	全　文	译　注
FAS	Flexibl Assembly System	柔性装配系统
FMF	Flexibl Manufacturing Factory	柔性制造工厂
FA	Factory Automation	自动化工厂
ISO	International Organization for Standardization	国际标准化协会
LCD	Liguid Crystal Display	液晶显示器
MNC	Micro Numerical Control	微机数控
MDI	Manual Data Input	人工数据输入（录入方式）
MDA	MDI　Auto	自动录入方式
MC	Machining Center	加工中心
MCU	Machine Control Unit	机床控制装置
MP	Manual Programming	手工编程
MPM(m. p. m)	Metres per Minute	毫米/分
MPR(m. p. r)	Metres per Revolution	毫米/转
MPU	Micro Processor Unit	微处理器
NC	Numerical Control	数字控制
OFT	Offset	偏移、偏置、补偿
OUT	Output	输出
IPM	Inches per Minute	英寸/分
IPR	Inches per Revolution	英寸/转
IN	Input	输入
INS	Insert	插入、嵌入
JOG	Joggle	缓慢进给、点动
PAR	Parameter	参数、参变量
PC	Programming Controller	可编程控制器
PLC	Programmable Logic Controller	可编程控制器
POS	Position	位置
PRG	Program	程序
PUN	Punch	穿孔机
RES	Reset	复位，置"0"，清除
RAP	Rapid	快速
STO	Store	存储、存储器
SET	Set	设置
WEAR	Wear	磨损
ZOA	Zero Offset Additive	编程零点偏移
ZOE	Zero Offset External	外部零点偏移
ZOF	Zero Offset	零点偏移

参 考 文 献

［1］ 关雄飞. 数控机床与编程技术. 北京：清华大学出版社，2006.

［2］ 蔡厚道. 数控机床构造. 北京：北京理工大学出版社，2007.

［3］ 吕士峰，王士柱. 数控加工工艺. 北京：国防工业出版社，2006.

［4］ 耿国卿. 数控铣削编程与加工项目教程. 北京：化学工业出版社，2015.